V

W0256402

LEHRBUCH EDV

Elektronische Datenverarbeitung Einführung in die Grundbegriffe

Dr. Roswitha Engelbrecht

Mag. rer. nat. Richard Lederer

Dipl.-Ing. Dr. Helmut Schauer

Dr. Hubert Unfried

Friedr. Vieweg + Sohn
Braunschweig

Best.-Nr. 8331
ISBN-13: 978-3-528-08331-1 e-ISBN-13: 978-3-322-83763-9
DOI: 10.1007/ 978-3-322-83763-9
1974

Lizenzausgabe mit Genehmigung des Verlages Carl Ueberreuter, Wien,
für Friedr. Vieweg + Sohn GmbH, Verlag, Braunschweig
Umschlag von Herbert Schiefer

Hergestellt bei Carl Ueberreuter Druck und Verlag (M. Salzer) und
Großbuchbinderei Thomas F. Salzer KG, Wien

Haben Sie schon einmal eine Einleitung zu einem Buch über EDV geschrieben?

Vielleicht haben Sie dann Verständnis für die etwas ungewöhnliche Einführung, die wir - die Verfasser - diesem Werk voranstellen.

Nachdem wir mit der Aufgabe betraut worden waren, einen Lehrbehelf für den EDV-Unterricht an der Oberstufe einer allgemeinbildenden höheren Schule zu verfassen, stellten wir eine Liste der einschlägigen Begriffe zusammen. Einer von uns redete gleich begeistert über Kartenleser, Kernspeicher und Schnelldrucker. Wir sprachen vom Rechenwerk und vom Steuerwerk, von den elektronischen Schaltelementen...Auf unsere Liste kamen viele Begriffe.

Ein anderer wieder erwärmte sich für mathematisch-logische Grundbegriffe, wie duales und sedezimales Zahlensystem, halblogarithmische Darstellung, BOOLE'sche Algebra und Schaltalgebra. Es war von Informationstheorie die Rede, von Codes und vielem anderen. Die Liste wuchs.

Dann wurde über Befehle, Algorithmen und Programmablaufpläne gesprochen, über Verzweigungen, Schleifen und Unterprogramme. Das Stichwort "Programmieren" fiel, und daraufhin die Namen FORTRAN, BASIC, ALGOL, Assembler und Compiler...

Selbstverständlich mußte diese erste Liste vernichtet werden. Wir sollten ja nur ein einziges Buch schreiben.

Nach einer Pause der Besinnung beschlossen wir dann, in unser Buch nur jene Grundbegriffe aufzunehmen, über deren Kenntnis im Zeitalter der Elektronik auch ein Schüler einer allgemeinbildenden höheren Schule verfügen soll. Da der EDV-Unterricht entweder im Rahmen des Mathematikunterrichtes oder in enger Anlehnung daran betrieben werden soll, beschränkten wir uns auf die Behandlung mathematischer Aufgaben und ließen die - mathematisch meist einfachen - Aufgaben aus dem Geschäftsleben und alle nichtnumerischen Probleme weg.

Wer mit Dezimalzahlen und mit Buchstaben rechnen kann, soll unser Buch verstehen können.

Im Abschnitt I ("Algorithmen") machen wir den Versuch, von denkbar einfachen Aufgaben ausgehend, die innere Struktur von Programmabläufen zu durchleuchten. Es werden schrittweise alle erforderlichen Grundbegriffe eingeführt. An zahlreichen vollständig ausgeführten Beispielen wird die Erstellung von Programmablaufplänen und Wertbelegungsplänen erläutert.

Zusätzliche Übungsaufgaben ermöglichen eine Vertiefung der Kenntnisse. Dieser Abschnitt ist das Zentralkapitel unseres Buches, auf dessen Inhalt sich alle übrigen Abschnitte beziehen.

Die mit * bezeichneten Teile können auch weggelassen werden.

Da auch die besten Computer - vorläufig noch - nicht Deutsch verstehen oder Programmablaufpläne lesen können, muß der Programmierer die zur Lösung einer Aufgabe nötigen Anweisungen in eine Sprache übersetzen, die vom Computer begriffen wird und die eine Ausführung der Befehle ermöglicht. Ja, Sie haben recht gehört! Es muß in eine neue Sprache - eine sogenannte Programmiersprache - übersetzt werden.

Es gibt heute für verschiedene Anwendungsgebiete bereits eine größere Anzahl solcher Programmiersprachen, man könnte beinahe von einer babylonischen Sprachverwirrung reden... In den Abschnitten 2 und 3 ("Algol" und "Fortran") werden die Programmiersprachen ALGOL und FORTRAN behandelt, die sich besonders zur Lösung mathematischer und technischer Aufgaben eignen. Im Unterricht soll natürlich wahlweise nur eine dieser Sprachen erlernt werden.

Der Aufbau dieser Kapitel entspricht vollkommen dem des Abschnittes 1 über Algorithmen. Es werden die meisten im Algorithmenteil behandelten Beispiele nunmehr hier kodiert, das heißt in die Programmiersprache übersetzt.

Diesen Lehrgang zur Kodierung haben wir bewußt einfach gehalten. In einem Anhang erfolgen ergänzende Hinweise für jene, die ihre Kenntnisse vertiefen wollen.

Im dann folgenden Abschnitt 4 ("Aufgaben") finden Sie eine große Zahl von Übungsaufgaben, die aus verschiedenen Gebieten der Schulmathematik stammen.

Die Beispiele sind nach Kapiteln der Schulmathematik geordnet. Ein Teil kann mit Kenntnissen der Unterstufe gelöst werden, andere Aufgaben erfordern das Mathematikwissen der Oberklassen. Für gewisse Aufgaben braucht man Kenntnisse, die im Normalunterricht noch vermittelt werden. Diese Aufgaben sind mit * gekennzeichnet, genauso alle schwierigeren oder sehr umfangreichen Aufgaben. Durch ** soll dieser Hinweis noch verstärkt werden.

Im Anhang geben wir eine kurze historische Übersicht über die Entwicklung der Datenverarbeitung und ein Verzeichnis von weiterführender Literatur.

Zum Durcharbeiten des Lehrbuches wünschen Ihnen recht viel Arbeitseifer und Erfolg

die Verfasser.

Inhalt

1. ALGORITHMEN

1.1. Was ist ein Algorithmus?

Wenn wir Menschen ein Problem zu lösen haben, dann setzen wir Fähigkeiten ein, die eine Maschine nicht besitzt: *Erfahrung*, *Wissen* und *Denken*. Wenn die Maschine ein Problem lösen soll, dann ist sie in derselben Lage wie ein Mensch, der etwas tun soll, wovon er keine Ahnung hat. Wie kann man in einem solchen Fall dennoch zum Ziel kommen? Die einzige Möglichkeit besteht darin, ein Rezept zu finden, das die auszuführende Tätigkeit in lückenlos geordneten Schritten, die man mit den eigenen Fähigkeiten ausführen kann, beschreibt.

Was muß zum Beispiel jemand tun, der im Kochen vollkommen unerfahren ist und dennoch eine Speise zubereiten soll? Er muß zum Kochbuch greifen, sich das Rezept heraussuchen und dieses genau Schritt für Schritt befolgen. Es wäre schlimm, wenn auch nur ein Schritt fehlte! Eine erfahrene Hausfrau würde den fehlenden Schritt sicher ergänzen können, nicht aber unser Koch-Unkundiger. Was wir bei ihm voraussetzen können, ist die Fähigkeit zu lesen, das Gelesene kurzfristig im Gedächtnis zu speichern und einfache Handgriffe auszuführen. Damit kann er an Hand des lückenlosen *Programmablaufes* aus dem Kochbuch zum Ziel kommen.

In ähnlicher Lage wie der "Kochkünstler" befindet sich unser Computer. Er soll Berechnungen durchführen, kann aber überhaupt nicht denken. Daher müssen wir die durchzuführende Aufgabe in lauter lückenlos geordnete Einzelschritte zerlegen, die seinen Fähigkeiten entgegenkommen. Ein solches Rechenverfahren, das nach Regeln abläuft, die keine weitere Gedankenarbeit erfordern, nennt man *Algorithmus* .

Diese Bezeichnung ist vom Namen ALCHWARISMI abgeleitet. ALCHWARISMI war ein persischer Mathematiker und wirkte in der ersten Hälfte des 9. Jahrhunderts in Bagdad. (Vom Titel seine Lehrbuches über quadratische Gleichungen wurde übrigens das Wort "Algebra" abgeleitet).

Euklidischer Algorithmus

Ein Beispiel möge das Wesen eines Algorithmus verdeutlichen: Für die Berechnung des größten gemeinsamen Teilers zweier natürlicher Zahlen *(z.B. 100 und 70)* fand der griechische Mathematiker EUKLID folgendes Verfahren:

Man dividiert die größere Zahl ganzzahlig durch die kleinere *(100 : 70 = 1, Rest 30)*. Wenn der Rest nicht Null ist, dividiert man den Divisor durch den Rest *(70 : 30 = 2, Rest 10)*. Dieses Verfahren wird fortgesetzt, bis sich der Rest Null ergibt *(30 : 10 = 3, Rest 0)*. Der letzte Divisor *(10)* ist der gesuchte größte gemeinsame Teiler.

Ob und warum ein Algorithmus zum Ziel führt, das muß eine mathematische Untersuchung feststellen. Für den Computer ist nur wichtig, daß es einen Ablauf von Regeln gibt, die er mit seinen Fähigkeiten befolgen kann.

Diese Regeln sind in unserem Beispiel:

1) Dividiere ganzzahlig die größere durch die kleinere Zahl.
2) Prüfe, ob der Rest Null ist.
3a) Wenn ja, dann ist der Divisor das gesuchte Resultat.
3b) Wenn nein, dann ersetze den Dividend durch den Divisor und den Divisor durch den Rest.
4) Führe die neue Division aus.
5) Kehre zu Schritt 2 zurück.

Die Fähigkeiten des Computers

Die Beispiele zeigten, daß zwei Dinge erforderlich sind: Ein Rezept (der Algorithmus) und gewisse Fähigkeiten, auf die der Algorithmus abgestimmt sein muß.

Da wir bei der Aufstellung der Algorithmen auf die Fähigkeiten der Maschine Rücksicht nehmen müssen, mögen diese hier kurz zusammengestellt werden (genauere Angaben folgen in den späteren Abschnitten).

Die folgenden Rechenoperationen können (mit Zahlenwerten für die Größen a und b) durch das Rechenwerk eines Computers ausgeführt werden:

$a + b$	Addition von ganzen und reellen Zahlen
$a - b$	Subtraktion von ganzen und reellen Zahlen
$a * b$	Multiplikation von ganzen und reellen Zahlen
a / b	Division mit reellen Zahlen
$a \div b$	Division mit ganzen Zahlen
$a \uparrow b$	Potenzieren
$\sqrt{a}$	Quadratwurzelziehen

(Daß die ganzzahlige Division als Sonderfall hervorgehoben werden muß, zeigte schon der Euklidische Algorithmus. Es wäre hier sinnlos, die Division 100 : 70 = 1,....mit Dezimalstellen auszuführen!)

Ferner ist der Computer in der Lage, spezielle Rechenanweisungen durchzuführen, zum Beispiel:

$[a]$	Größte ganze Zahl kleiner oder gleich a .
$\lvert a \rvert$	Berechnung des absoluten Betrages einer gegebenen ganzen oder reellen Zahl a
$a < b$ $a = b$ $a > b$	Durchführung eines Vergleiches zwischen gegebenen Zahlen a und b nach den Relationen *kleiner*, *gleich* und *größer* .

Ein Algorithmus ist eine Folge von eindeutig bestimmten Anweisungen, mit deren Hilfe aus gegebenen Anfangswerten ein Ergebnis berechnet werden kann.

1.2. Lineare Anweisungsfolge

An Hand eines einfachen Beispiels wollen wir nun versuchen, selbst einen Algorithmus festzulegen:

Beispiel 1 : Unsere Aufgabe bestehe darin, Zeitsekunden in volle Minuten und restliche Sekunden umzuwandeln. Wir erhalten die Anzahl der vollen Minuten, indem wir die gegebene Sekundenanzahl durch 60 ganzzahlig dividieren. Der Rest der ganzzahligen Division gibt die Anzahl der verbleibenden Sekunden an.

z.B.: 145 sek = 2 min 25 sek   145 : 60 = 2
25 Rest

Durch diese "Arbeitsanleitung" wird es jedem Menschen, der die ganzzahlige Division beherrscht, möglich, jede beliebige gegebene Sekundenanzahl in volle Minuten und restliche Sekunden zu verwandeln. Auch der Computer ist in der Lage, diese Berechnungen auszuführen, wenn es uns gelingt, ihm die Rechenvorschrift verständlich zu machen.

Variable und Konstante

Wenn wir die obige Aufgabe in aufeinanderfolgenden Rechnungen für verschiedene Sekundenanzahlen ausführen, so erhalten wir jeweils verschiedene Werte für die vollen Minuten und die restlichen Sekunden. Die gegebene Sekundenanzahl, die errechneten vollen Minuten und die restlichen Sekunden können in unserem Beispiel demnach verschiedene Werte annehmen, sie sind *variabel*, während der Divisor immer den gleichen *(konstanten)* Wert 60 behält.
Wir haben daher zwischen *V a r i a b l e n* und *K o n s t a n t e n* zu unterscheiden.

Konstante werden durch ihren Wert angegeben. Wir schreiben also z.B. nicht π, sondern 3,14 ; aus der Wertangabe ist bei reellen Zahlen zugleich die verwendete Genauigkeit zu ersehen.

Variable hingegen erhalten einen *Namen* .

Namen von Variablen

Variable werden von der Maschine an ganz bestimmten Stellen gespeichert und dort zur Verfügung gehalten. Wenn wir mit diesen Variablen Berechnungen durchführen wollen, so ist es für uns im Grunde genommen unwichtig, wo die Variablen genau gespeichert sind. Wir müssen die Speicherbereiche nur in irgendeiner Form ansprechen können. Das gelingt, wenn wir jeder Variablen einen *symbolischen Namen* geben, der dann für die Position (Adresse) eines ganz bestimmten Speicherbereiches steht.

Es ist uns völlig freigestellt, welchen Namen wir an eine Variable vergeben; in der Praxis erweist es sich allerdings als zweckmäßig, die Namen so zu wählen, daß sie etwas über die Art oder das Wesen der Variablen aussagen.

So werden wir in unserem Beispiel den Speicherbereich für die gegebene Sekundenanzahl mit *sek* bezeichnen, die berechnete volle Minutenanzahl soll unter dem Namen *min* angesprochen werden, der Speicherplatz für die restliche Sekundenanzahl möge den Namen *rest* erhalten.

Wertzuweisung

Mit dem *Namen* haben wir für die Variable im Speicher nur einen Platz reserviert; dieser Speicherbereich muß nun belegt werden, indem wir der Variablen einen *Wert* zuweisen.
Betrachten wir diese Wertzuweisung am Beispiel der Sekundenumwandlung: die dort auftretenden Variablen haben wir mit *sek*, *min* und *rest* bezeichnet. Der Variablen *sek* muß für jede durchzuführende Berechnung jeweils eine

ganz bestimmte Zahl zugewiesen werden; von dieser Zahl hängen die errechneten Werte für die Variablen *min* und *rest* ab. Die Variable *sek* nimmt unter den verwendeten Variablen eine Sonderstellung ein, über ihre *Wertzuweisung* soll erst später gesprochen werden.

Wir betrachten hier die Wertzuweisung für die Variablen *min* und *rest* :

Die Anzahl der vollen Minuten wird erhalten, wenn die gegebene Sekundenanzahl ganzzahlig durch 60 dividiert wird. Der *Wert* des Quotienten wird der Variablen *min* zugewiesen. Für diese *Wertzuweisung* legen wir folgende Schreibweise fest:

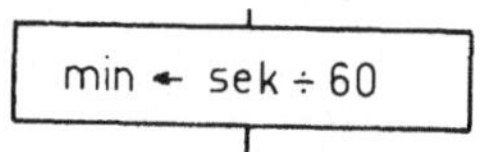

Wir lesen: "Der Variablen *min* wird zugewiesen der ganzzahlige Quotient aus dem Wert der Variablen *sek* und 60 ."

Wenn der Divisionsrest nicht automatisch in einem Speicherplatz aufbewahrt wird, müssen wir ihn berechnen,indem wir die Differenz zwischen der gegebenen Sekundenanzahl und der in den vollen Minuten enthaltenen Sekundenanzahl bilden. Diese Anweisung lautet in der vereinbarten Schreibweise:

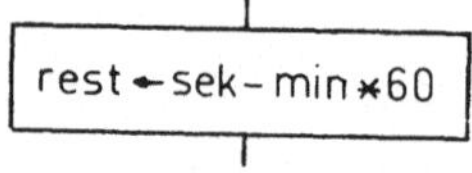

Es ist zu beachten, daß die Wertzuweisungen in einer sinnvollen Aufeinanderfolge vorgenommen werden müssen. So wäre etwa die Wertzuweisung für *rest* sinnlos ohne die vorhergehende Wertzuweisung für *min* .

Programmablaufplan

Die geordnete Reihenfolge der Wertzuweisungen fassen wir im *Programmablaufplan* (Blockdiagramm, Flußdiagramm) zusammen:

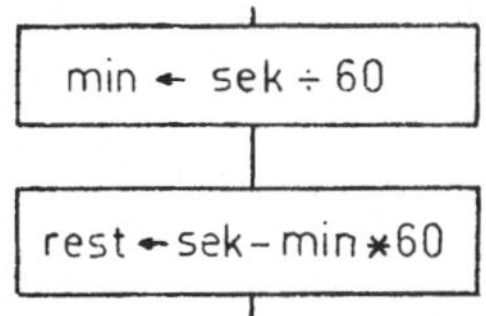

Übung 1 : Zeichne den Programmablaufplan für die Umwandlung von Sekunden in volle Stunden und Minuten (es sollen auch die restlichen Minuten und Sekunden berechnet werden).

Während eines Programmablaufes kann eine Variable verschiedene Werte annehmen. So könnten wir in unserem Programm die restlichen Sekunden wieder der Variablen *sek* zuweisen.

sek ← rest

Um einen Überblick über die Belegung der Variablen mit Werten zu behalten, muß man beachten, daß der Wert einer Variablen erhalten bleibt, bis er durch eine neue Wertzuweisung verändert wird.

Dies möge an Hand einer Übersicht *(Wertbelegungsplan)* genau besprochen werden:

Wenn man *sek* den Wert 145 (212) zuweist, dann führt die Maschine folgende Rechnungen durch :

Programmablaufplan

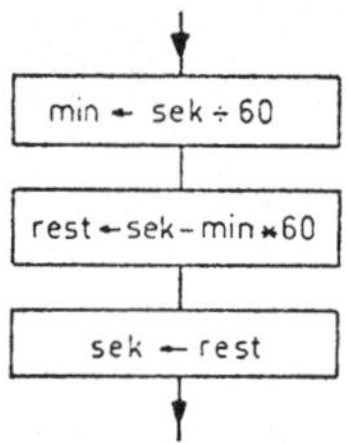

Wertbelegungsplan

sek	*min*	*rest*
145	-	-
145	2	-
145	2	25
25	2	25

sek	*min*	*rest*
212	-	-
212	3	-
212	3	32
32	3	32

Übung 2 : Ergänze Übung 1 dahingehend, daß die restlichen Minuten und Sekunden zuletzt auf den Variablen *min* und *sek* gespeichert werden. Der Programmablaufplan ist in Verbindung mit einem Wertbelegungsplan zu zeichnen. (Testwerte: 5672 sek, 24937 sek)

Beispiel 2 : Von einem Kreis ist der Radius *r* gegeben; Umfang *u* und Flächeninhalt *a* des Kreises sind zu berechnen.

Programmablaufplan

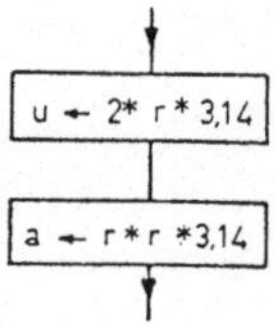

Wertbelegungsplan
(*r* = 3 cm)

r	*u*	*a*
3	-	-
3	18,84	-
3	18,84	28,26

Hilfsvariable

Im Beispiel 2 wird bei der Berechnung des Kreisumfanges der Term $r * \pi$ mit 2 multipliziert; die Fläche des Kreises erhält man durch Multiplikationen desselben Terms mit r .

Man könnte hier Rechenarbeit sparen, wenn man den Wert des Terms $r * \pi$ an eine Hilfsvariable h zuweist:

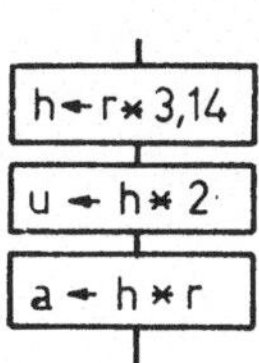

r	*h*	*u*	*a*
5	-	-	-
5	15,7	-	-
5	15,7	31,4	-
5	15,7	31,4	78,5

Während bei diesem Beispiel die Hilfsvariable nur zur Einsparung von Rechenarbeit dient, ist es bei vielen anderen Berechnungen notwendig, Hilfsvariable einzuführen, um Zwischenresultate, die im Laufe der Rechnung auftreten und später wieder gebraucht werden, zu speichern.

Übung 3 : **Welche** Umstellungen in der Reihenfolge der Wertzuweisungen sind bei Beispiel 2 zulässig ?

Übung 4 : Gegeben sind der Radius r und die Seitenlinie s eines Kegels. Zu berechnen sind Grundfläche, Mantel und Oberfläche.
Programmablaufplan und Wertbelegungsplan für $r \leftarrow 5$ und $s \leftarrow 13$ zeichnen !

Ein - und Ausgabe von Daten

In unseren Beispielen müssen wir einen Schritt noch genauer betrachten, und zwar die Wertzuweisungen für die Variable *sek* im Beispiel 1 und für die Variable *r* im Beispiel 2.
Wenn wir im Beispiel 2 die Berechnung des Umfanges und Flächeninhaltes eines Kreises für verschiedene Werte des Radius ausführen, so erkennen wir, daß die Wertzuweisungen

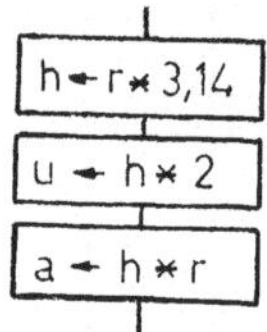

für alle Werte von *r* gleich bleiben; sie sind unabhängig von der konkreten Wertzuweisung an *r* .

Diese Wertzuweisungen bilden den Algorithmus, der für jeden beliebigen Wert für *r* zu einem richtigen Ergebnis führt, also unabhängig von den gewählten Anfangswerten gültig ist.

Aus dieser Betrachtung ergibt sich eine Dreiteilung des Programmablaufplanes :

E — Am Anfang erfolgt die Zuweisung besonderer Anfangswerte für die Eingabe-Variablen, die *Eingabe* . (Beim Computer stehen uns dazu eigene Eingabegeräte z.B. Fernschreiber, Lochkartenleser oder Markierungsleser zur Verfügung).

V In der Mitte steht der Algorithmus mit den Anweisungen und Konstanten, die unabhängig von den Eingabewerten immer gleich lauten. Wir nennen diesen Teil die *Verarbeitung*.

A Am Ende lassen wir uns die Rechenergebnisse melden, es folgt die *Ausgabe* . (Dazu stehen Ausgabegeräte,z.B. Fernschreiber, Drucker oder Bildschirme zur Verfügung).

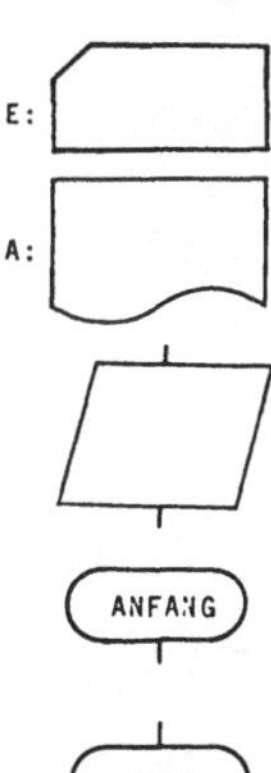

Im Wertbelegungsplan wird die Eingabe durch eine Lochkarte dargestellt, die Ausgabe durch einen Teil eines Druckformulars symbolisiert.

Im Programmablaufplan werden Parallelogramme als Eingabe- und Ausgabe-Symbol verwendet.

Auch der Beginn und das Ende des Programmablaufplanes wird durch ein Symbol gekennzeichnet.

Wir können somit den vollständigen Programmablaufplan für das Beispiel 1 angeben :

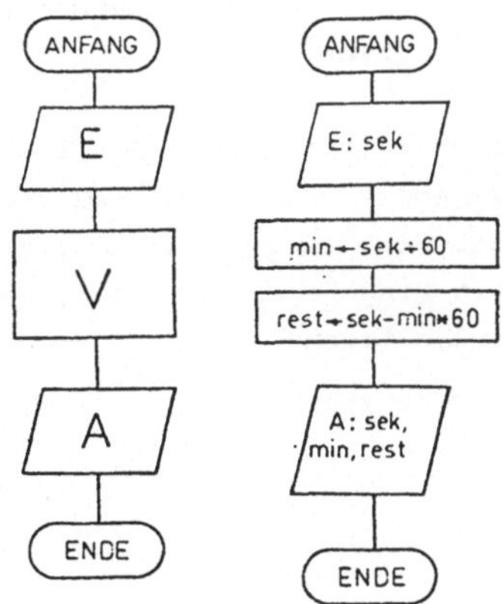

Während der Verarbeitung können Hilfsvariable auftreten, deren Werte weder eingegeben noch ausgegeben werden. Der Programmablaufplan zu Beispiel 2 zeigt noch einmal deutlich Eingabe, Verarbeitung und Ausgabe :

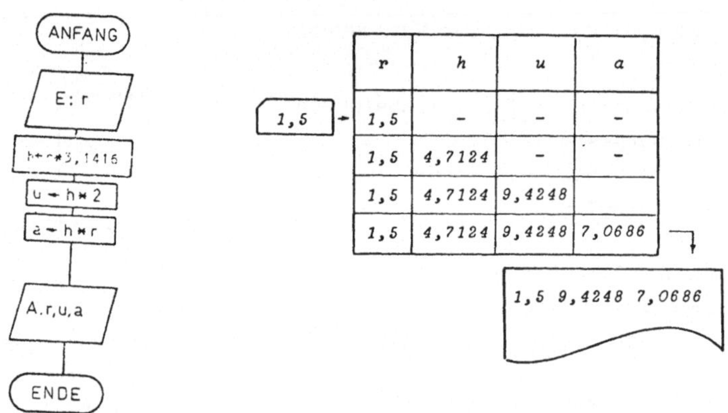

r	*h*	*u*	*a*
1,5	-	-	-
1,5	4,7124	-	-
1,5	4,7124	9,4248	
1,5	4,7124	9,4248	7,0686

Übung 5 : Übung 4 ist mit den Werten $r \leftarrow 10$ und $s \leftarrow 30$ nochmals auszuführen. Im Programmablaufplan sind nun Ein- und Ausgabe- Symbole zu verwenden. Der Wertbelegungsplan ist entsprechend dem vorher gezeigten Musterbeispiel durch Eingabe und Ausgabe zu ergänzen..

Übung 6 : Von einem gleichseitigen Zylinder $(h = 2r)$ ist der Radius r der Grundfläche angegeben. Oberfläche und Volumen sind zu berechnen . Man zeichne den Programmablaufplan und den Wertbelegungsplan $(r \leftarrow 10)$ mit Eingabe und Ausgabe! Verwendung einer Hilfsvariablen überlegen!

Unsere Ausgabe weist noch einen Mangel auf: Nach einiger Zeit werden wir vergessen haben, was die angegebenen Zahlen bedeuten und zu welchen Anfangswerten die Ergebnisse gehören.
Daher wird man noch die Ausgabe so ergänzen, daß auch die Eingabewerte aufscheinen und die Bedeutung der einzelnen Zahlen durch einen beigefügten Text erläutert wird. Im Programmablaufplan kann diese Ergänzung durch Anführen des Textes zwischen Hochkommas ausgedrückt werden.

Programmablaufplan Ausgabeliste

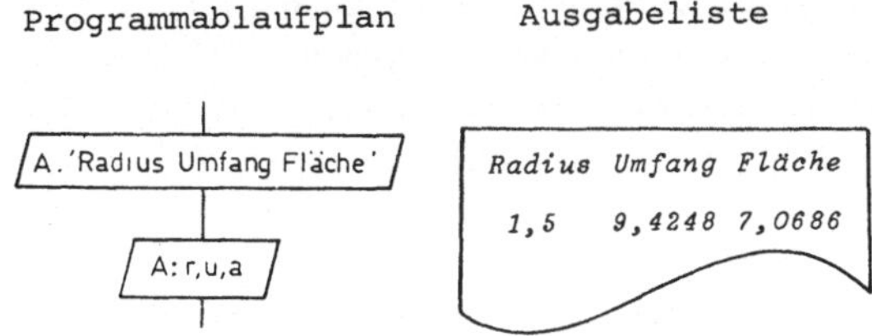

Übung 7 : In Übung 5 ist die Ausgabe so umzugestalten, daß auch die Anfangswerte und Erläuterungen ausgegeben werden.

Übung 8 : Übung 6 ist ebenfalls so zu ergänzen, daß auch der Anfangswert und Erläuterungen ausgegeben werden.

Übung 9 : Von einem Würfel ist die Kante a gegeben. Oberfläche und Volumen sind zu berechnen.
Unter Verwendung aller bisher erworbenen Kenntnisse sind Programmablaufplan und Wertbelegungsplan für $a \leftarrow 4$ zu entwickeln!

Eine lineare Anweisungsfolge legt eine schrittweise Aufeinanderfolge von Eingabe-, Verarbeitungs- und Ausgabeanweisungen fest, die zeitlich nacheinander auszuführen sind.

ANFANG
E
V
A
ENDE

Die Zahlenmengen der EDV

Aus der Mathematik sind uns die Mengen der *natürlichen, ganzen, rationalen* und *reellen* Zahlen bekannt. In der EDV werden die natürlichen Zahlen, die eine Teilmenge der ganzen Zahlen sind, nicht besonders hervorgehoben. Wir sprechen also immer nur von *ganzen* Zahlen. Wie schon das Beispiel der ganzzahligen Division zeigte, muß das Rechnen mit ganzen Zahlen ausdrücklich vom Rechnen mit Dezimalzahlen unterschieden werden. Außerdem muß jede Variable, die zum Abzählen verwendet wird, ganzzahlig sein.

Bezüglich der reellen Zahlen und ihrer Teilmenge der rationalen Zahlen muß man bedenken, daß die Speicherbereiche der Computer immer endlich und nicht unendlich groß sind, weshalb jede Dezimalzahl mit unendlich vielen Stellen nur mit einer begrenzten Anzahl von Stellen gespeichert und verarbeitet werden kann. Dadurch ist aber, wenn man z.B. mit sechs Ziffern rechnet, die irrationale Zahl π von der rationalen Zahl $3\frac{14159}{100000} = 3{,}14159$ nicht mehr unterscheidbar und eine Unterscheidung von rationalen und irrationalen Zahlen daher nicht sinnvoll. Wir sprechen also nur von *ganzen* und *reellen* Zahlen.

Abschneiden und Runden

Keine Berechnung darf durchgeführt werden, ohne das Ergebnis auf seinen Sinn zu überprüfen. Werden zwei Dezimalzahlen multipliziert, dann ist die Anzahl der Dezimalstellen des Produkts gleich der Summe der Anzahlen der Dezimalstellen der beiden Faktoren. Sind aber alle Dezimalstellen auch brauchbar und sinnvoll ?

Beispiel 3 : Wenn man die Maße einer Walze auf mm genau mißt, dann ist der Rauminhalt höchstens auf mm^3 sinnvoll. Durch die Multiplikation mit 3,14159 treten aber Nachkommastellen auf, die dann nicht mehr sinnvoll sind.

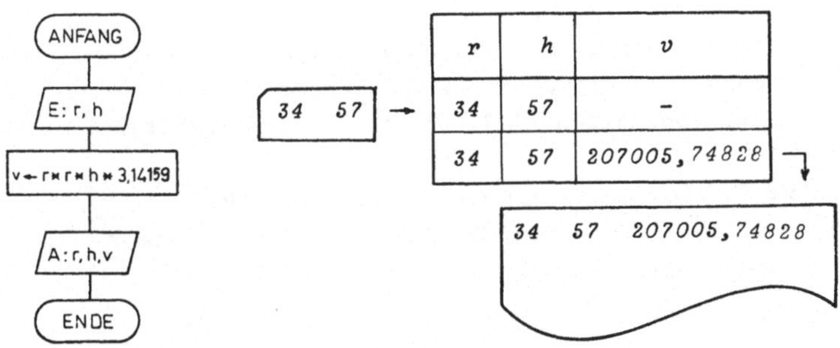

Die Stellen nach dem Komma sind in der obigen Berechnung nicht mehr sinnvoll. Sie können entweder weggelassen werden, dann wird als Ergebnis v = 207005 mm^3 ausgegeben; oder die erste Stelle nach dem Komma kann - in diesem Fall - zum Aufrunden des Ergebnisses verwendet werden: v = 207006 mm^3.

Es gibt daher zwei Möglichkeiten, unbrauchbare oder sinnlose Dezimalstellen zu entfernen : *Abschneiden* und *Runden* .

Unter *Abschneiden* verstehen wir das Weglassen der nicht gewünschten Dezimalstellen. Die Zahl $\pi = 3{,}14159...$ würde, auf 4 Dezimalstellen abgeschnitten, den Wert 3,1415 erhalten.

Das *Runden* wird nach den schon bekannten Regeln des Aufrundens, wenn die nächste Ziffer 5, 6, 7, 8, 9 beträgt, oder des Abrundens, wenn die nächste Ziffer 0, 1, 2, 3, 4 ist, durchgeführt.

π bekäme auf 4 Stellen gerundet den Wert 3,1416.

Abschneiden

Beispiel 4 : Ein Lastwagen soll m Tonnen Material (m reell) abtransportieren, wobei er aber, da später wieder Material anfallen wird und er deshalb wiederkommen wird, nur voll beladen fahren soll. Wenn er bei einer Fahrt 1,6 t transportieren kann (Ladekapazität k, reell) und 13,8 t Material wegzuschaffen sind, wie oft (n, ganzzahlig) fährt er dann ?

Da es nur ganze Fahrten gibt, muß man im Ergebnis für n die Nachkommastellen abschneiden. Mathematisch formulieren wir das durch die größte ganze Zahl $\le 8{,}625$: $[8{,}625] = 8$.

Wie erhält man den noch nicht abtransportierten Rest (r, reell) ?

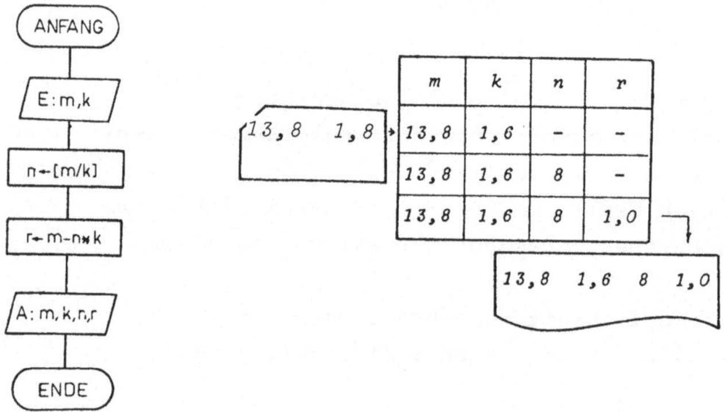

Das Beispiel zeigt, daß man das Abschneiden vor allem immer dann anwenden muß, wenn eine Rechnung zwar mit Dezimalstellen ausgeführt wird, das Ergebnis aber nur als ganze Zahl sinnvoll ist und aus der Problemstellung heraus ein Aufrunden nicht in Betracht kommt.

Beispiel 5 : Wenn man in Österreich mit S 1000,-- zur Bank geht und diesen Betrag in Dollar umwechseln will, erhält man nur ganze Dollars, weil Hartgeld nicht vorhanden ist. Gegeben sind daher ein Schillingbetrag s (ganzzahlig) und ein Umrechnungskurs k (reell).

Gesucht werden ein Dollarbetrag d (ganzzahlig) und ein Schillingrestbetrag r (reell).

Die Rechnung wird mit Dezimalzahlen ausgeführt, aber der Dollarbetrag d entsteht durch Abschneiden der Dezimalstellen.

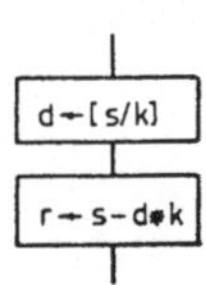

s	k	d	r
1000	23,5975	-	-
1000	23,5975	42,37737 =42	-
1000	23,5975	42	8,905

Der Schillingrestbetrag r = 8,905 kann nur in Schilling und Groschen ausbezahlt werden, daher muß wieder eine Dezimalstelle entfernt werden. Dies geschieht aber durch Runden.

Bisher wurden immer alle Nachkommastellen einer Zahl z mit Hilfe der größten ganzen Zahl $\leq z$ abgeschnitten. Nun wollen wir noch besprechen, wie man nach einer bestimmten Anzahl von Dezimalstellen abzuschneiden hat.

Wenn man z.B. nach drei Stellen nach dem Komma abschneiden will, muß man zuerst mit 1000 multiplizieren, um die Nachkommastellen abschneiden zu können, und anschließend wieder durch 1000 dividieren.

Beispiel 6 : Die Maße der Walze von Beispiel 3 mögen in cm mit einer Dezimalstelle angegeben sein. Der Rauminhalt soll daher auf 3 Dezimalstellen abgeschnitten werden.

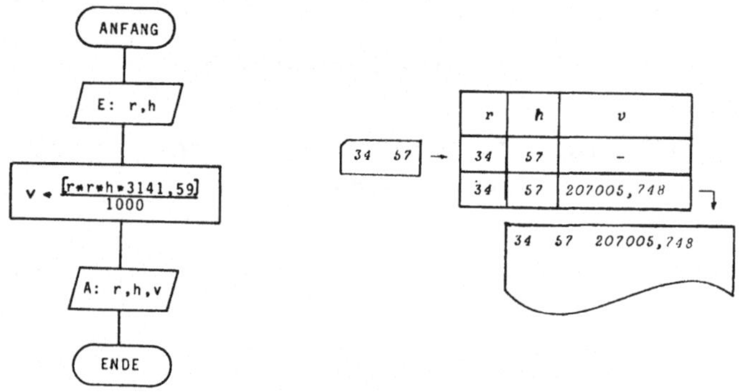

Übung 10 : Ein Kind geht mit seinem Sparschwein in eine Konditorei, um Schokoladetafeln zu kaufen. Der Inhalt *s* des Sparschweins beträgt 41,30 S, eine Tafel Schokolade kostet k = 6,80 S.
Man stelle den Algorithmus für die Berechnung der Anzahl *t* der gekauften Tafeln und des Restbetrages *r* auf und zeichne einen Wertbelegungsplan.

Übung 11 : Wir wollen einen Schillingbetrag *s* in DM umwechseln. Es gibt nur Banknoten, wobei die 10 DM - Note den kleinsten Wert darstellt.
Man stelle den Algorithmus für DM - Betrag *dm* und Schillingsrestbetrag *r* auf.

Anleitung : Um die Einerstelle abzuschneiden, muß man zuerst durch 10 dividieren und nach Abschneiden der Nachkommastellen mit 10 multiplizieren.
Der Algorithmus ist zu testen.

(Wertbelegungsplan mit $s \leftarrow 2000,\text{--}$ und $k \leftarrow 7,24$ S pro DM).

R u n d e n

Das *Runden* eines Ergebnisses kann durch mehrere Gründe erzwungen werden:

a) Die Ausgangswerte stammen aus Messungen und sind nur von begrenzter Genauigkeit. Das Ergebnis darf aber nicht eine größere Genauigkeit vortäuschen als sie in den Ausgangswerten vorhanden war. Daher muß man runden (siehe das eingangs erwähnte Beispiel der Volumsberechnung einer Walze) .

b) Die Dezimalstellen wären zwar sinnvoll, aber wegen des Rechnens mit einer begrenzten Genauigkeit sind gewisse Stellen unrichtig.

   Beispielsweise wird das Ergebnis der Bruchrechnung

   $\frac{1}{15} + \frac{1}{6} = \frac{7}{30} = 0,2333333.....$ von einer auf 6 Dezimalstellen ohne Runden rechnenden Maschine mit

   $0,066666 + 0,166666 = 0,233332$ angegeben.

c) Die Dezimalstellen sind zwar richtig, aber sinnlos. Dieser Fall tritt sehr häufig bei Berechnungen von Geldbeträgen auf.

   8,905 müßte auf 8,91 gerundet werden.

Es gibt mehrere Methoden des Rundens, von denen hier nur eine für positive Zahlen geeignete Methode angewendet werden soll : Zur ersten nach dem Runden wegfallenden Dezimalstelle wird 5 addiert und dann abgeschnitten.

Beispiel 7 : Die positive Zahl *z* ist auf die Einerstelle zu runden (Ergebnis *r*).

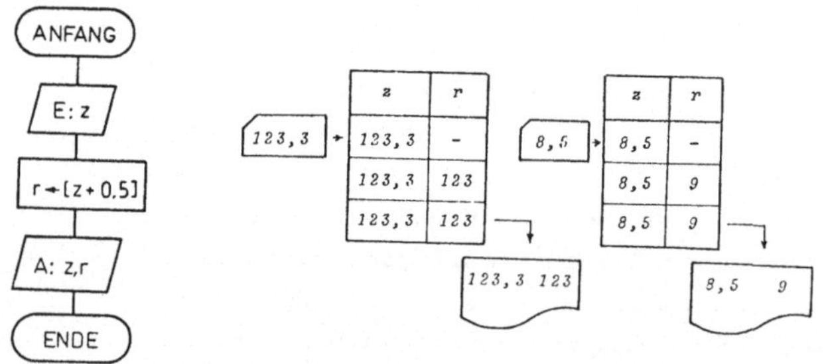

Beispiel 8 : Die positive Zahl *z* ist auf Hundertstel zu runden. Es müßte 0,005 addiert und nach der Hundertstelstelle abgeschnitten werden. Damit wir das Abschneiden der Nachkommastellen anwenden können, müssen wir mit 100 multiplizieren, dann 0,5 addieren, die Dezimalen abschneiden und durch 100 dividieren:

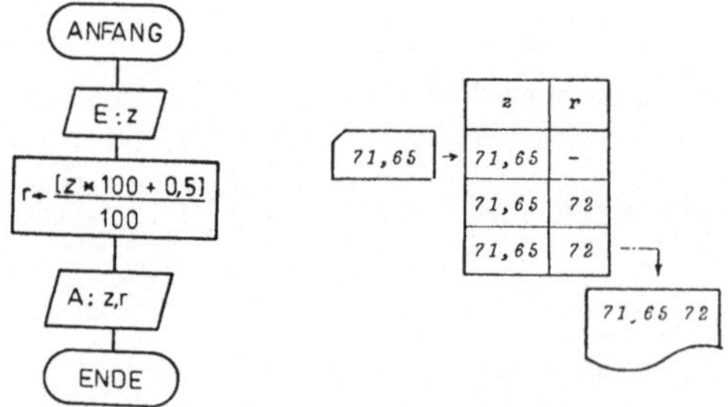

Übung 12 : Gegeben sind Minuten *min* (ganzzahlig) und Sekunden *sek* (ganzzahlig) eines Winkels. Man rechne den Winkel in eine Dezimalzahl mit der Benennung *minuten* um und runde dann auf ganze Minuten..

Testwerte: a) 27 ' 44 "
b) 18 ' 27 "

Übung 13 : Man runde die Zahl *z* (reell z > o) auf

a) Einer
b) Tausendstel
c) Hunderter

Nach Aufstellen der Algorithmen soll mit

z ← 7628,92585 getestet werden.

Übung 14 : Die Übung 12 ist mit Runden auf Zehntelminuten zu lösen.

Übung 15 : Wieviel kosten *g* Kilogramm (*g* reell, 2 Dezimalstellen) einer Ware, wenn der Preis für 1 kg *s* Schilling (*s* reell, 1 Dezimalstelle) beträgt ?
Der Gesamtpreis ist auf 10 Groschen gerundet auszugeben.

Testwerte : *s* ← 7,8 ; *g* ← 2,47.

Übung 16 : Von einem Kegel sind Radius *r* und Höhe *h* gegeben (in cm mit 1 Dezimalstelle). Der Rauminhalt ist zu berechnen. π ist mit 3,14 anzunehmen. Wieviele Dezimal - stellen im Ergebnis sind sinnvoll ? Der Rauminhalt ist gerundet auszugeben.

Testwerte : *r* ← 3,4 cm
h ← 5,7 cm

In der EDV müssen zwei Zahlenbereiche streng unterschieden werden:

- *die Menge der ganzen Zahlen*
- *die Menge der reellen Zahlen .*

Die beim Rechnen mit reellen Zahlen auftretenden unbrauchbaren und sinnlosen Dezimalstellen müssen durch Abschneiden oder Runden entfernt werden.

Beim Abschneiden werden von einer bestimmten Stelle an alle folgenden Ziffern durch Nullen ersetzt; beim Runden wird zur ersten nach dem Runden wegfallenden Dezimalstelle 5 addiert und dann abgeschnitten.

1.3. Bedingte Anweisungen (Verzweigungen)

Nicht immer ist in einem Programmablaufplan die nächste Anweisung eindeutig festgelegt. Es gibt Fälle, in denen erst vom Ergebnis einer Rechnung abhängt, was als nächstes zu geschehen hat. Dafür ein Beispiel:

Beispiel 9 : Ein Ladegut l (ganzzahlig in Tonnen) soll mit einem Boot der Ladekapazität k (ganzzahlig in Tonnen) über einen Fluß transportiert werden. Wie oft muß das Boot fahren (Anzahl n) ?

Die ganzzahlige Division

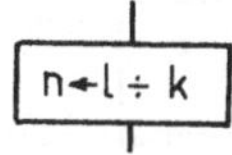

gibt die Anzahl der vollen Bootsladungen. Wenn bei der Division ein Rest bleibt, muß das Boot nochmals fahren. Im Einzelfall ist das leicht zu entscheiden. Der Algorithmus soll aber für alle möglichen Eingabewerte brauchbar sein. Daher muß er eine Abfrage enthalten, ob ein Rest geblieben ist oder nicht. Wenn ja, dann muß die Anzahl n um 1 erhöht werden,

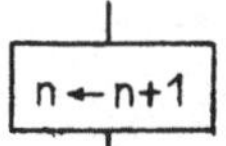

andernfalls muß diese Erhöhung übersprungen werden. Für die Abfrage mit der nachfolgenden Verzweigung führen wir als Symbol einen Rhombus ein:

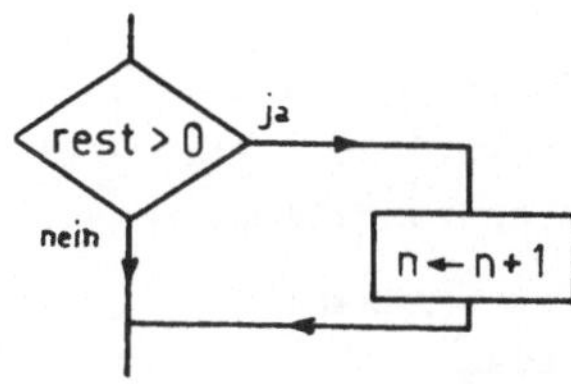

Die Wertzuweisung $n \leftarrow n + 1$ wird nur dann ausgeführt, wenn bei der ganzzahligen Division ein Rest auftritt. Anschließend folgt der vollständige Programmablauf mit Wertbelegungstabelle:

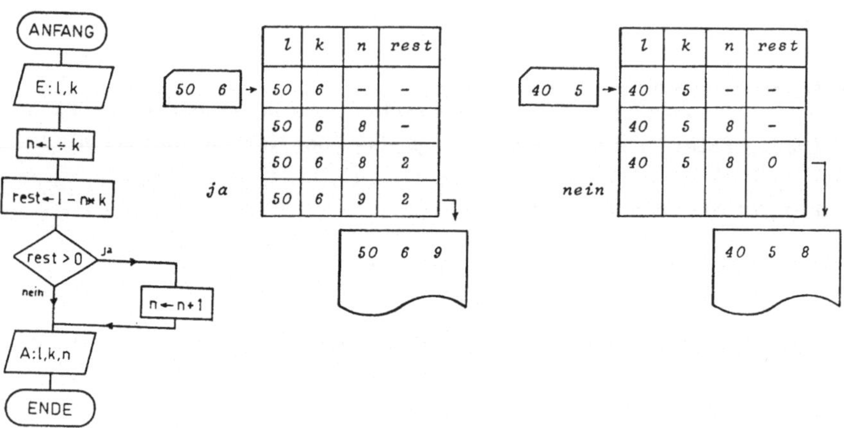

Übung 17 : Ein Versandhaus berechnet keine Versandspesen, wenn der Rechnungsbetrag mehr als 1000 Schilling beträgt. Der Programmablaufplan ist aufzustellen.

Eingabe: Lieferbetrag b, Versandspesen v,
Ausgabe: Rechnungsbetrag r .
Testwerte: $b \leftarrow 512$ $v \leftarrow 32{,}50$
$b \leftarrow 1090$ $v \leftarrow 48{,}20$

Übung 18 : Eine Ware wird nach Stück geliefert. Bei einer Abnahme von 100 Stück oder mehr wird 25 % Rabatt gewährt. Der Programmablauf ist aufzustellen.

Eingabe: Stückpreis s, Anzahl n,
Ausgabe: Rechnungsbetrag r .
Testwerte: $s \leftarrow 48{,}50$ $n \leftarrow 20$
$s \leftarrow 7{,}20$ $n \leftarrow 250$

Übung 19 : Bei der Addition zweier Winkel, die in Grad und Minuten angegeben sind, kann die Summe der Minuten größer als 60 werden.
In diesem Fall muß man 60 Minuten in 1 Grad umwandeln.
Man zeichne einen Programmablaufplan für die Addition zweier Winkel α und β und verwende die Variablen *agrad, amin, bgrad, bmin* für die gegebenen Winkel und *cgrad, cmin* für die Summe.

Testwerte : $\alpha \leftarrow 12^{\circ}47'$ $\beta \leftarrow 27^{\circ}38'$
$\alpha \leftarrow 48^{\circ}12'$ $\beta \leftarrow 17^{\circ}34'$

Übung 20 : Man zeichne den Programmablaufplan für die Addition zweier Winkel α und β , die in Grad, Minuten und Sekunden gegeben sind. Für die gegebenen Winkel sind die Variablen *agrad, amin, asek, bgrad, bmin, bsek* zu verwenden, für die Summe die Variablen *cgrad, cmin, csek* .

Testwerte : $\alpha \leftarrow 28^{\circ}36'44''$ $\beta \leftarrow 7^{\circ}42'35''$
$\alpha \leftarrow 14^{\circ}19'39''$ $\beta \leftarrow 72^{\circ}26'52''$

(Man beachte, daß hier auch die Summe der Sekunden größer als 60 werden kann !)

In den obigen Beispielen war die Bedingung, die eine logische Entscheidung und damit eine Verzweigung erfordert, in der Problemstellung bereits klar formuliert. In manchen Problemen aber ist eine solche Entscheidungsbedingung implizit enthalten; die Problemstellung selbst läßt von vornherein die Notwendigkeit einer Verzweigung nicht erkennen.

Beispiel 10 : Die Lösungsmenge der Gleichung $ax+b=0$ (a,b reell) ist zu bestimmen.

Der Programmablauf scheint problemlos zu sein:

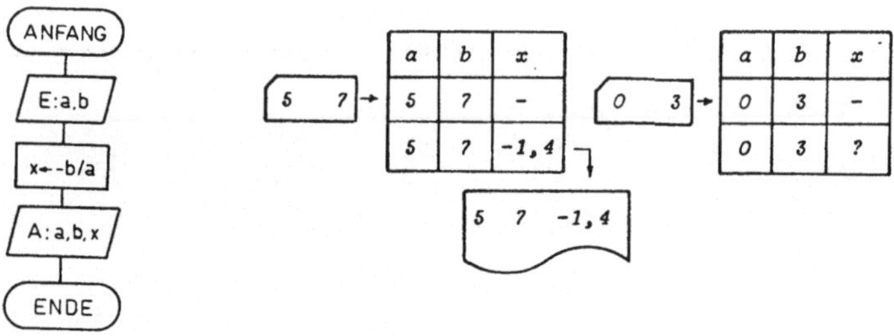

Nach dem angegebenen Algorithmus wird für x stets dann ein richtiger Wert berechnet, wenn $a \neq 0$ ist. Für den Fall, daß $a = 0$ ist, gibt es keine eindeutige Lösung.

Die Aussage: " die Gleichung hat keine eindeutige Lösung" kann eine zweifache Bedeutung haben:

(1) die Gleichung ist unlösbar; das ist dann der Fall, wenn $a = 0$ und $b \neq 0$ ist, denn

$$\underbrace{ax}_{=0} + \underbrace{b}_{\neq 0} = 0$$

ist für alle x eine falsche Aussage.

(2) die Gleichung hat unendlich viele Lösungen; das trifft dann zu, wenn $a=b=0$ ist. Die Gleichung

$$\underbrace{ax}_{=0} + 0 = 0$$

stellt eine wahre Aussage dar, mit welcher Zahl auch immer x belegt wird.

Da der Algorithmus aber für alle möglichen Eingabewerte a und b gelten soll, können wir den Fall, daß $a = 0$ ist, nicht einfach ausschließen. Das Problem läßt sich nur so lösen, daß nach einer Abfrage, ob $a = 0$ ist, die Division durch Null von vornherein verhindert wird und anstelle einer Lösung die Meldung ausgegeben wird, daß in diesem Fall die Lösung nicht berechnet wurde.

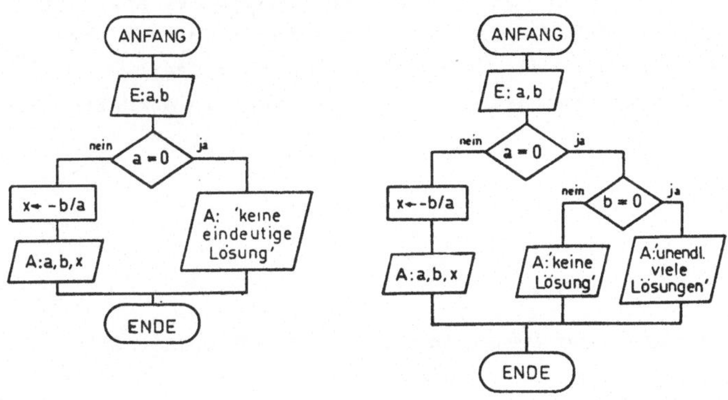

Eine Verzweigung kann demnach auch durch besondere Eingabedaten bedingt werden, die eine andere Verarbeitung erfordern. Da der Algorithmus für alle möglichen Eingabedaten gültig sein soll, muß an die Spitze der Verarbeitung eine Abfrage nach jenen besonderen Eingabedaten gestellt und der weitere Programmablauf in den einzelnen Zweigen entwickelt werden.

Übung 21 : Den Monaten Jänner bis Dezember sind die Nummern 1 bis 12 zugeordnet.
Man stelle den Algorithmus für die Berechnung der jeweils folgenden Monatsnummer auf (nach Dezember kommt Jänner!)

Übung 22 : Die Abfahrtszeit eines Zuges ist in Stunden und Minuten nach Mitternacht angegeben. Die Fahrdauer betrage weniger als 24 Stunden.

Man stelle den Algorithmus für die Berechnung der Ankunftszeit in Stunden und Minuten nach Mitternacht auf und verwende die Variablen *ah, amin* für die Abfahrtszeit, *bh, bmin* für die Fahrdauer, *ch, cmin* für die Ankunftszeit.

Testwerte : $a \leftarrow$ 17h48min $b \leftarrow$ 2h36min
$a \leftarrow$ 19h37min $b \leftarrow$ 8h54min

Übung 23 : Gegeben sind zwei ganze Zahlen *a* und *b*. Es soll festgestellt werden, ob *a* durch *b* teilbar ist. Eine entsprechende Meldung ist auszugeben !
Es soll der Algorithmus für dieses Problem aufgestellt und mit folgenden Eingabedaten getestet werden :

$a \leftarrow 15$, $b \leftarrow 5$
$a \leftarrow -23$, $b \leftarrow 7$

Ist in der Art der Problemstellung oder in der Eigenart der Eingabedaten eine Bedingung enthalten, durch die der nächste Schritt einer Anweisungsfolge erst nach einer logischen Entscheidung (Abfrage) festgelegt werden kann, so sprechen wir von bedingten Anweisungen. Sie bewirken im Programmablaufplan eine Verzweigung der Anweisungsfolge.

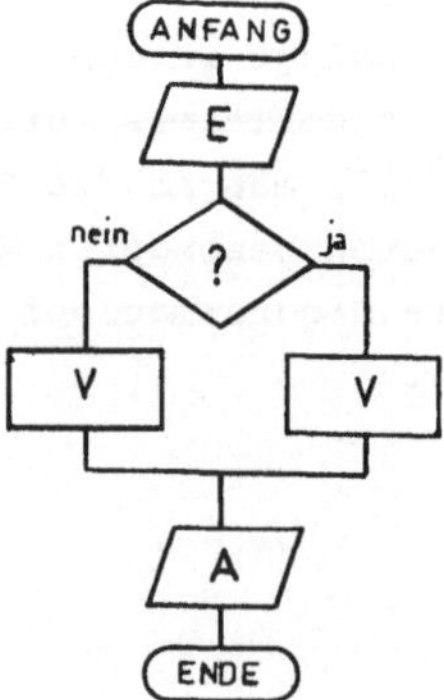

Sortierprobleme

Beispiel 11 : Eine sehr wichtige Anwendung der Verzweigungen ist das Ordnen von Zahlen nach gewissen Gesichtspunkten. Wenn z.B. die größte von drei Zahlen gesucht wird, weisen wir die drei Zahlen den drei Variablen x, y und z zu. Einer weiteren Variablen *max* weisen wir den Wert einer beliebigen der drei Variablen zu. Dann müssen die Werte aller anderen Variablen mit dem Wert von *max* verglichen werden. Wenn der Wert einer Variablen größer als der von *max* ist, wird er an *max* zugewiesen.

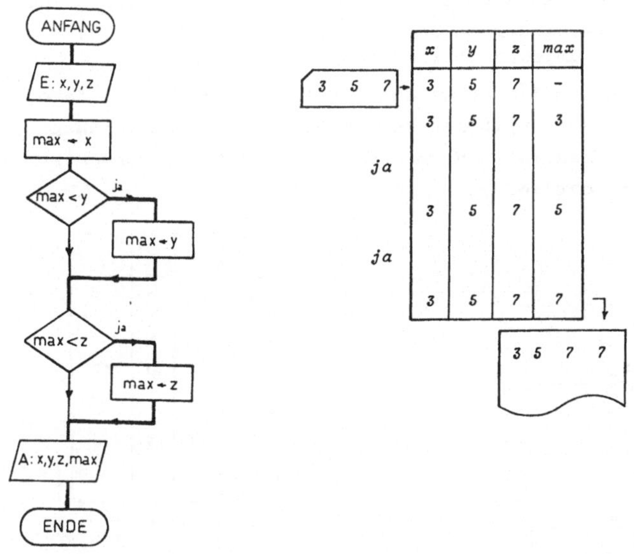

Übung 24 : Der Algorithmus von Beispiel 11 soll für die Werte $x \leftarrow 4$, $y \leftarrow 8$, $z \leftarrow 6$ durchgeführt werden.
Man zeichne nochmals den Programmablaufplan und ziehe die wirklich durchlaufenen Teile wie im Musterbeispiel stärker aus.

Übung 25 : Von vier gegebenen Zahlen ist das Minimum zu bestimmen. Zu zeichnen sind der Programmablaufplan und Wertbelegungspläne für die Testwerte

a) 20, 12, 8, 15
b) 50, 20,30, 10

Beispiel 12 : Gegeben sind 3 Zahlen, die so zu sortieren sind, daß sie in steigender Reihenfolge erscheinen (z.B.5,3,4 soll zu 3,4,5 umgeordnet werden).

Die eingegebenen Zahlen werden Variablen zugewiesen, deren Werte paarweise verglichen und im Bedarfsfall umgeordnet werden. Nach maximal 3 Vertauschungen muß die gewünschte Ordnung erreicht sein.

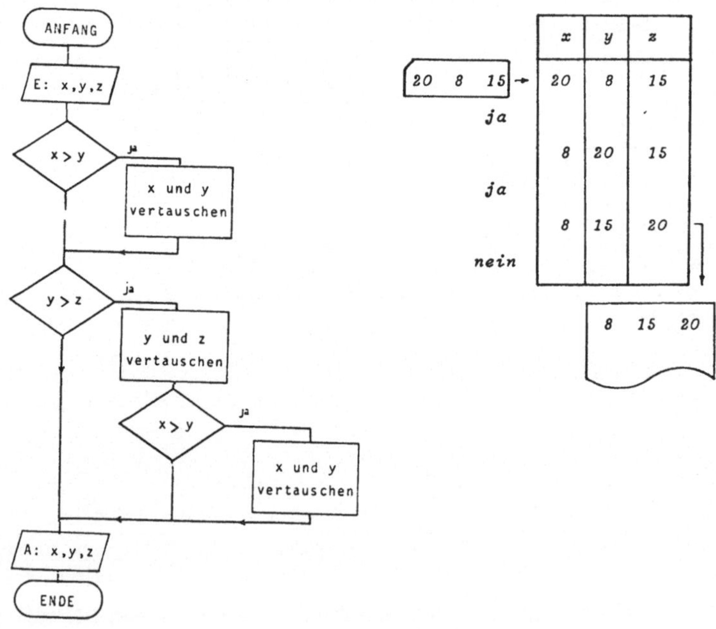

Wir haben im Programmablaufplan nur *x und y vertauschen* geschrieben. So einfach geht das in Wirklichkeit nicht. Man muß eine Hilfsvariable h einführen und durch drei Wertzuweisungen die Vertauschung herbeiführen.

Bei allen folgenden Aufgaben soll diese Art der Vertauschung angewendet werden !

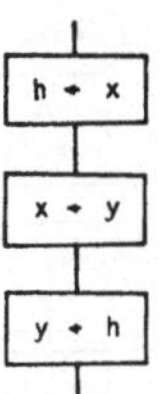

Übung 26 : Programmablaufplan und Wertbelegungsplan von Beispiel 12 sind durch die Einführung der Hilfsvariablen h für die Vertauschungen zu ergänzen.

Übung 27 : Drei Zahlen x, y und z sind so zu sortieren, daß sie in fallender Reihenfolge ausgegeben werden. Zeichne den Programmablaufplan und Wertbelegungsplan.

Auf wieviel mögliche Arten kann man **drei Zahlen anordnen** ? Um ganz sicher sein zu können, daß der Programmablaufplan richtig ist, muß man alle Möglichkeiten durchtesten.

Testwerte : $x \leftarrow 20$ $y \leftarrow 10$ $z \leftarrow 5$
$x \leftarrow 10$ $y \leftarrow 20$ $z \leftarrow 5$
$x \leftarrow 10$ $y \leftarrow 5$ $z \leftarrow 20$

Beispiel 13 : Wenn die drei Seiten a, b und c eines Dreiecks angegeben sind, kann man aus ihren Längen entnehmen, ob ein gleichschenkeliges, gleichseitiges, rechtwinkeliges oder allgemeines Dreieck vorliegt oder ob die drei angegebenen Längen gar kein Dreieck bilden können.

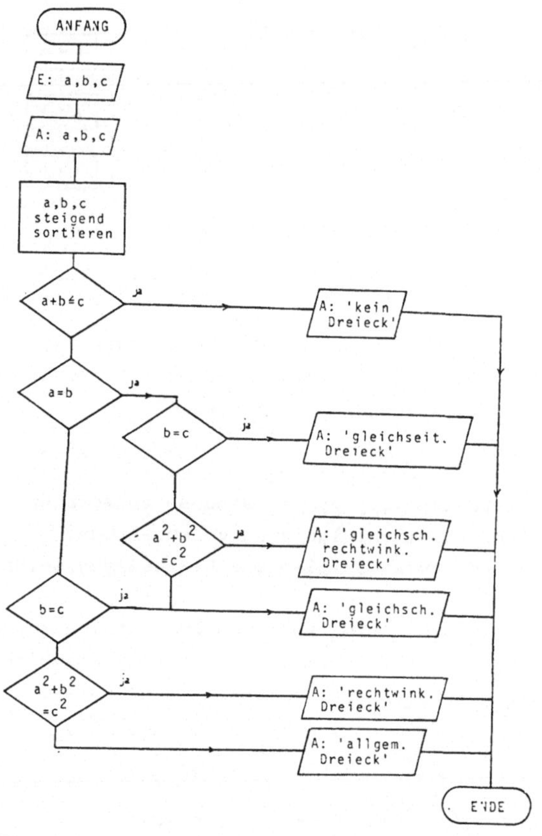

Übung 28 : Der Programmablaufplan ist mit folgenden Angaben zu testen :

5, 12, 20	5, 12, 14	8, 8, $8\sqrt{2}$
5, 12, 12	5, 5, 8	1, 2, $\sqrt{3}$
5, 12, 13	5, 5, 5	

Übung 29 : Wird es bei der praktischen Durchführung der Übung 28 in gewissen Fällen Schwierigkeiten geben ? Man denke an die begrenzte Darstellbarkeit der irrationalen Zahlen ! Die Vermutung ist zu bestätigen, in dem man die betreffenden Angaben auf 2 Dezimalstellen begrenzt und nochmals den Test durchführt !
Welche Möglichkeit der Abhilfe gibt es ?

Übung 30 : Eingegeben werden drei Winkel (in Grad). Es ist zu entscheiden, ob ein Dreieck vorliegt, und wenn ja, ob es ein gleichschenkeliges, rechtwinkeliges, gleichschenkelig rechtwinkeliges oder gleichseitiges Dreieck ist. Die entsprechende Meldung ist auszugeben.

Man erstelle einen Programmablaufplan und Wertbelegungsplan. Testwerte für jeden möglichen Fall suchen !

Übung 31 : Eingabe: Vier Winkel, die von einem Viereck stammen sollen, wobei die Reihenfolge geordnet ist (z.B. entgegen dem Uhrzeigersinn).
Ausgabe: Meldung, welche Art von Viereck vorliegt.

Warum können Rhombus (und auch Quadrat) nicht identifiziert werden? Programmablaufplan mit den verschiedenen Möglichkeiten testen !

Anleitung :

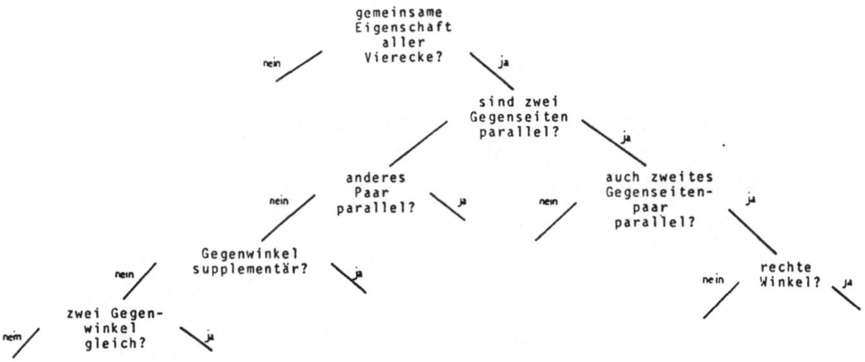

Zusammengesetzte Bedingungen

Sind die folgenden Sätze inhaltlich richtig?
"Ein Viereck, bei dem die Seiten a und c gleich sind, ist ein Parallelogramm."
"Ein Viereck, bei dem die Seiten b und d gleich sind, ist ein Parallelogramm."

Es ist leicht einzusehen, daß jede der angegebenen Bedingungen für sich nicht genügt, daß aber das Viereck ein Parallelogramm ist, wenn sowohl die Bedingung $a = c$ als auch die Bedingung $b = d$ erfüllt ist. Oder anders formuliert:
Ein Viereck ist ein Parallelogramm, wenn die gegenüberliegenden Seiten a und c gleich sind und die gegenüberliegenden Seiten b und d gleich sind.

Eine aus mehreren Teilbedingungen bestehende Bedingung nennen wir eine *zusammengesetzte Bedingung*.
In unserem Beispiel entsteht sie durch die *und* -Verknüpfung der Teilbedingungen. In der Mathematik haben wir dafür ein eigenes Zeichen kennengelernt:

$\wedge$ *(und)*

Wir können daher mit mathematischen Zeichen auch schreiben:

Bedingung für Parallelogramm: $(a = c) \wedge (b = d)$

Im Programmablaufplan können wir die zusammengesetzte Bedingung in einer einzigen Abfrage formulieren oder in die Teilbedingungen aufspalten:

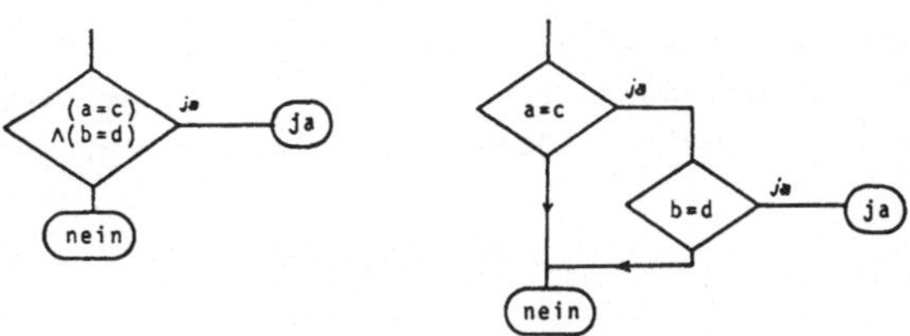

Die beiden Darstellungsweisen sind gleichbedeutend. Der nach unten führende Pfad "zusammengesetzte Bedingung nicht erfüllt" wird eingeschlagen, wenn auch nur <u>eine</u> der beiden Bedingungen <u>nicht</u> erfüllt ist.

In einem Viereck werden die vier Winkel der Reihe nach gemessen, beginnend bei einem beliebigen Winkel.
Ist der folgende Satz richtig ?
"Das Viereck ist ein Trapez, wenn die Summe der Winkel α und δ 180 Grad beträgt."
Wenn wir viermal das gleiche Trapez skizzieren und jeweils bei einem anderen Winkel mit der Benennung α beginnen, erkennen wir, daß auch dann ein Trapez vorliegt, wenn die Bedingung $\alpha+\beta = 180^\circ$ erfüllt ist.

Daher muß es richtig lauten:

Das Viereck ist ein Trapez, wenn die Bedingung $\alpha+\delta = 180^\circ$ <u>oder</u> die Bedingung $\alpha+\beta = 180^\circ$ erfüllt ist.

Auch für die <u>oder</u>-Verknüpfung kennen wir bereits ein Zeichen:

$\vee$ (<u>oder</u>, lat. <u>vel</u>)

Daher können wir in mathematischer Darstellung schreiben:

Bedingung für Trapez: $(\alpha+\delta = 180^{\circ}) \vee (\alpha+\beta = 180^{\circ})$

Auch bei der <u>oder</u>-Verknüpfung können wir im Programmablaufplan die zusammengesetzte Bedingung in einer einzigen Abfrage formulieren oder in die Teilbedingungen aufspalten:

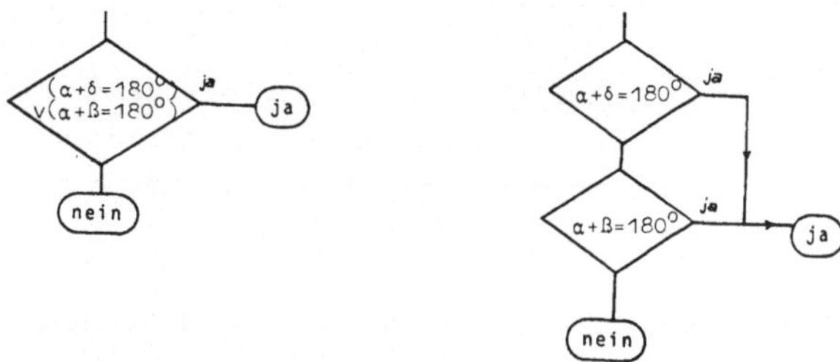

Nur wenn <u>weder</u> die eine <u>noch</u> die andere Bedingung erfüllt ist, ist die Gesamtbedingung nicht erfüllt.

Übung 32 : Mittels einer zusammengesetzten Bedingung soll geprüft werden, ob der Wert einer Variablen x
a) Im Intervall $[a, b]$,
b) außerhalb des Intervalls $[a,b]$ liegt.
Beide Bedingungen sind auf zwei Arten als Teil eines Programmablaufplanes darzustellen !

Als drittes Verknüpfungssymbol benötigen wir die Verneinung einer Bedingung:

$\neg$ *(nicht)*

Die Verneinung einer Bedingung kehrt das Ergebnis in das Gegenteil um:
Als Beispiel betrachten wir das Autofahren in Abhängigkeit von der Bedingung "alkoholisiert".

alkoholisiert ? — ja — darf nicht fahren
darf fahren

¬alkoholisiert ? — ja — darf fahren
darf nicht fahren

Auch arithmetische Aussagen werden in das Gegenteil umgekehrt:

$\neg(x \geq 5)$ ist gleichbedeutend mit $x < 5$.

Schließlich müssen wir noch festlegen, in welcher Reihenfolge die Verknüpfungen verarbeitet werden, wenn keine Klammern gesetzt werden. Die Reihenfolge lautet:

Zuerst ¬ *(nicht)*
dann ∧ *(und)*
zuletzt ∨ *(oder)*

Beispiele: 1) $\neg(x\geq 0) \vee \neg(x<5)$ *wird in der Reihenfolge* $[\neg(x\geq 0)] \vee [\neg(x<5)]$ *verarbeitet.*

2) $(x>0) \wedge (y>0) \vee (z=0)$ *ist gleichbedeutend mit* $[(x>0) \wedge (y>0)] \vee (z=0)$.

Die letzte Bedingung kann auf zwei Arten im Programmablauf dargestellt werden:

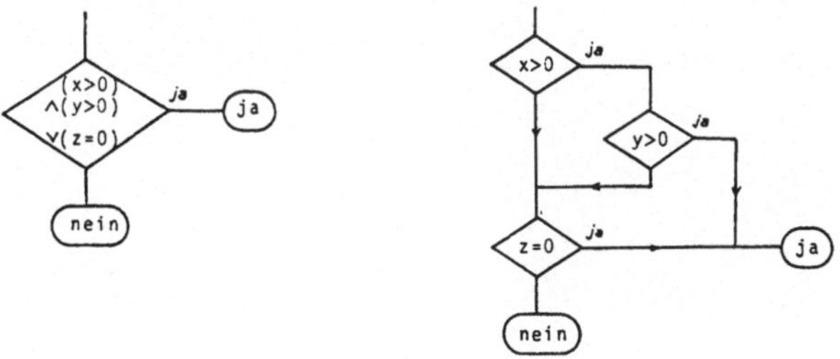

Übung 33 : Die folgenden Programmabläufe sollen jeweils durch eine einzige zusammengesetzte Bedingung ersetzt werden:

a) b)

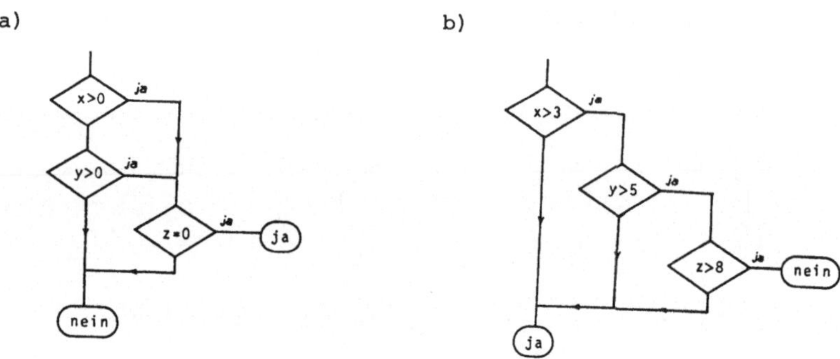

Übung 34 : Gegeben sind die Seiten *a*, *b* und *c* eines Dreiecks (unsortiert!).

Es sind die zusammengesetzten Bedingungen für folgende Aussagen zu formulieren: und als Teil eines Programm - ablaufes zu zeichnen:

a) Es liegt ein gleichschenkeliges Dreieck vor.

b) Das Dreieck ist ein gleichseitiges Dreieck.

c) Diese drei Strecken bilden kein Dreieck!

1.4. Schleifen

Laufanweisungen

Beispiel 14 : Eine Tabelle der Quadrate der natürlichen Zahlen von 1 bis 10 soll aufgestellt werden. Der Programmablaufplan kann als lineare Anweisungsfolge geschrieben werden :

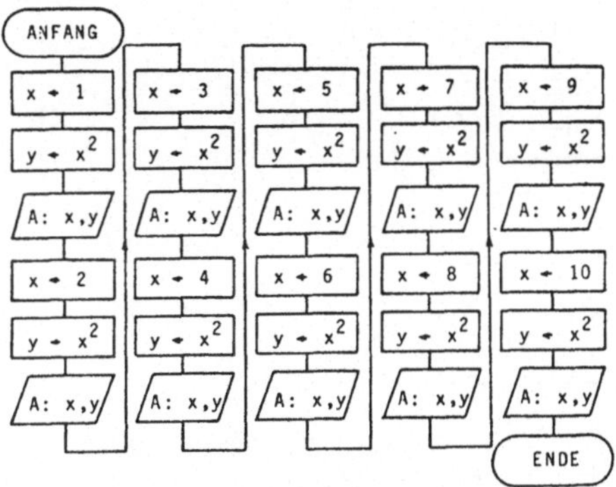

Man erkennt, daß die lineare Anweisungsfolge aus einer **zehnmaligen Wiederholung des Teiles**

besteht, wobei x vom Anfangswert 1 aus stets um die

Schrittweite 1 zu erhöhen ist, bis der Endwert 10 erreicht ist.
Der Programmablaufplan kann mit dieser Erkenntnis wesentlich einfacher dargestellt werden :

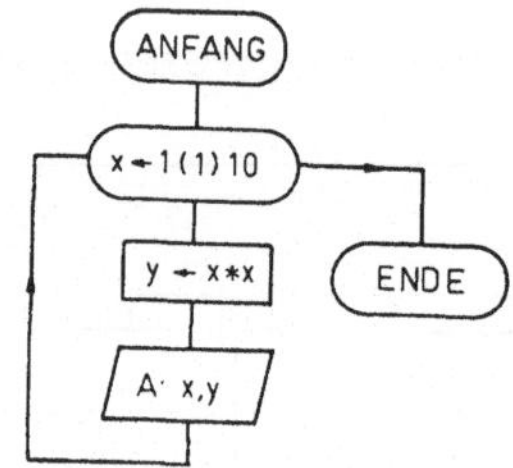

Die Anweisung

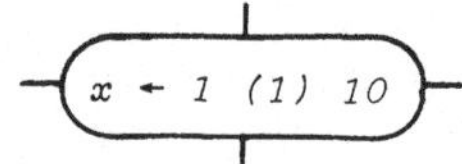

nennen wir eine *Laufanweisung*, weil die *Laufvariable* x die Werte von 1 bis 10 mit der Schrittweite 1 durchläuft. Allgemein:

$$x \leftarrow \textit{Anfangswert (Schrittweite) Endwert.}$$

Nach jeder Erhöhung der Variablen x um die Schrittweite wird die anschließende Verarbeitung durchgeführt, dann kehrt man zur Laufanweisung zurück, erhöht x neuerdings um die Schrittweite und führt wieder die Verarbeitung durch, so daß dieser Teil des Programmablaufs in "Schleifen" durchlaufen wird. Die Schleife wird solange wiederholt, wie der Wert der Laufvariablen x kleiner oder gleich dem Endwert ist. Ist der Wert der Laufvariablen x größer als der Endwert, verläßt man die Laufanweisung durch den Ausgang rechts und setzt die Anweisungen auf dem weiterführenden Pfad fort (in unserem Beispiel *Ende*).

Übung 35 : Eine Tabelle der Kuben der natürlichen Zahlen von 20 bis 40 soll ausgedruckt werden.

Beispiel 15 : Eine Tabelle der Kehrwerte der geraden Zahlen von 10 bis 50 ist auszudrucken.

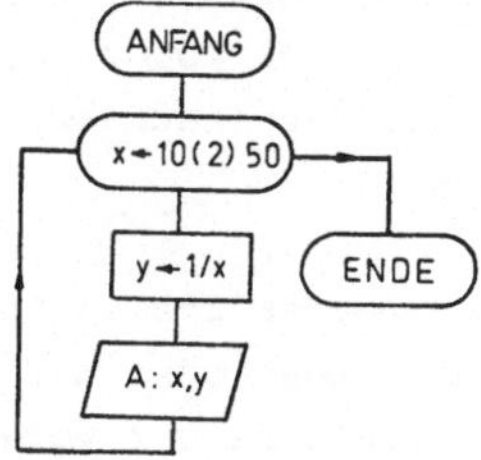

Übung 36 : Eine Tabelle der Quadrate der ungeraden Zahlen zwischen 30 und 100 wird gewünscht.

In den bisherigen Beispielen war die Laufvariable immer ganzzahlig. Wenn die Laufvariable nicht ganzzahlig ist, kann man eine Hilfsvariable i einführen, die nur ganzzahlige Werte annimmt.
Dazu ein Beispiel:

Beispiel 16 : Eine Tabelle der Quadrate der Zahlen 0,1 0,2 0,3 .... 1 soll ausgedruckt werden:
Wird $i \leftarrow 10*x$ als Hilfsvariable eingeführt, dann ist die neue Laufvariable stets ganzzahlig:

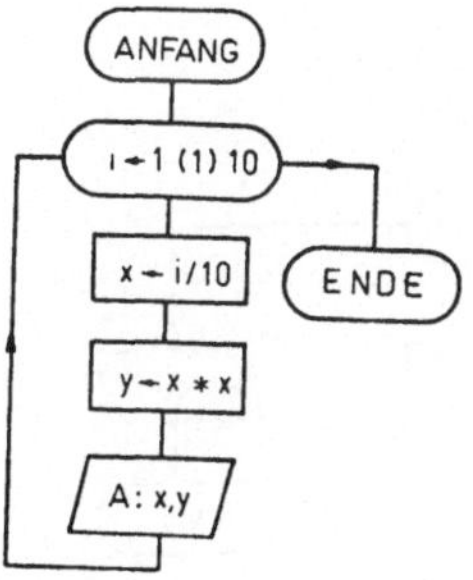

Übung 37 : Es ist der Programmablaufplan für eine Tabelle aufzustellen, in der die Zahlen 0,2 0,4 0,6 ... bis 10,0 und ihre Quadrate ausgedruckt werden (Laufanweisung mit einer ganzzahligen Laufvariablen!).

Übung 38 : Es ist der Programmablaufplan für eine Tabelle aufzustellen, in der die Zahlen 0,01 0,02 0,03 ... bis 10,00 und ihre Kuben ausgegeben werden (Laufanweisung mit einer ganzzahligen Laufvariablen!).

Bisher war der Endwert der Laufvariablen in der Laufanweisung bereits im Algorithmus enthalten, oder mit anderen Worten: Die Anzahl der Schleifendurchläufe war vorgegeben. Es gibt Anwendungen, in denen der Endwert der Laufvariablen eine Eingabegröße ist.

Beispiel 17 : Der Programmablaufplan für die Berechnung der Faktoriellen $n!$ einer natürlichen Zahl n ist mit Hilfe einer Laufanweisung aufzustellen. $n! = 1*2*3*4 \ldots .(n-1)*n$

Man führt eine Variable f mit dem Anfangswert 1 ein, deren Wert nacheinander mit allen natürlichen Zahlen bis n multipliziert wird.

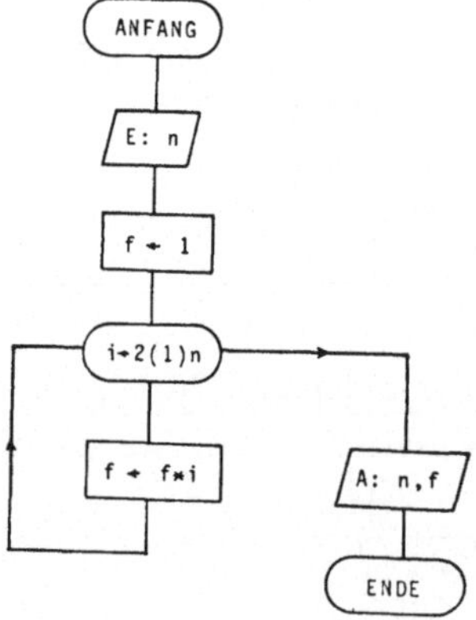

Schließlich kann auch noch der Anfangswert und die Schrittweite einer Laufanweisung variabel sein.

Beispiel 18 : Für jene x - Werte aus dem Intervall $u \leq x \leq s$, die voneinander jeweils um die Größe h entfernt sind, sind die durch die Funktion $f : x \rightarrow ax + b$ zugeordneten Funktionswerte y zu berechnen.

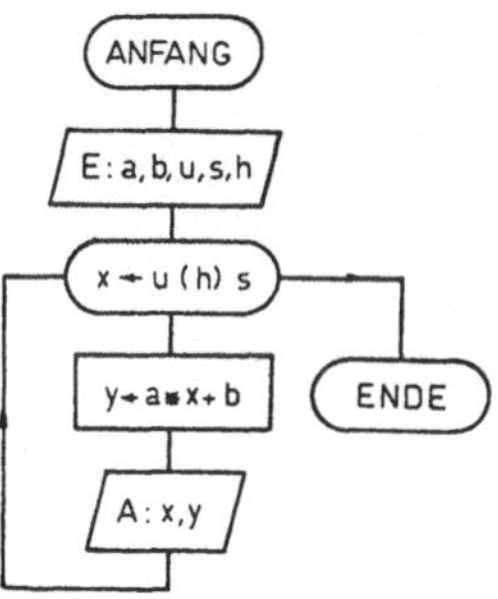

Übung 39 : Es sollen alle ganzen Zahlen von 0 bis 99 ausgedruckt werden, die nicht durch 7 teilbar sind und keine Ziffer 7 enthalten.

Anleitung: Mit Hilfe einer Laufanweisung werden alle in Betracht kommenden Zahlen untersucht, ob sie durch 7 teilbar sind. Nur die nicht teilbaren Zahlen werden in ihre Ziffern zerlegt, beide Ziffern werden auf Gleichheit mit 7 abgefragt. Die Zerlegung der Zahl z in ihre Zehnerziffer zz und ihre Einerziffer ez erfolgt durch ganzzahlige Division von z durch 10 und die Subtraktion des Produktes 10 mal zz von z.

Übung 40 : Es ist das Endkapital zu berechnen, das sich aus einem Anfangskapital k durch Verzinsung mit dem Prozentsatz p durch n Jahre hindurch ergibt.

Eingabe : Kapital k, Prozentsatz p, Zeit (in Jahren) n.
Ausgabe : Endkapital e

Anleitung: Am Ende eines jeden Jahres kommen zum Kapital am Jahresanfang k die Zinsen $\frac{k*p}{100}$ dazu:
Dieser Vorgang wird n mal wiederholt.

Wenn ein Teil eines Programmablaufs wiederholt wird, so sprechen wir von einer Schleife.
Ist die Anzahl der Wiederholungen durch einen Endwert der Laufvariablen festgelegt, kann man eine Laufanweisung formulieren:

Laufvariable ← Anfangswert (Schrittweite) Endwert

Anfangswert, Schrittweite und Endwert können dabei Eingabevariable sein.
Die Laufanweisung regelt den Programmablauf, bis der durch Anfangswert, Schrittweite und Endwert festgelegte Wertevorrat der Laufvariablen erschöpft ist, dann erst werden nachfolgende Anweisungen ausgeführt.

Auflösen von Laufanweisungen

Wir haben die Laufanweisung als neues Symbol kennengelernt und verwendet. In dieser Anweisung war der Endwert der Laufvariablen enthalten und durch ihn wurde die Anzahl der Schleifendurchläufe festgelegt. Es wäre auch möglich gewesen, die Laufanweisung zu vermeiden und die Schleife mit den bereits vorher bekannten Symbolen zu formulieren. Dann müssen wir einer Variablen i zuerst den Wert 1 zuweisen, nach jeder Verarbeitung der Anweisungsfolge innerhalb der Schleife müssen wir den Wert der Laufvariablen i um 1 erhöhen und jedesmal fragen, ob der Endwert noch nicht überschritten wurde.

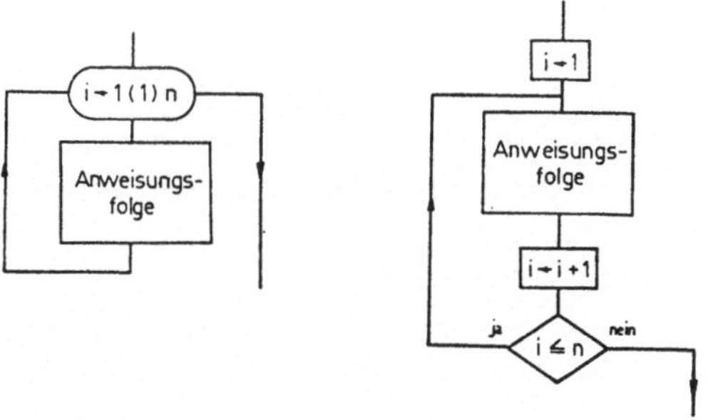

Wenn die Laufvariable i den Endwert überschreitet, lautet das Ergebnis der Abfrage *nein* und der weiterführende Pfad wird beschritten.

Bisher war stillschweigend vorausgesetzt, daß der Endwert n größer als der Anfangswert ist. Was geschieht eigentlich, wenn diese Voraussetzung nicht erfüllt, also $n < i$ ist ? Man erkennt, daß dann die Schleife jedenfalls einmal durchlaufen wird, denn der Unsinn wird erst bei der Abfrage nach der Verarbeitung entdeckt.

Um eine solche Möglichkeit auszuschließen, also um die Verarbeitung für $n < i$ zu verhindern, müßte man schon vor der Verarbeitung der Anweisungsfolge die Werte von n und i vergleichen. Bei dieser Art der Schleifenbildung würde bei $n < i$ keine Verarbeitung erfolgen, sondern die Schleife würde sofort verlassen werden.

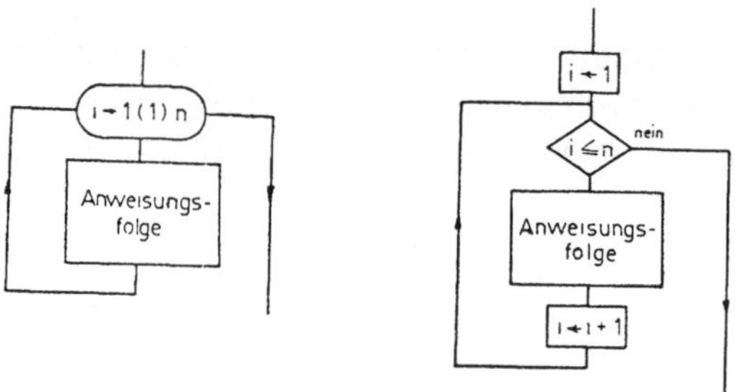

Man erkennt zweifellos, um wieviel einfacher die Laufanweisung gegenüber der zuletzt verwendeten Schreibweise ist. Und doch benötigen wir diese Art der Schleifenbildung bei Problemen, in denen das Verlassen der Schleife nicht durch die Angabe der Anzahl der Durchläufe festgelegt ist, sondern auf Grund irgendeiner Bedingung.

Schleifen mit Bedingung

In vielen Problemen ist die Anzahl der Schleifendurchläufe nicht vor Beginn der Arbeit bekannt. Wenn ein bestimmtes Ziel erreicht werden soll, weiß man oft nicht, in wieviel Schritten es erreicht werden kann. Dann ergibt sich das Verlassen der Schleife auf Grund des erreichten Zieles.

Beispiel 19 : Als Beispiel diene der schon früher erwähnte Euklidische Algorithmus zur Berechnung des größten gemeinsamen Teilers von zwei natürlichen Zahlen a, b.

1) Dividiere ganzzahlig die eine durch die andere Zahl und bilde den Rest.

2) Prüfe, ob der Rest Null ist.

3a) Wenn ja, dann ist der Divisor die gesuchte Zahl.

3b) Wenn nein, dann ersetze den Dividend durch den Divisor und den Divisor durch den Rest.

4) Kehre zu Schritt 1 zurück.

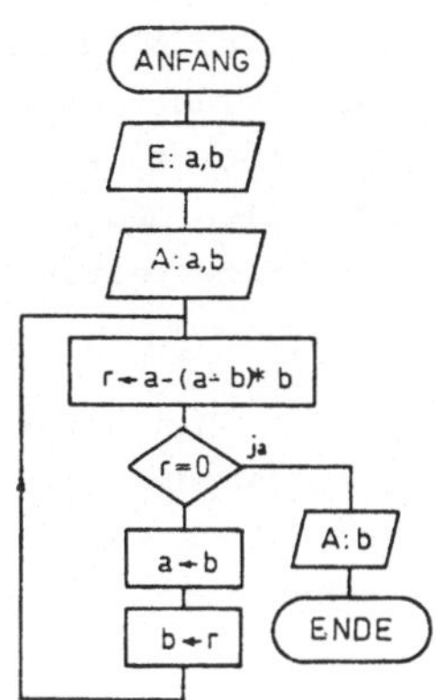

Die Schleife wird verlassen, wenn die Bedingung *rest = 0* erfüllt ist. Nach wieviel Durchläufen das Ziel erreicht wird, hängt von den Werten von a und b ab und kann daher nicht vorher bekannt sein.

Wenn man den Programmablauf des Euklidischen Algorithmus mit dem schon früher formulierten Text vergleicht, erkennt man zwei Änderungen:

a) Punkt 4 des Textes wurde weggelassen, dafür erfolgt jetzt der Rücksprung zu Punkt 1, der mit dem weggelassenen Punkt 4 identisch ist.

b) In Punkt 1 wird nur mehr von den beiden Zahlen gesprochen, nicht mehr von der größeren und der kleineren Zahl. Wenn man nämlich die kleinere durch die größere Zahl dividiert, hat man nur um eine Division mehr auszuführen:

70 : 100 = 0   Nächste Division 100 : 70
70 Rest

Das Sortieren benötigt aber mehr Aufwand als die eine

Division, die ohnedies innerhalb der Schleife ausgeführt wird !

Übung 41 : Das kleinste gemeinsame Vielfache von zwei natürlichen Zahlen a und b kann berechnet werden, indem man das Produkt der Zahlen durch ihren größten gemeinsamen Teiler dividiert. Der vollständige Algorithmus ist aufzustellen und mit den Angaben $a \leftarrow 36$, $b \leftarrow 60$ und $a \leftarrow 50$, $b \leftarrow 35$ zu testen.

Übung 42 : Ein anderes Verfahren zur Berechnung des kleinsten gemeinsamen Vielfachen von zwei natürlichen Zahlen a und b besteht darin, die größere Zahl mit 1, 2, 3, 4.... zu vervielfachen, bis die so erhaltene Zahl auch ein Vielfaches der kleineren Zahl, also durch sie teilbar ist.

Z.B. $a \leftarrow 30$ $b \leftarrow 25$

2*3o	nicht durch 25 teilbar
3.*3o	nicht durch 25 teilbar
4.*3o	nicht durch 25 teilbar
5.*3o	ist durch 25 teilbar,

daher ist 150 das kleinste gemeinsame Vielfache.

Der vollständige Algorithmus (mit Sortierung) ist aufzustellen und mit den Angaben von Übung 41 zu testen.

Nach den Laufanweisungen haben wir eine zweite Form von Schleifen kennengelernt: Schleifen mit Bedingung. Solange die Bedingung erfüllt ist, erfolgt der Rücksprung zum Schleifenanfang und es wird nochmals ein Schleifendurchgang ausgeführt.
Wenn die Bedingung nicht erfüllt ist, wird zur nächsten Anweisung weitergegangen.

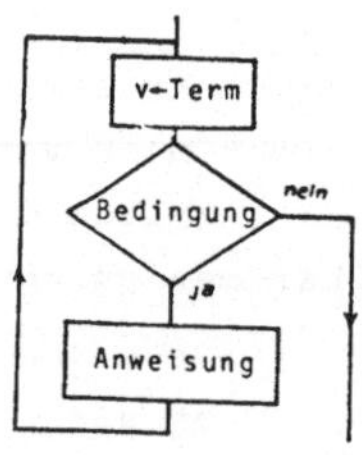

Ineinandergeschachtelte Schleifen

Beispiel 20 : Übung 39 (alle ganzen Zahlen von 0 bis 99 sind auszudrucken, die nicht durch 7 teilbar sind und keine Ziffer 7 enthalten) könnte man auch anders lösen, und zwar könnte man geradezu entgegengesetzt vorgehen, indem man nicht die Zahlen von 0 bis 99 in ihre Ziffern zerlegt, sondern umgekehrt aus den beiden Ziffern die Zahl zusammensetzt. Wenn man die Zehnerziffer mit i und die Einerziffer mit j bezeichnet, dann durchläuft i die Werte von 0 bis 9, und zu jeder einzelnen Zehnerziffer muß j ebenfalls die Werte von 0 bis 9 durchlaufen. Auf diese Weise ist die Laufanweisung für j in die Laufanweisung für i eingeschachtelt. Der weiterführende Pfad der ersten Laufanweisung ist diesmal links!

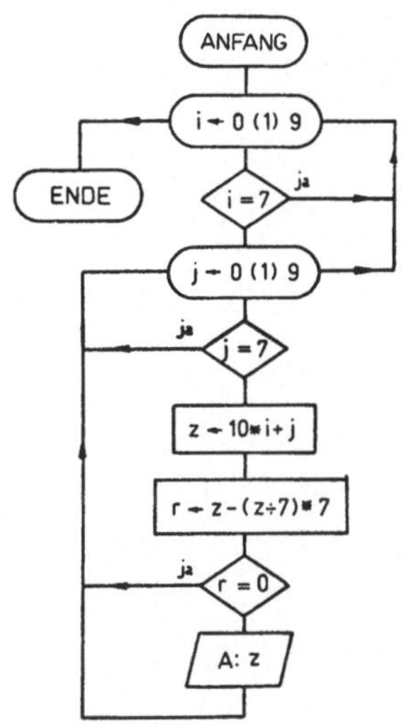

Übung 43 : Alle ganzen Zahlen von 0 bis 99 mit der Quersumme 13 sollen ausgedruckt werden.

Anleitung: Zwei ineinandergeschachtelte Laufanweisungen bilden, eine für die Zehnerziffer, die andere für die Einerziffer. Auf Quersumme 13 abfragen, bei *ja* die Zahl aus den Ziffern bilden und ausdrucken.

Übung 44 : Alle ganzen Zahlen von 0 bis 999 mit der Quersumme 17 sollen ausgedruckt werden.

1.5. Felder

Betrachten wir nochmals die in 1.3 behandelte Aufgabe (Beispiel 11), die größte von drei eingegebenen Zahlen ermitteln zu lassen:

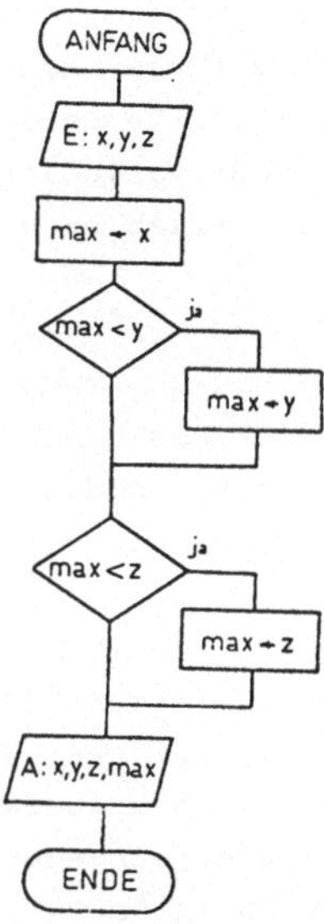

Auch bei vier Zahlen wäre der Programmablaufplan noch erträglich (**Übung 25**).

Beispiel 21 : Wenn aber z.B. das Maximum von 10 Zahlen zu ermitteln ist, werden wir Wege zu einer kürzeren Darstellung des Programmablaufes suchen.
Nach den Erfahrungen von 2.4. werden wir wohl geneigt sein, den immer wiederkehrenden Vorgang

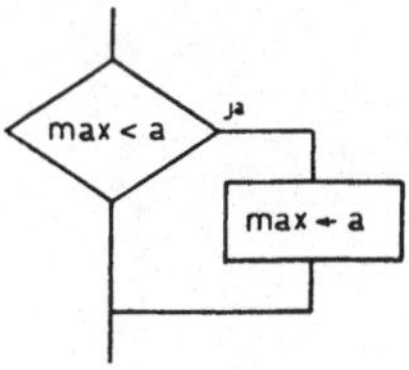

max < a
ja
max ← a

in eine Laufanweisung zu bringen (a bedeutet irgendeine Variable außer der ersten, weil deren Wert ja am Anfang der Variablen *max* zugewiesen wurde). Dann muß aber geklärt werden, welche Größe als Laufvariable verwendet werden kann.

Die Lösung liegt nahe: Mit dem Wert von *max* soll der Wert der zweiten, dritten,...letzten Variablen verglichen werden. Dann werden wir nicht jeder Variablen einen eigenen Namen geben, sondern die Variablen durchnumerieren:

$$a_1 , a_2 , a_3 , \ldots a_{10} .$$

Die Nummer der Variablen erscheint als *Index* , der somit die Stellung der Variablen in einer geordneten Aufeinanderfolge kennzeichnet und sich gleichzeitig als Laufvariable anbietet.

Mit einem solchen *Feld* von *indizierten* (mit einem Index versehenen) Variablen $a_1 , a_2 , \ldots a_{10}$ können wir die Aufgabe sehr elegant lösen. Bei der Eingabe wird das gesamte Feld der indizierten Variablen eingegeben. Die Laufvariable gibt an, die wievielte Variable des Feldes gerade verarbeitet wird.

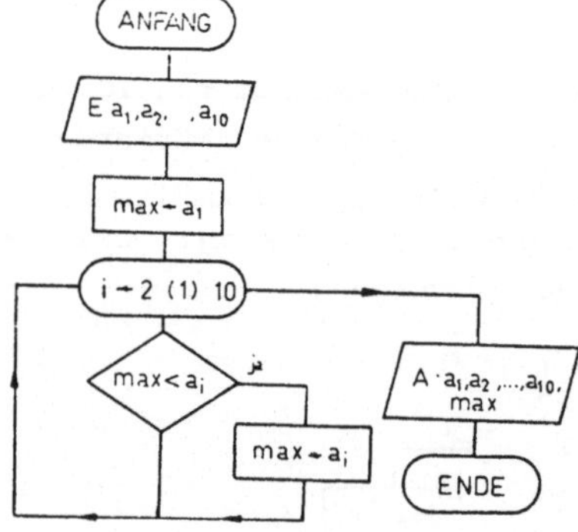

Durch die Einführung von indizierten Variablen a_i wird es möglich, die Verarbeitung einer Anzahl von Variablen in einer geordneten Reihenfolge mit Hilfe einer Schleife zu formulieren.

Sehr wichtig ist die Erkenntnis, daß der Index selbst als Variable auftreten kann, wie das obige Beispiel zeigt, in dem der Index i als Laufvariable erscheint.

In Beispiel 21 war die Anzahl der Feldelemente schon bei der Aufstellung des Programmablaufplanes bekannt. Dies wird jedoch nicht den Normalfall darstellen. Meistens wird sich die Anzahl der Feldelemente von Fall zu Fall ändern. Der Programmablaufplan sollte aber für alle diese Fälle geeignet sein.

Daher müssen wir die Anzahl n der Feldelemente als Variable einführen, der bei jeder einzelnen Verarbeitung der jeweilige Wert zugewiesen werden muß. Weil aber diese Anzahl n dem EDV-System nicht nur für die Laufanweisung, sondern schon für das Einlesen des Feldes bekannt sein muß, ist es unbedingt erforderlich, der Anzahl n der Feldelemente schon vor dem Einlesen des Feldes einen konkreten Wert zuzuweisen.
Daher erhalten wir folgenden allgemein gültigen Programmablaufplan:

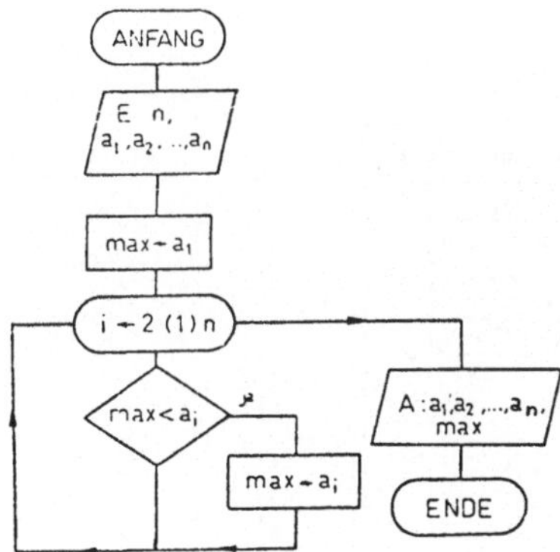

Unter einem Feld verstehen wir eine geordnete Menge von Variablen, die durch einen Index gekennzeichnet sind.

Der Index kann selbst eine Variable sein, z.B. eine Laufvariable in einer Laufanweisung .

Beispiel 22 : Bei manchen Problemen braucht man nicht nur das Maximum selbst, sondern auch die Nummer (den Index) der Variablen, die den Maximalwert enthält (Position des Maximums). Dazu muß man lediglich eine Variable m einführen, die gleichzeitig mit der Zuweisung von a_1 an *max* den Indexwert 1 annimmt und die bei jeder neuen Wertzuweisung an *max* gleichzeitig den Index des betreffenden Feldelementes, der ja dem augenblicklichen Wert der Laufvariablen i gleich ist, zugewiesen bekommt.

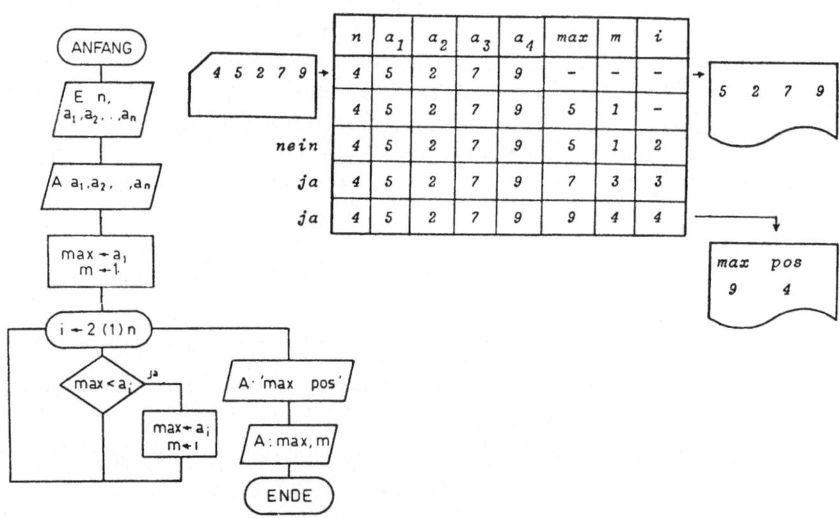

	n	a_1	a_2	a_3	a_4	*max*	m	i
	4	5	2	7	9	-	-	-
	4	5	2	7	9	5	1	-
nein	4	5	2	7	9	5	1	2
ja	4	5	2	7	9	7	3	3
ja	4	5	2	7	9	9	4	4

Übung 45 : Man kann die Variable *max* überhaupt weglassen, wenn man den Index jenes Feldelementes, das jeweils den Maximalwert enthält, an eine Variable m zuweist und im weiterführenden Pfad die dem Index m entsprechende Variable a_m ausdruckt.
Die Abfrage muß dann dahingehend geändert werden, daß man den Wert des jeweils verarbeiteten Feldelementes a_i mit dem das bisherige Maximum enthaltenden a_m vergleicht. Wenn a_i den größeren Wert enthält, wird der Variablen m der neue Indexwert i zugewiesen. Programmablaufplan und Wertbelegungsplan mit dem Angaben des vorhergehenden Beispiels sind zu zeichnen!

Übung 46 : Eingabe: Einem Feld von n Variablen werden Werte zugewiesen.
Ausgabe: Summe und Mittelwert der n Zahlen.
Anleitung: In der Schleife werden die Variablen in eine Variable s (Summe) addiert. Welchen Anfangswert muß s vor der Schleife erhalten? Was muß im weiterführenden Pfad geschehen ?

Übung 47 : Es ist das "gewogene Mittel" von n Zahlen zu berechnen.
Anleitung: Außer den Zahlen a_i sind noch ihre "Gewichte" g_i gegeben.

$$\text{Gewogenes Mittel} = \frac{\text{Summe der Produkte Zahl * Gewicht}}{\text{Summe der Gewichte}}$$

* *Übung 48:* Eine natürliche Zahl k soll in ihre Primfaktoren zerlegt werden, wobei ein Feld der ersten n Primzahlen $p_1 \ldots p_n$ zur Verfügung steht.

Anleitung : Laufanweisung für den Index i , wodurch die Primzahlen p_i der Reihe nach verarbeitet werden. Bekanntlich braucht man nur die Primzahlen bis $p_i \leq \sqrt{k}$ als Teiler zu erproben. Daher Abfrage, ob $p_i^2 > k$ ist. Wenn k durch p_i teilbar ist, dann ist p_i ein Primfaktor. Durch die Wertzuweisung

$$k \leftarrow k \div p_i$$

wird mit dem "Restfaktor" als neues k weitergearbeitet.

Wenn $p_i^2 > k$ geworden ist, ohne daß man bei dem Restfaktor 1 gelandet ist, dann hat man überhaupt keinen Teiler gefunden und daher ist k eine Primzahl.

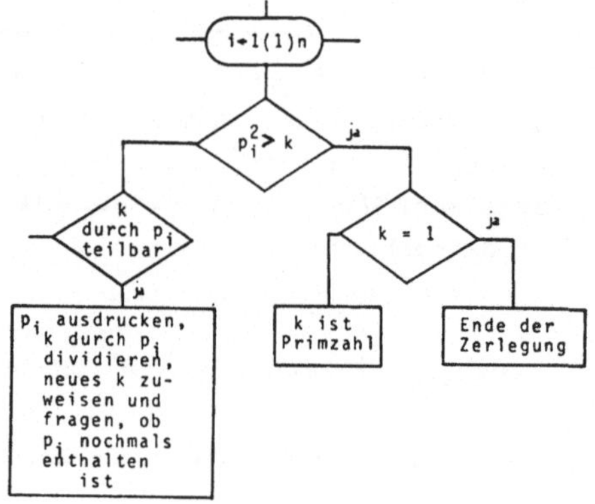

Es ist zu bedenken, daß das Feld der Primzahlen zu klein sein kann ! Dann wird das Feld abgearbeitet, ohne daß die Antwort auf die Frage $p_i^2 > k$ jemals *ja* lautet. Was hat daher im weiterführenden Pfad zu geschehen ?

Test mit den Zahlen $k \leftarrow 63,\ 23,\ 90,\ 67$ und dem Feld $p \leftarrow \langle\ 2|3|5|7\ \rangle$.

Sortieren eines Feldes

Gegeben sind n Zahlen, die in fallender Reihenfolge sortiert werden sollen. Die n Zahlen werden den n Elementen a_i eines Feldes zugewiesen. Für die Sortierung gibt es mehrere Methoden, von denen zwei besprochen werden mögen.

Beispiel 23 : Die vier Zahlen 5 2 7 9 sind zu sortieren.

Wir suchen den größten Wert von a_1 bis a_4	5 2 7 9
und vertauschen ihn mit dem Wert von a_1 :	9 2 7 5
Wir vertauschen den Maximalwert von a_2	
bis a_4	2 7 5
mit dem Wert von a_2 :	7 2 5
Wir vertauschen den Maximalwert von a_3	
bis a_4	2 5
mit dem Wert von a_3 :	5 2
Damit haben wir unser Ziel erreicht:	**9 7 5 2**

Nun müssen wir den Grundgedanken dieses Verfahrens herausarbeiten und allgemein formulieren:

a_1 a_2 a_3 .. a_j ... a_{n-1} a_n Maximalwert mit dem Wert von a_1 vertauschen

a_2 a_3 .. a_j ... a_{n-1} a_n Maximalwert mit dem Wert von a_2 vertauschen

a_3 .. a_j ... a_{n-1} a_n Maximalwert mit dem Wert von a_3 vertauschen

a_i a_j ... a_{n-1} a_n Maximalwert mit dem Wert von a_i vertauschen

a_{n-1} a_n Maximalwert mit dem Wert von a_{n-1} vertauschen

Wir erkennen zwei ineinandergeschachtelte Laufanweisungen:

In der ersten Laufanweisung durchläuft die Laufvariable i die Indexwerte von 1 bis $n-1$, damit wir die oben aufgeschriebenen $n-1$ Zeilen bilden können. Die Laufvariable i bedeutet also immer den Index des erstem Feldelements der Zeile, die gerade verarbeitet wird.

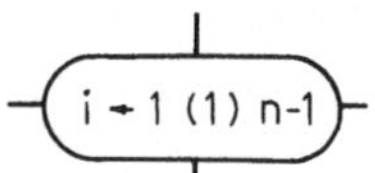

In jeder Zeile a_i a_{i+1} ....a_n müssen wir das Feldelement mit dem größten Wert heraussuchen und seinen Wert mit dem Wert des ersten Zeilenelements a_i vertauschen. Das Aufsuchen des Maximalwerts wurde in den Beispielen 21 und 22 ausführlich besprochen. Dort haben wir gelernt, daß man eine Variable *max* einführt, der man den Wert der ersten Variablen a_i zuweist.

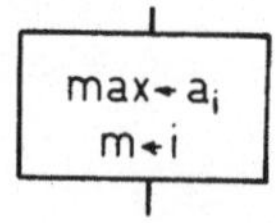

Dann werden die Werte aller anderen Variablen a_j $(j = i+1, i+2, \ldots n)$ innerhalb der zweiten Laufanweisung

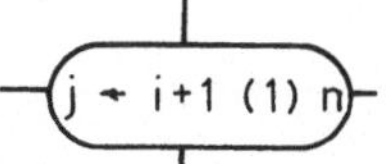

mit dem Wert von *max* verglichen.

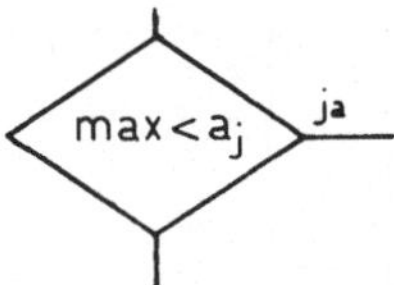

Immer wenn ein größerer Wert auftritt, wird er an *max* zugewiesen, und gleichzeitig wird der Index des wertgrößeren Feldelements in der Variablen *m* aufbewahrt.

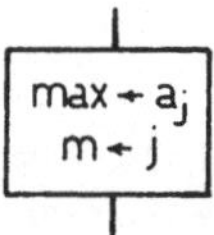

Wenn alle Elemente der Zeile verarbeitet sind (nach jeder Ausführung der zweiten Laufanweisung, also in ihrem weiterführenden Pfad, der zur ersten Laufanweisung zurückführt), muß man den Wert des ersten Zeilenelements a_i mit dem Wert des Feldelements a_m, das den Maximalwert hat, vertauschen.
Dann erfolgt die Verarbeitung der nächsten Zeile, also des nächsten i - Wertes der ersten Laufanweisung.

Wenn die erste Laufanweisung abgearbeitet ist, erfolgt die Ausgabe des sortierten Feldes.

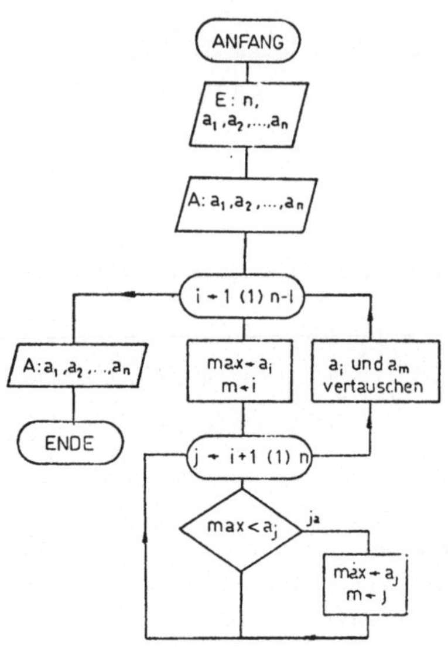

Übung 49 : Die in Beispiel 23 angegebenen Vertauschungen sind mit Verwendung einer Hilfsvariablen genauer auszuführen. Test des neuen Programmablaufplanes mit dem Feld

A ← ⟨ 5|2|7|9|12⟩

Beispiel 24 : Ein zweites Sortierverfahren möge wieder am Beispiel ⟨5|2|7|9⟩ erläutert werden :

Die Werte je zweier benachbarter Feldelemente werden verglichen und notfalls vertauscht:

a_1 *mit* a_2 , a_2 *mit* a_3 , a_3 *mit* a_4 : 5 2 7 9
5 2 7 9
5 7 2 9
5 7 9 2

Dieses Verfahren wird wiederholt:

5 7 9 2
7 5 9 2
7 9 5 2
7 9 5 2

Nochmalige Wiederholung führt zu

9 7 5 2

Das Feld ist nun sortiert. Dies erkennt man daran, daß bei nochmaliger Wiederholung keine Vertauschung erforderlich ist.

Allgemeine Formulierung des Verfahrens:
Jedes a_i von a_1 bis a_{n-1} wird mit der nachfolgenden Variablen a_{i+1} verglichen. Wenn a_{i+1} größer ist, wird vertauscht. Wenn keine Vertauschung erforderlich ist, hat man das Ziel erreicht, sind jedoch Vertauschungen erfolgt, so wird das Verfahren wiederholt.

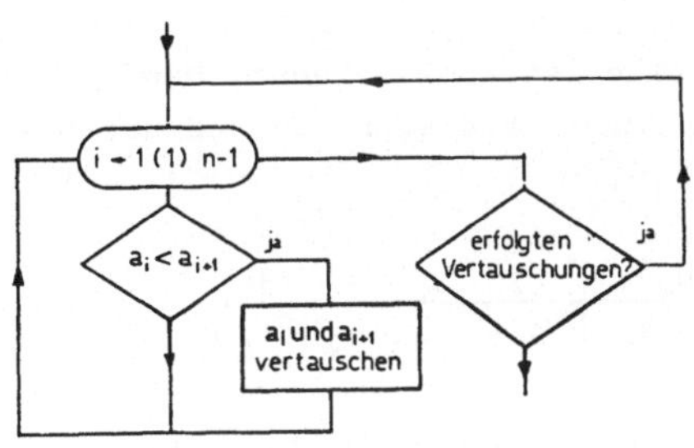

Übung 50 : Im Programmablaufplan sind nachzutragen: Eine Variable v (Anzahl der Vertauschungen) muß vor jedem Eintritt in die Schleife auf Null gesetzt werden; bei jeder

Vertauschung muß v um 1 erhöht werden; die Abfrage muß mit Hilfe von v genauer formuliert werden; die Vertauschung ist genauer auszuführen;
Ein- und Ausgabe sind zu ergänzen.
Test des vollständigen Programmablaufs mit ⟨ 7|5|3|8 ⟩ .

Übung 51 : Falls beim ersten Durchlauf durch das gesamte Feld Vertauschungen erfolgt sind, brauchen bei der Wiederholung des Verfahrens die letzten beiden Feldelemente nicht mehr verglichen zu werden. Warum ?
Man ändere den Programmablaufplan so ab, daß die Anzahl der Vergleiche mit jeder Wiederholung des Verfahrens um 1 reduziert wird.

T a b e l l e n

Das Wesen einer Tabelle ist wohl bekannt: Man hat einen bestimmten *Schlüsselwert* und sucht den dazugehörigen *Tabellenwert*.

Schlüsselwert	*1*	*2*	*3*	*4*
Tabellenwert	*0,5*	*2,0*	*4,5*	*8,0*

Eine Tabelle wird *geladen* , indem man die Schlüssel - und Tabellenwerte an Variable zuweist. Da man in der EDV meist mit sehr vielen Werten zu arbeiten hat, führt man indizierte Variable ein und erzeugt zwei Felder: Ein Feld X mit dem Feldelementen x_i $(i = 1,2, \ldots n)$ für die Schlüsselwerte und ein Feld Y mit dem Feldvariablen y_i $(i = 1,2, \ldots n)$ für die Tabellenwerte.

X	x_1 x_2 .... x_n
Y	y_1 y_2 .... y_n

Die Tabelle betrachten wir in allen folgenden Erörterungen als bereits geladen.

Wir befassen uns nur mit steigend geordneten Schlüsselwerten. Die Übertragung der Überlegungen auf fallend geordnete Schlüsselwerte ist nicht schwierig.

In diesem Abschnitt beschäftigen wir uns mit den Problemen des *Suchens* und des *Interpolierens* in einer Tabelle.

Beim Suchen in der Tabelle hat man einen bestimmten Schlüsselwert s und sucht jenes Feldelement x_i, das den Wert s enthält; Interpolieren muß man dann, wenn s keinem Feldelement x_i entspricht, sondern zwischen zwei Werten x_{i-1} und x_i liegt. Im täglichen Leben interpolieren wir etwa dann, wenn in einer an Waagen häufig angebrachten Maß-Gewichtstabelle das Idealgewicht nur für Körpergrößen, die sich jeweils um 2 cm unterscheiden, angegeben ist; z.B. für 170 cm, 172 cm, man selbst aber 171 cm groß ist.

Äquidistante Schlüsselwerte

Ein Sonderfall liegt vor, wenn die Schlüsselwerte durch die natürlichen Zahlen von 1 bis n gegeben sind. Die Zuordnung der beiden Felder X und Y sieht dann folgendermaßen aus:

X	$1\ 2\ 3\ \ldots\ldots.n$
Y	$y_1 y_2 y_3 \ldots\ldots.y_n$

Man erkennt, daß in diesem Fall das Feld der Schlüsselwerte unnötig ist, weil der Index der Feldelemente y_i gleich dem Schlüsselwert i ist. Es genügt also das Feld Y mit den Feldelementen y_i $(i = 1,2 \ldots . n)$, denn wenn z.B. der Schlüsselwert $s = 3$ eingegeben wird, dann ist der Tabellenwert t in der Feldvariablen y_3 zu finden.

Beispiel 25 : Wir suchen den zum Schlüsselwert $s=3$ gehörigen Tabellenwert.

X	1	2	3	4	...
Y	0,5	2,0	4,5	8,0	...

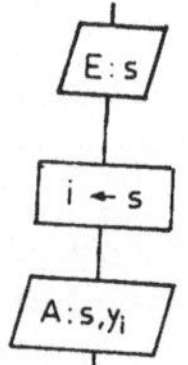

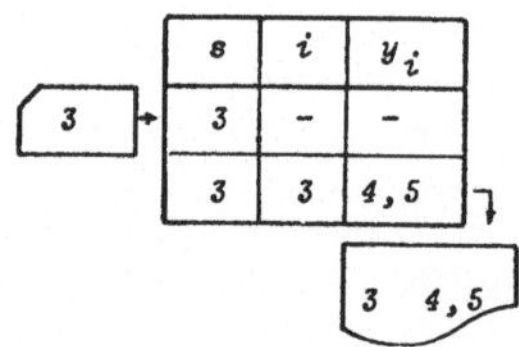

Beispiel 26 : Auch das lineare Interpolieren ist in diesem Sonderfall nicht schwierig.
Gegeben sei die Tabelle :

x	1	2	3	4
y	0,5	2,0	4,5	8,0

Wenn z.B. der Schlüsselwert $s = 1{,}42$ gegeben ist, muß der gesuchte Tabellenwert t zwischen den Werten von y_1 und y_2 liegen.
Das bedeutet verallgemeinert: Wir bilden die größte ganze Zahl $\leq s$, weisen sie an die Variable i zu $(i \leftarrow [s])$ und wissen, daß t zwischen den Werten von y_i und y_{i+1} liegen muß. Die weitere Vorgangsweise erkennen wir aus der graphischen Darstellung.

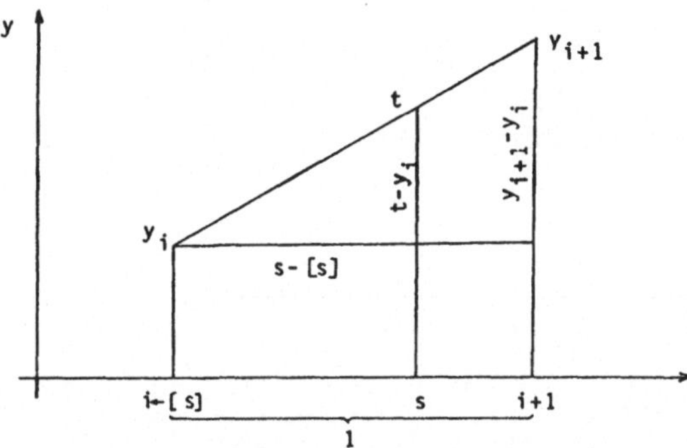

Aus den ähnlichen Dreiecken erhalten wir die Proportion

$$(y_{i+1} - y_i) : (t - y_i) = 1 : (s - [s])$$

und mit Einführung der Hilfsvariablen $r \leftarrow s - [s]$

$$t - y_i = (y_{i+1} - y_i)* r$$

$$\boxed{t = y_i + (y_{i+1} - y_i) * r}$$

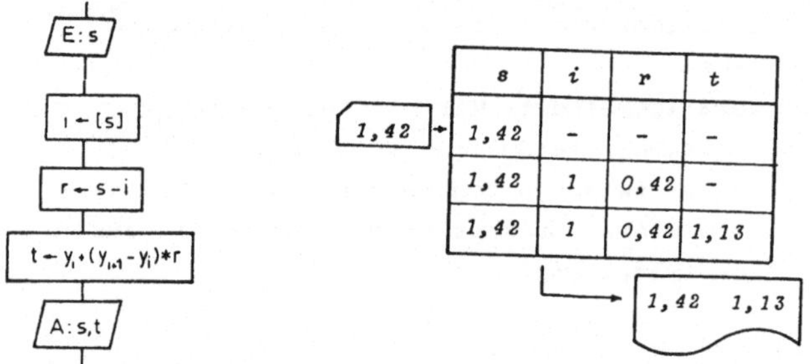

Übung 52 : Gegeben sei die Tabelle :

x	1	2	3	4
y	1,000	1,414	1,732	2,000

Mit Hilfe des Programmablaufplanes sind die Wertbelegungspläne für $s \leftarrow 2,25$ und $s \leftarrow 3,61$ zu zeichnen.

Wenn die Schlüsselwerte x_i zwar nicht aus den natürlichen Zahlen von 1 bis n bestehen, aber immerhin in gleichen Abständen d angeordnet, also "äquidistant" sind und mit $x_1=d$ beginnen, dann läßt sich dieser Fall auf den vorher besprochenen Sonderfall zurückführen.

Beispiel 27 : Die Schlüsselwerte sind aufsteigend in Abständen von $d = 0{,}1$ angeordnet.

X	0,1	0,2	0,3	0,4
Y	1	4	9	16

Durch Multiplikation mit 10 (Division durch $d = 0{,}1$) können wir die Schlüsselwerte x_i auf natürliche Zahlen zurückführen und gewinnen dadurch den Index i des Feldelementes:

$$i \leftarrow x_i/d$$

Damit wird auch in diesem Fall das Laden des X - Feldes überflüssig. Gegeben sind die Feldelemente des Y -Feldes und die Distanz d der Schlüsselwerte.

Wenn für einen gegebenen Schlüsselwert s eine Interpolation notwendig ist, müssen wir durch die Wertzuweisung

$$i \leftarrow [s/d]$$

ermitteln, zwischen welchen Tabellenwerten y_i und y_{i+1} der gesuchte Wert t liegt.

Aus diesen Überlegungen ergibt sich folgender Programmablauf für äquidistante Tabellen mit Interpolation :

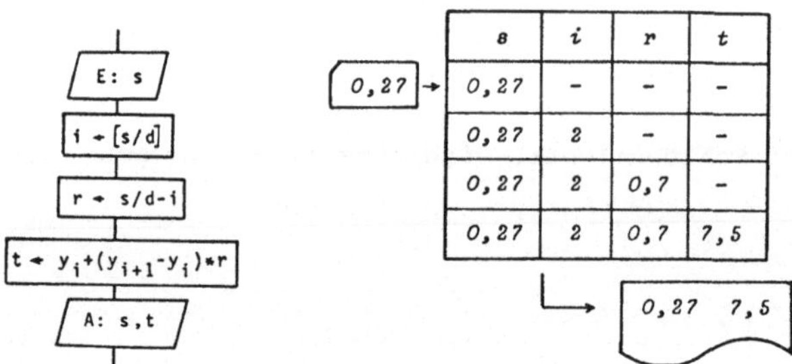

s	i	r	t
0,27	-	-	-
0,27	2	-	-
0,27	2	0,7	-
0,27	2	0,7	7,5

Übung 53 : Gegeben ist das Feld $Y = \langle 2|3|7|11|16|22|29|37|46 \rangle$ mit der Distanz $d \leftarrow 0{,}25$
Der Wertbelegungsplan ist für $s \leftarrow 1{,}83$ zu zeichnen.

Wenn für Tabellen mit äquidistanten Schlüsselwerten x_i mit der Distanz d die Voraussetzung $x_1 = d$ erfüllt ist, müssen nur die Elemente y_i des Feldes der Tabellenwerte geladen werden.
Den Index i des gesuchten Feldelementes y_i erhält man aus

$$i \leftarrow x_i/d$$

Das Interpolieren erfolgt nach der Formel

$$t = y_i + (y_{i+1} - y_i) * r \quad \text{mit} \quad r = \frac{s}{d} - \left[\frac{s}{d}\right]$$

Sequentielles Suchen und Interpolieren in geordneten Tabellen

In nicht äquidistanten Tabellen müssen beide Felder geladen werden, das X-Feld der Schlüsselwerte und das Y-Feld der Tabellenwerte.

Beispiel 28 :

X	1	4	8	13
Y	3	8	15	24

Bei gegebenem Schlüsselwert s muß man zuerst einmal suchen, zwischen welchen x-Werten dieses s liegt. Zunächst sei die Aufgabe gestellt, zu einem gegebenen Schlüsselwert s das nächstgrößere Feldelement x_i zu finden.

Ein mögliches Verfahren besteht bei einer aufsteigend geordneten Tabelle darin, das gegebene s der Reihe nach mit den Feldelementen x_i zu vergleichen, bis man ein x_i gefunden hat, dessen Wert größer als s ist. Dann muß s zwischen diesem x_i und dem vorher stehenden x_{i-1} liegen. Man muß aber auch die Möglichkeit bedenken, daß s kleiner als der Wert von x_1 und größer als der Wert von x_n sein kann. Dann würde man vergeblich suchen!

Dieses Suchverfahren bezeichnet man als "sequentielles" Suchen, weil alle aufeinanderfolgenden Feldelemente mit dem gegebenen Schlüsselwert s verglichen werden.

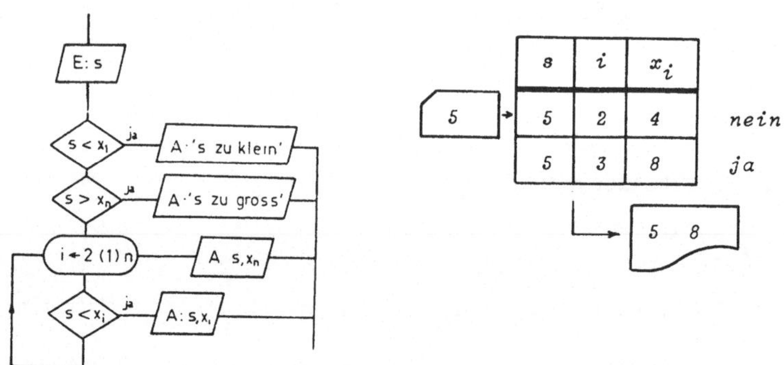

Wenn für alle x_i des Feldes $s \leq x_i$ gilt, die Abfrage also stets mit *nein* beantwortet wird, muß $s = x_n$ gelten, da die Möglichkeit $s > x_n$ schon vor der Laufanweisung ausgeschlossen wurde. Deshalb wird im weiterführenden Pfad der Laufanweisung die Meldung $s = x_n$ ausgegeben. Dieses Ergebnis muß als Sonderfall ausgegeben werden, weil ja x_n nicht das nächstgrößere Feldelement ist, wie es in der Aufgabenstellung verlangt war.

Übung 54 : Gegeben sind die Felder $X = \langle 2 | 5 | 9 | 14 | 20 \rangle$

und $Y = \langle 2{,}5 | 7 | 13 | 20{,}5 | 29{,}5 \rangle$.

Der Programmablauf ist mit den Schlüsselwerten $s \leftarrow 1{,}5;\ 5;\ 9{,}35$ und 21 zu testen.
(für $s \leftarrow 5$ und $s \leftarrow 9{,}35$ an Hand von Wertbelegungsplänen).

Wenn man das zu s nächstgrößere Feldelement x_i gefunden hat, kann man zwischen x_i und x_{i-1} linear interpolieren. Die Formel kann man wieder aus einer Proportion für ähnliche Dreiecke ableiten, wenn man die beteiligten Schlüssel- und Tabellenwerte in ein Koordinatensystem einträgt.

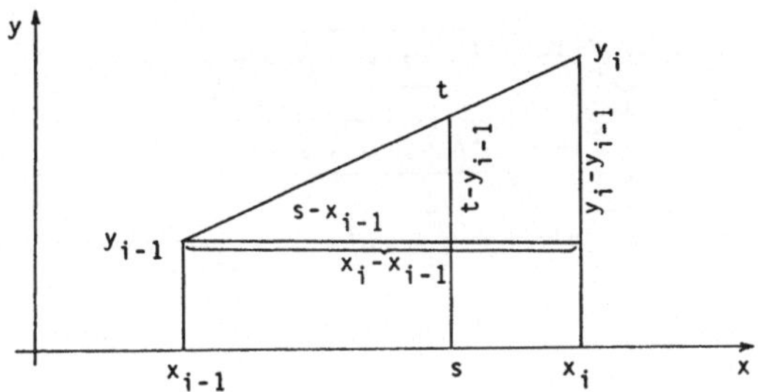

$$(y_i-y_{i-1}) : (x_i-x_{i-1}) = (t-y_{i-1}) : (s-x_{i-1})$$

$$t - y_{i-1} = \frac{(y_i-y_{i-1}) * (s-x_{i-1})}{(x_i-x_{i-1})}$$

$$t = y_{i-1} + \frac{y_i-y_{i-1}}{x_i-x_{i-1}} * (s - x_{i-1})$$

Eines ist noch zu bedenken: Die Laufanweisung für das sequentielle Suchen liefert (außer für $s = x_n$) immer das nächstgrößere Feldelement x_i, auch wenn s irgendeinem Feldelement gleich ist (dies zeigt $s \leftarrow 5$ der vorhergehenden Übung !). Wenn nun $s = x_n$ ist, dann gibt es kein nächstgrößeres Feldelement, trotzdem gibt es aber einen sinnvollen Tabellenwert, nämlich y_n .

Dieser Fall muß daher auch beim Interpolieren gesondert behandelt werden.

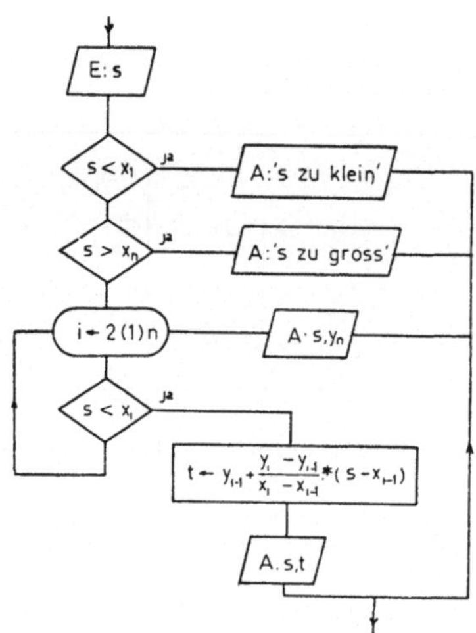

Übung 55 : Der Programmablauf ist mit folgenden Schlüsselwerten zu testen : $s \leftarrow$ 1,5 5 9,35 20 21
Es sind die Felder von der vorhergehenden Übung 54 zu verwenden.

In nicht äquidistanten, aber geordneten Tabellen kann man einen bestimmten Schlüsselwert durch sequentielles Suchen finden, indem man den gegebenen Schlüsselwert der Reihe nach mit den Elementen des eingegebenen Feldes der Schlüsselwerte vergleicht, bis man einen Schlüsselwert x_i *gefunden hat, der größer als der vorgegebene ist. Interpoliert wird nach der Formel:*

$$t = y_{i-1} + \frac{y_i - y_{i-1}}{x_i - x_{i-1}} * (s - x_{i-1})$$

Binäres Suchen

Wenn eine Tabelle aus Feldern mit sehr vielen Feldelementen besteht und man sequentiell sucht, kann es vorkommen, daß man hunderte oder tausende Feldelemente x_i mit dem gegebenen Schlüsselwert s vergeblich vergleichen muß, bis man endlich das zu s nächstgrößere x_i findet. Bei sehr großen Feldern wird man also schneller zum Ziel kommen, wenn man nicht sequentiell sucht, sondern zuerst prüft, ob das gegebene s in der ersten oder zweiten Hälfte des Feldes liegt, die gefundene Hälfte wieder unterteilt u.s.w. Dieses Verfahren nennt man *binäres* Suchen.

Den Unterschied zwischen sequentiellem und binärem Suchen verstehen wir sehr leicht, wenn wir daran denken, wie man in einem Telefonbuch einen bestimmten Namen sucht. Beim sequentiellen Suchen würden wir Seite für Seite durchsehen, bis wir auf den gewünschten Namen stoßen.

Das wäre doch in den meisten Fällen sehr zeitraubend! Viel schneller kommen wir zum Ziel, wenn wir das Buch etwa in der Mitte aufschlagen und entscheiden, in welcher Hälfte der gesuchte Name steht, diese Hälfte wieder halbieren u.s.w. **Wir suchen also im Telefonbuch eher binär.**

Beispiel 29 : Der zum Programmablaufplan führende Gedankengang möge nun genauer erläutert werden, soweit er sich von dem des sequentiellen Suchens unterscheidet:
Gegeben seien die Schlüsselwerte x_1 , ... x_n .
Wir führen zwei Indexvariable a und b ein, denen am Beginn die Werte $a \leftarrow 1$ und $b \leftarrow n$ zugewiesen werden. Diese Indizes kommen bei den Halbierungen des Feldes X einander immer näher, müssen aber natürliche Zahlen bleiben, woraus

sich zwei Folgerungen ergeben:
Die Halbierung muß durch ganzzahlige Division erfolgen und die Differenz $b-a$ muß immer größer oder gleich 1 sein. Wenn $b - a$ gleich 1 geworden ist, weiß man, daß s zwischen x_a und x_{a+1} liegen muß und kann interpolieren.

Die ganzzahlige Halbierung führt auf einen mittleren Index m. In welchem Teil s liegt, entscheidet man durch die Abfrage, ob x_m größer als s ist oder nicht. Je nach dem Ergebnis der Abfrage wird einer der beiden Grenzindizes durch m ersetzt.

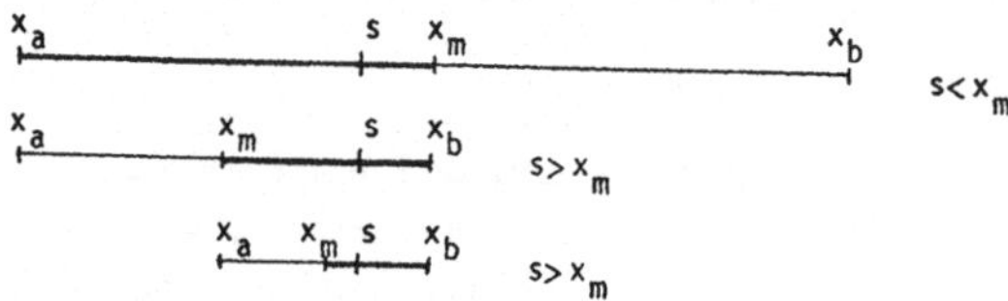

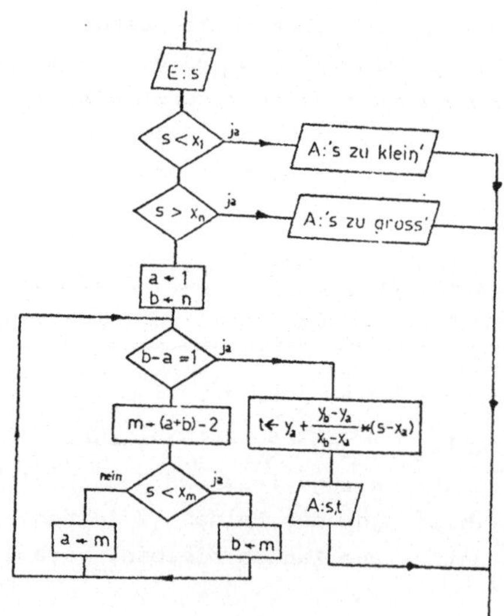

Übung 56 : Der Programmablaufplan ist mit der Tabelle

X	2	4	7	11	16	22	29	37
Y	10	13	18	24	32	44	64	100

und den Schlüsselwerten $s \leftarrow 8; 2; 37; 18,5$ zu testen.

Anleitung für die Form der Wertbelegungspläne:

s	a	b	$b-a=1?$	m	x_m	$s< x_m?$	t
	1	8	*nein*	4	11	*ja*	

Binäres Suchen wird im besonderen bei sehr umfangreichen, nicht äquidistanten, aber geordneten Tabellen angewendet. Durch fortgesetzte Halbierung jenes Intervalles, in dem der Schlüsselwert s *liegt, kann* s *zwischen zwei aufeinanderfolgenden, eingegebenen Schlüsselwerten eingegrenzt werden. Interpoliert wird wie beim sequentiellen Suchen.*

* *Doppelt indizierte Felder*

Gegeben sei ein System von drei linearen Gleichungen in drei Variablen:

$$\begin{aligned} 3x - 2y + 4z &= 11 \\ 2x - y - 3z &= -9 \\ -x + 3y + 2z &= 11 \end{aligned}$$

Wenn wir nun die Koeffizienten und konstanten Glieder des Systems aufschreiben,

$$\begin{matrix} 3 & -2 & 4 & 11 \\ 2 & -1 & -3 & -9 \\ -1 & 3 & 2 & 11 \end{matrix}$$

entsteht eine zweidimensionale Anordnung von Zahlenwerten, die in der Mathematik als *Matrix* bezeichnet wird.

Wenn man vor der Aufgabe steht, die Elemente der Matrix allgemein zu bezeichnen, dann gibt es dafür eine sehr einfache Lösung:
Die Stellung eines jeden Elements ist eindeutig gekennzeichnet, wenn man angibt, in welcher *Zeile* und in welcher *Spalte* es sich befindet:

Spalten

		1	2	3	4
Zeilen	1	3	-2	4	11
	2	2	-1	-3	-9
	3	-1	3	2	11

Wir vereinbaren nun, daß Zeilennummer und Spaltennummer als Indizes angegeben werden, und zwar die Zeilennummer als erster Index, die Spaltennummer als zweiter Index.

$a_{2,4}$ ist also das Element in der zweiten Zeile und vierten Spalte.

Das Komma zwischen den Indizes wird häufig weggelassen.

Spalten

Zeilen		1	2	3	4
	1	a_{11}	a_{12}	a_{13}	a_{14}
	2	a_{21}	a_{22}	a_{23}	a_{24}
	3	a_{31}	a_{32}	a_{33}	a_{34}

Wir nennen solche Felder, die zweidimensional angeordnet sind und deren Elemente deshalb mit zwei Indizes beschrieben werden, *doppelt indizierte Felder* .

Rückblickend erkennen wir folgende Beziehungen zwischen Größen der EDV und der Mathematik :

Variable (ganzzahlig oder reell) .... Skalar
Einfach indiziertes Feld .... Vektor
*Doppelt indiziertes Feld .... **Matrix***

Zweidimensionale Felder treten auch bei nicht- mathematischen Anwendungen auf: Als Stundenplan in der Schule (Wochentage und Stunden), als Theater - Sitzplatz (Reihe und Sitznummer), als Eisenbahnfahrplan, als Felder beim Schachspiel, als Entfernungstabelle zwischen einigen Orten u.s.w.

Beispiel 30 :Als einfaches Einführungsbeispiel wollen wir uns folgende Aufgabe stellen:
Gegeben sei eine Entfernungstabelle zwischen deutschen Städten.

	Berlin	Frankf.	Hamburg	München	Stuttg.
Berlin	0	532	296	663	680
Frankfurt	532	0	532	413	199
Hamburg	296	532	0	814	715
München	663	413	814	0	220
Stuttgart	680	199	715	220	0

Da die Entfernungen von Berlin nach München und von München nach Berlin gleich sein müssen, kann man die Entfernungstabelle daraufhin überprüfen, ob die Zahlenwerte für die Entfernung von a (am Beginn der Zeile stehender Ort) nach b (Ort am Beginn einer Spalte) gleich der Entfernung von b nach a ist.

Durch Numerierung der Zeilen und Spalten ordnen wir jede Entfernungsangabe dem Element m_{ab} eines doppelt indiziertes Feldes zu. Damit jeder Ort mit jedem anderen Ort verglichen wird, läßt man wohl zunächst beide Indizes a und b alle Werte von 0 bis n durchlaufen :

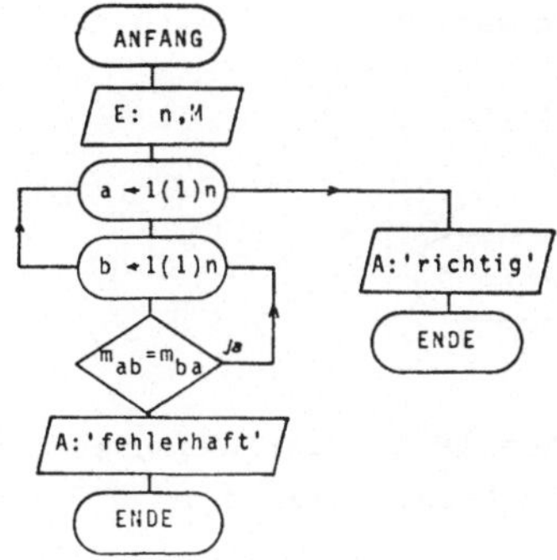

Aber auf diese Weise hat man die doppelte Arbeit verrichtet:
Wenn z.B. $a = 5$ und $b = 2$ ist, wird dieselbe Prüfung vorgenommen $(m_{5,2} = m_{2,5}\ ?)$ wie bei $a = 2$ und $b = 5$ $(m_{2,5} = m_{5,2}\ ?)$.

Wie kann man die überflüssige Arbeit vermeiden? Da immer ein Element oberhalb der Diagonale mit einem Element unterhalb der Diagonale verglichen wird, genügt es, z.B. nur die Elemente oberhalb der Diagonale zur Prüfung aufzurufen.

$$\begin{matrix} m_{1,2} & m_{1,3} & m_{1,4} & m_{1,5} \\ & m_{2,3} & m_{2,4} & m_{2,5} \\ & & m_{3,4} & m_{3,5} \\ & & & m_{4,5} \end{matrix}$$

Wir erkennen, daß bei diesen Elementen der zweite Index immer größer als der erste ist. Daher müssen nur die Indizes $b > a$ durchlaufen werden. Als zweite Laufanweisung genügt also

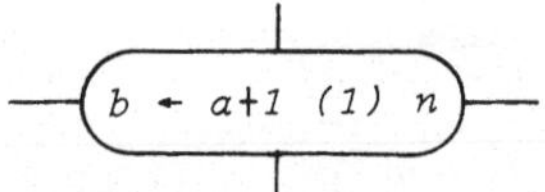

Übung 57 : Die Entfernungstabelle ist daraufhin zu überprüfen, ob in der Diagonale Nullen stehen !

1.6. Funktionen

Bei allen im Abschnitt 2.5 besprochenen Tabellen war vorausgesetzt, daß sowohl das Feld Y der Tabellenwerte als auch (wenn erforderlich) das Feld X der Schlüsselwerte bereits geladen war. Wenn wir aber z.B. die folgende Tabelle betrachten,

X	1	2	3	4	5
Y	2	5	10	17	26

erkennen wir, daß die Elemente des Feldes Y aus den Elementen des Feldes X durch eine Bildungsvorschrift entstehen:

$$y_i \leftarrow x_i^2+1$$

In diesem Fall ist es völlig überflüssig, eine Tabelle vorzubereiten und zu laden, weil es ja durch die Bildungsvorschrift möglich ist, zu jedem gewünschten Schlüsselwert x_i den Tabellenwert y_i zu berechnen. Durch die Bildungsvorschrift wird jedem Element aus X genau ein Element aus Y zugeordnet und diese Zuordnung $x_i \rightarrow y_i$ bezeichnen wir - wie in der Mathematik - als *Funktion*.

Die der oben betrachteten Tabelle entsprechende Funktion könnte in einer einzigen Anweisung des Programmablaufs angegeben werden:

$$y \leftarrow x^2+1$$

Die so in den Programmablauf eingebaute Funktion kann nur für diesen besonderen Programmablauf verwendet werden. Es ist aber rationeller, die Funktion von dem Programmablauf, in den sie eingebaut ist, zu trennen, weil damit zwei Vorteile verbunden werden können:

1) Die Funktion, die aus mehreren Schritten bestehen und einen ganzen Block von Programmelementen umfassen kann, ist dann nicht nur für dieses Programm verwendbar, sondern kann auch von anderen Programmen zur Verarbeitung herangezogen ("aufgerufen") werden.

2) Das getrennte Funktionsprogramm kann von einer beliebigen Stelle des Hauptprogramms aufgerufen werden. Nach der Berechnung des Funktionswertes erfolgt die Rückkehr in das Hauptprogramm. Die Funktion kann auch mehrmals aufgerufen werden. Die Rückkehr erfolgt immer zu der Anweisung, von der der Aufruf erfolgte.

Die Trennung der Funktion vom Rahmenprogramm, durch die eine universelle Verarbeitung ermöglicht wird, möge an folgendem Beispiel praktisch besprochen werden:

Beispiel 31: Benötigt wird eine Tabelle der Funktion $x \rightarrow x^2 + 1$ für die Definitionsmenge $x_i = \langle 0 \quad 0{,}1 \quad 0{,}2 \; ... \; 1 \rangle$

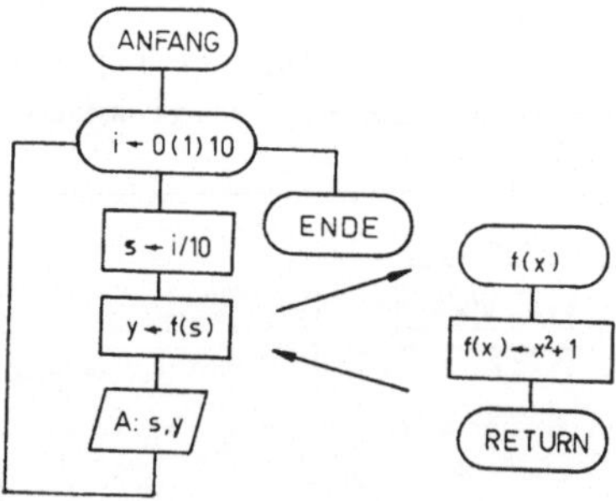

Von der Anweisung $y \leftarrow f(s)$ betrachten wir zunächst nur die rechte Seite $f(s)$. f ist der Name der besonderen Funktion, die durch das Auftreten dieses Namens in einer Anweisung aufgerufen wird. In der Berechnungsvorschrift steht, mit mathematischen Augen betrachtet, die unabhängig Veränderliche x . In der EDV nennen wir sie den *formalen Parameter*, um zum Ausdruck zu bringen, daß in der Rechenvorschrift x keinen konkreten Wert hat, sondern nur formal den Wert einer Variablen vertritt.

s ist die Variable, deren gegenwärtiger Wert beim Aufruf der Funktion $f(x)$ statt des formalen Parameters eingesetzt wird, sie heißt daher *aktueller Parameter* . Nach der Verarbeitung des Funktionsprogrammes wird der berechnete Funktionswert anstelle von $f(s)$ im Hauptprogramm eingesetzt. Dann wird er gemäß der Anweisung in unserem Beispiel an die Variable y zugewiesen und zusammen mit dem Schlüsselwert ausgegeben.

Durch die Anweisung $y \leftarrow f(s)$ werden also folgende Schritte ausgelöst: Durch den in dieser Anweisung vorkommenden Funktionsnamen erfolgt der Aufruf des Funktionsprogrammes. Der formale Parameter x der Funktion wird durch den Wert des aktuellen Parameters s ersetzt. Nach der Berechnung des Funktionswertes erfolgt durch die Anweisung *RETURN* die Rückkehr in das Hauptprogramm und der berechnete Funktionswert wird anstelle von $f(s)$ eingesetzt. Anschließend erfolgt die Zuweisung des Funktionswertes an die Variable y und die Verarbeitung wird fortgesetzt.

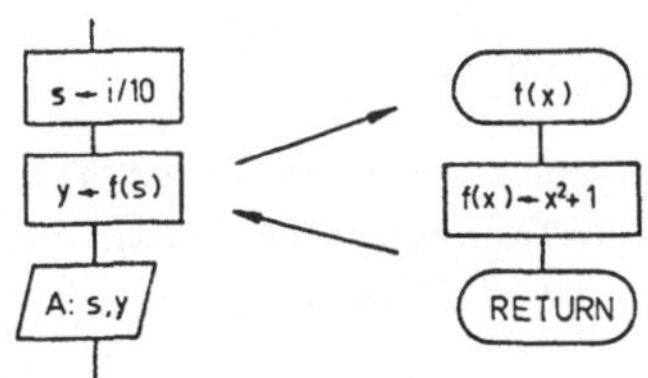

Im konkreten Fall wird z.B. für *i←3* der Wert von *s* gleich 0,3. Beim Aufruf von *f(s)* wird der formale Parameter *x* durch 0,3 ersetzt (das ist der momentane Wert des aktuellen Parametes *s*), der Funktionswert s^2+1 *(1,09)* wird errechnet und durch *RETURN* anstelle von *f(s)* eingesetzt. Der Variablen *y* wird der Funktionswert *1,09* zugewiesen und das Programm wird weiter verarbeitet.

Beispiel 32: In einem weiteren Beispiel wollen wir die Nullstellen des Graphen einer Funktion berechnen, also die Punkte, in denen er die x-Achse schneidet. Wenn man bei einer stetigen Funktion zwei Abszissenelemente *a* und *b* findet, an denen die Ordinaten *f(a)* und *f(b)* verschiedenes Vorzeichen besitzen, dann muß dazwischen mindestens eine Nullstelle liegen :

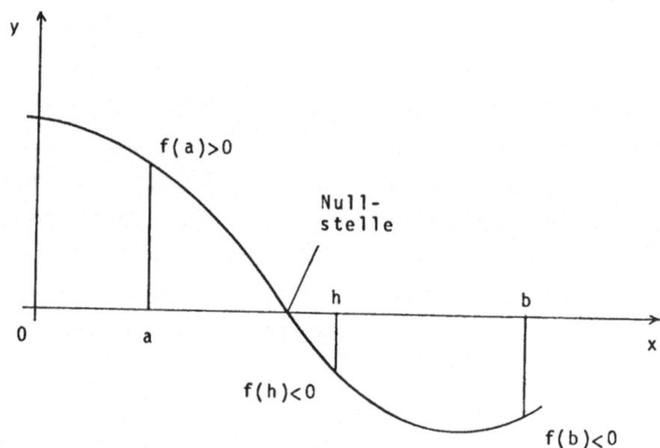

Wir wollen annehmen, daß in diesem Intervall genau eine Nullstelle liegt und wollen sie durch binäres Suchen auffinden. Das Intervall wird also halbiert *(h← (a+b)/ 2)*.

In welcher Hälfte sich nun die Nullstelle befindet, erfahren wir durch Vergleich des Vorzeichens von $f(h)$ z.B. mit dem Vorzeichen von $f(a)$: Wenn die Vorzeichen verschieden sind (wie in der Skizze), befindet sich die Nullstelle links und die rechte Intervallgrenze b kann an die Stelle von h verlegt werden $(b \leftarrow h)$; andernfalls wird a an die Stelle von $h (a \leftarrow h)$ verlegt. Anschließend erfolgt die nächste Halbierung.

Wie lange muß das Verfahren fortgesetzt werden? Da man nur mit einer begrenzten Stellenzahl arbeiten kann, genügt es, wenn man ein kleines Intervall *eps* (Epsilon) angeben kann, in dem die Nullstelle liegen muß. Daher wird vor jeder Halbierung abgefragt, ob die Intervallbreite $|b - a|$ schon kleiner oder gleich *eps* geworden ist.

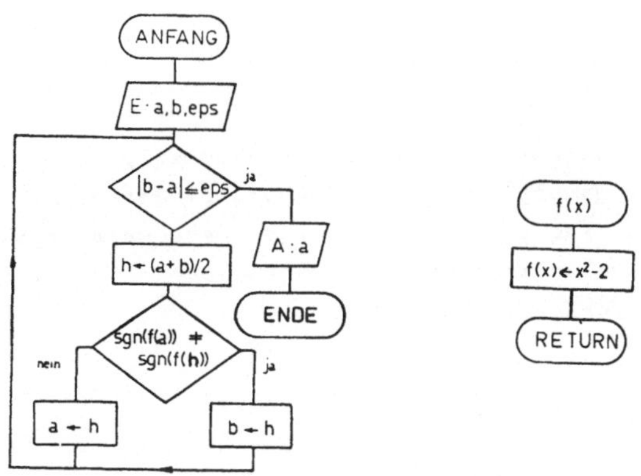

Das Beispiel zeigt, daß man dieses Rahmenprogramm durch Änderung der Funktion *f(x)* für beliebige Funktionen verwenden kann. Dies ist ebenfalls ein wichtiger Grund für die Trennung des Funktionsprogrammes vom Hauptprogramm.

Das Funktionsprogramm kann also für verschiedene Rahmenprogramme verwendet werden, anderseits können durch die Trennung vom Hauptprogramm leicht andere Funktionen in das Hauptprogramm eingebaut werden.

Übung 58 : Der Programmablaufplan des Beispiels 32 ist für $a \leftarrow 1$, $b \leftarrow 3$, $eps \leftarrow 0{,}07$ durchzuarbeiten.

Übung 59 : Die Nullstelle der Funktion $x^2 - 12 = 0$ im Intervall $a \leftarrow 3$, $b \leftarrow 4$ ist durch binäres Suchen zu berechnen ($eps \leftarrow 0{,}2$).

Eine Funktion ist ein getrennter Programmteil, an den beim Aufruf im Hauptprogramm ein aktueller Parameter übergeben wird. Der durch die Funktion berechnete Funktionswert wird an das Hauptprogramm zurückgegeben. Dann wird das Hauptprogramm fortgesetzt.

Funktionen mit mehreren Parametern

Beim Aufruf der Funktion wurde bisher <u>ein</u> konkreter Wert (im letzten Beispiel a oder b oder h) an die Funktion übergeben. Wenn das Problem erfordert, daß mehr als ein Wert übergeben werden muß, muß die Funktion auch mehrere Parameter enthalten und wir sprechen dann von *Funktionen mit mehreren Parametern.*

Wenn zum Beispiel innerhalb eines Programmablaufs das Maximum von drei Zahlen gebraucht wird, kann man die Berechnung des Maximums als Funktion programmieren. Die Funktion muß drei Parameter für die Aufnahme der drei konkreten Zahlenwerte enthalten. Das Maximum wird bei *RETURN* an das Hauptprogramm übergeben. Die Berechnung des größten gemeinsamen Teilers von zwei Zahlen innerhalb eines Hauptprogramms wäre ein ähnliches Beispiel.

Beispiel 33 : HORNER-Schema

Die Funktionswerte einer ganzrationalen Funktion
$y = a_n x^n + a_{n-1} x^{n-1} + \ldots\ldots + a_0$

werden am besten mit Hilfe des HORNER-Schemas berechnet:

Das Verfahren besteht darin, den Koeffizienten a_n mit x zu multiplizieren, den nächsten Koeffizienten zu addieren, mit x zu multiplizieren u.s.w., bis als letzter Schritt die Addition von a_0 erfolgt , z.B.:

$$4x^3 - 3x^2 + 8x - 12 = [(4x - 3) * x + 8] * x - 12$$

Der Funktionswert w ergibt sich demnach aus der Zuweisung $w \leftarrow a_n$ und n Schritten der Form $w \leftarrow w.x + a_i$, wobei a_i die Werte $n-1, n-2 \ldots . 0$ durchläuft.

Wird das Horner-Schema als Funktion programmiert, erhalten wir eine Funktion mit drei Parametern $p(A, n, x)$:

Das Feld A der Koeffizienten $a_n, a_{n-1}, \ldots . a_o$, ferner die Zahl n der auszuführenden Schritte und der Abszissenwert x sind zu übergeben. Bei *RETURN* wird der errechnete Wert w an das Hauptprogramm zurückgegeben.

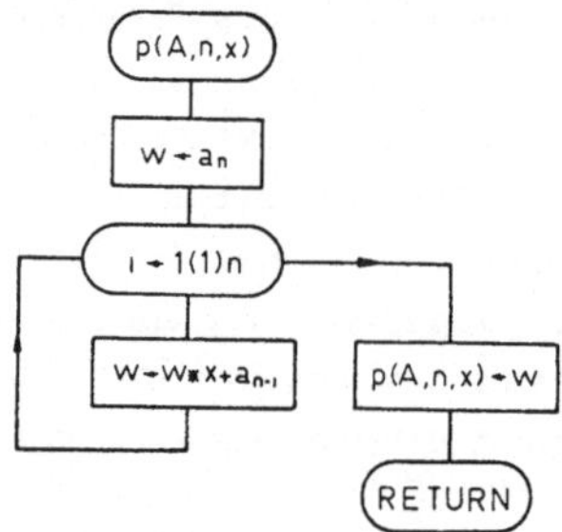

Übung 60 : Der Programmablaufplan ist für das Feld $A_i \leftarrow \langle 4 | -3 | 8 | -12 \rangle$, $n \leftarrow 3$ (warum?) und $x \leftarrow 2$ durchzuarbeiten.

Form des Wertbelegungsplanes :

w	i	a_j	$w*x \quad + a_j$	w

Beispiel 34: Gegeben sind n natürliche Zahlen $a_1, a_2, \ldots a_n$, deren größter gemeinsamer Teiler g zu berechnen ist.

Wir haben bereits gelernt, daß der Euklidische Algorithmus ein Verfahren ist, mit dessen Hilfe aus zwei eingegebenen Zahlen der größte gemeinsame Teiler, der somit ein Funktionswert von zwei Parametern ist, berechnet wird.

Im Hauptprogramm wird zunächst der größte gemeinsame Teiler g von zwei Zahlen berechnet. Dann wird in einer Laufanweisung die Funktion $GGT(x,y)$ für die Berechnung des größten gemeinsamen Teilers von g und einer weiteren Zahl a_i $(i = 3, 4, \ldots n)$ aufgerufen.

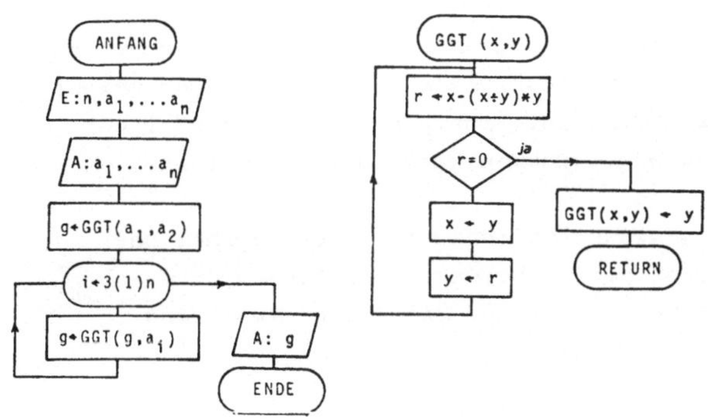

An eine Funktion können vom Hauptprogramm auch mehrere Parameter übergeben werden (Funktion mit mehreren Parametern). Ein durch die Funktion berechneter Funktionswert wird an das Hauptprogramm zurückgegeben.

1.7. Unterprogramme

Unterprogramme sind vom Hauptprogramm (oder Rahmenprogramm) getrennte Programmteile, die vom Hauptprogramm aufgerufen werden.
Für die Bildung von Unterprogrammen gibt es mehrere Gründe, von denen einige angeführt werden mögen:

- Umfangreichere Programme können in einzelnen Teilen programmiert und getestet werden, wodurch ein Baukastensystem ("modularer Programmaufbau") möglich wird, das sehr zeitsparend ist, weil Fehler in einem kurzen Programmteil leichter gefunden werden.

- Mehrmals auftretende Programmteile müssen nur einmal programmiert werden und können immer wieder vom Hauptprogramm zur Verarbeitung herangezogen werden.

- Wenn in verschiedenen Programmen gleiche Teilabschnitte auftreten, kann man diese Teile nur einmal programmieren und bei Bedarf aufrufen. Eine Bibliothek von häufiger gebrauchten Unterprogrammen kann angelegt werden.

Es besteht eine gewisse Ähnlichkeit mit den vorher besprochenen Funktionen. Die beiden wesentlichen Unterschiede zwischen Funktionen und Unterprogrammen sind folgende:

- Bei Funktionen wird nur ein spezieller Funktionswert berechnet und an das Hauptprogramm übergeben, während in Unterprogrammen die Parameter verändert und nach der Rückkehr ins Hauptprogramm weiter verarbeitet werden können.

- Der Aufruf der Funktion erfolgte durch das Auftreten des Funktionsnamens (und des Parameters) in einer Anweisung des Hauptprogrammes. Da von einem Unterprogramm kein spezieller Funktionswert an das Hauptprogramm übergeben wird, kann der Aufruf eines Unterprogrammes nicht innerhalb eines Ausdrucks erfolgen.

Zum Aufruf eines Unterprogrammes ist eine eigene Anweisung erforderlich.
Im Flußdiagramm wird nebenstehendes Programmelement als Symbol für den Aufruf eines Unterprogramms verwendet.

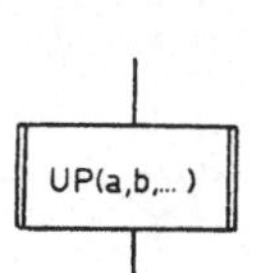

Beispiel 35 : Erinnern wir uns an den Programmablaufplan von Beispiel 12, in dem die Aufgabe gestellt wurde, drei gegebene Zahlen in steigender Reihenfolge zu sortieren:

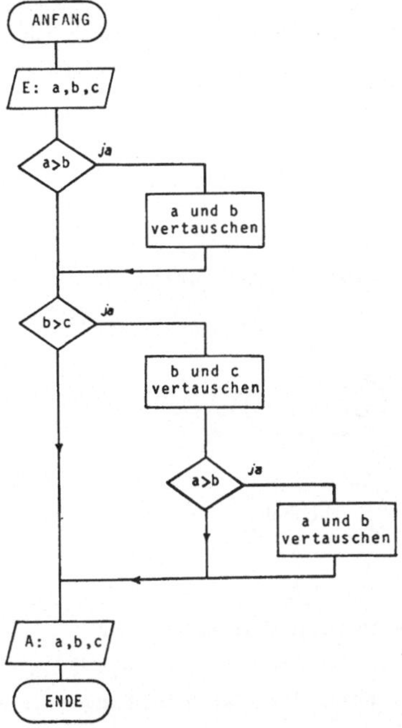

Hier tritt die Aufgabe "Vertausche die Werte zweier Variablen" dreimal auf. Um den Programmablaufplan zu vervollständigen, müssen wir die entsprechenden Anweisungen zur Vertauschung der Werte an den jeweiligen Stellen einfügen. Jetzt sollen diese Anweisungen allgemein als Unterprogramm formuliert werden:

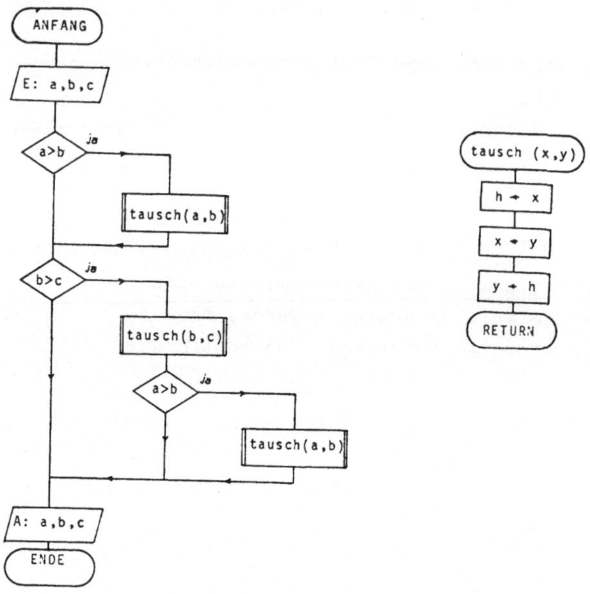

Unser Beispiel zeigt das Programmelement "Aufruf eines Unterprogramms".

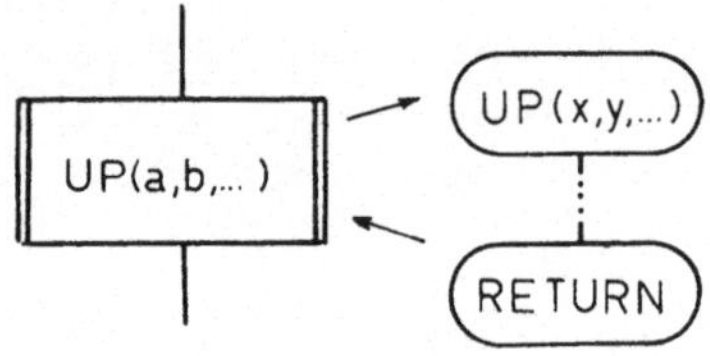

Beim Aufruf des Unterprogramms werden die aktuellen Parameter a, b, ... den formalen Parametern x, y, ... des Unterprogramms zugeordnet. Nach der Verarbeitung des Unterprogramms können die Parameter im Hauptprogramm weiter verarbeitet werden. Es wird kein spezieller Funktionswert übergeben!

Zum Abschluß möge noch ein vollständige Beispiel eines Unterprogramms, das in ein Hauptprogramm eingebaut ist, besprochen werden.

Beispiel 36 : Gegeben sind zwei Felder X und Y mit je n Feldelementen. Es soll geprüft werden, ob die beiden Felder aus den gleichen Elementen bestehen.
Die Überprüfung ist wesentlich einfacher, wenn die Elemente in beiden Feldern sortiert sind, weil man dann nur die Feldelemente mit gleichem Index (x_i und y_i, $i=1,2,\ldots..n$) auf Gleichheit prüfen muß.
Da die Sortierung eines Feldes eine häufig vorkommende Aufgabe ist, wird man sie in einem Unterprogramm formulieren, das bei Bedarf in jedes andere Hauptprogramm ebenfalls eingebaut werden kann.

Das Unterprogramm beruht auf der in Beispiel 24 besprochenen Methode, jeweils die Werte von zwei benachbarten Feldelementen zu vergleichen und notfalls zu vertauschen. Bei jedem Durchlauf der Vergleiche von a_i mit a_{i+1} ($i = 1,2 \ldots. n-1$) werden die erfolgten Vertauschungen v gezählt. Wenn v größer als Null ist, muß nochmals ein Durchlauf ausgeführt werden, bei $v = 0$ ist die Sortierung beendet.

Man beachte, daß bei den beiden Aufrufen des Unterprogramms **verschiedene aktuelle Parameter aus dem Hauptprogramm** den formalen Parametern des Unterprogramms übergeben werden.

Hauptprogramm:
Prüfung zweier Felder
auf gleiche Feldelemente

Unterprogramm:
Sortierung eines
Feldes in fallender
Reihenfolge

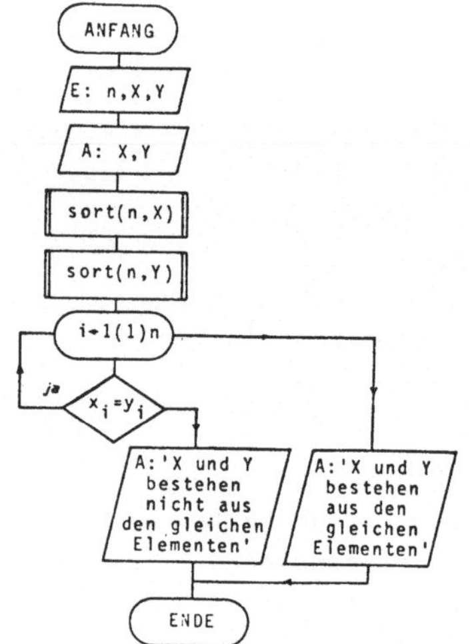

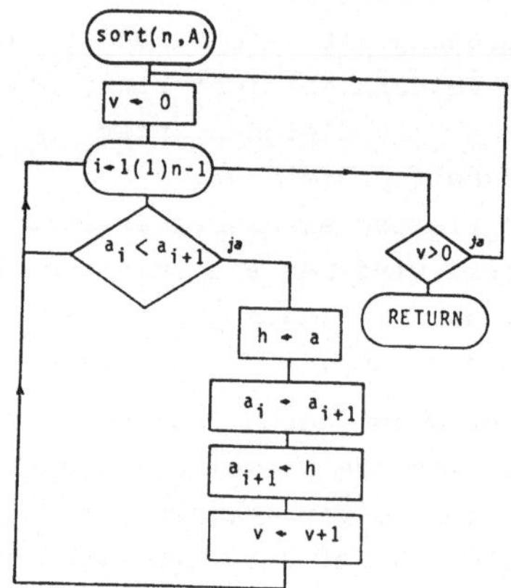

Unterprogramme sind selbständige Programmteile, deren Aufruf durch eine Anweisung des Hauptprogramms erfolgt. Die durch den Aufruf dem Unterprogramm zugewiesenen aktuellen Parameter werden im Unterprogramm verarbeitet. Nach der RETURN - Anweisung können sie im Hauptprogramm weiter verarbeitet werden.

2. ALGOL

2.1. Was ist eine Programmiersprache?

Die Lösung eines Problems erfordert zunächst die Formulierung des Lösungsweges in Form einer Folge von eindeutig bestimmten Anweisungen, also einen *Algorithmus* .

Die Beschreibung dieser Algorithmen erfolgte zunächst in Form eines Textes, den wir - um die Aufeinanderfolge der Anweisungen deutlich werden zu lassen - in einen *Programmablaufplan* übersetzt haben. Diese Beschreibung soll nun nicht nur von anderen Menschen, sondern sogar von Maschinen verstanden werden: damit aber der Computer genau weiß, was er zu tun hat, muß ihm die Anweisungsfolge exakt und eindeutig angegeben werden, denn er kann nicht rückfragen, ob mit einer Anweisung dieses oder jenes gemeint sei. Da natürlich Sprachen oft uneaxkt sind, aber auch zu weitschweifig, vielfältig und kompliziert, wurden künstliche Sprachen, die sogenannten *Programmiersprachen* , entwickelt. Solche künstliche "Fachsprachen" gibt es seit langem in verschiedenen anderen Anwendungsgebieten, wie z.B. die Schreibweise mathematischer Formel, die Notenschrift für Musiker oder die Beschreibung von Strickanleitungen.

Die zur exakten und maschinenverständlichen Beschreibung von Algorithmen konstruierten Programmiersprachen legen genaue Regeln fest, nach denen jene Beschreibung der Algorithmen in Form eines *Programmes* erfolgen muß. Durch das Programm werden sämtliche Schritte eines Rechenablaufes im vorhinein festgelegt.

Am Beginn der Computertechnik mußte man sich der Arbeitsweise der Maschine anpassen und für jeden einzelnen Arbeitsschritt eine eigene Anweisung geben. Durch diese Aufspaltung des Programmablaufes in die von der Maschine erzwungenen kleinsten Einzelschritte Waren die *maschinenorientierten* Sprachen sehr kompliziert.

Das Bedürfnis nach einer dem Problem angepaßten einfacheren Sprache führte zur Entwicklung der *problemorientierten* Sprachen, in denen eine Anweisung der Sprache mit Hilfe eines Umwandlungsprogrammes *(Compiler)* oft viele Einzelschritte der Maschine auslöst. Dadurch wird das Programmieren für den Benützer kürzer und bequemer. Heute gibt es eine große Anzahl von problemorientierten Sprachen, von denen die bekanntesten ALGOL-60, APL, BASIC, COBOL, FORTRAN und PL/I sind.

Die Programmiersprache ALGOL-60 *(ALGOrithmic Language)* wurde in den Jahren 1958 - 1960 von einem internationalen Kommitee entwickelt und im Jahre 1962 geringfügig verbessert. ALGOL-60 hat die Entwicklung vieler anderer Programmiersprachen, unter anderem PL/I, entscheidend beeinflußt. Im Jahre 1968 wurde eine weitere Programmiersprache namens ALGOL-68 veröffentlicht. In dieser Anleitung bedeutet ALGOL jedoch immer ALGOL-60, das besonders an den europäischen Universitäten für technisch-naturwissenschaftliche Anwendungen weitverbreitet ist.

2.2. Lineare Anweisungsfolge

Eine lineare Anweisungsfolge besteht aus einer geordneten Aufeinanderfolge von Eingabe-, Verarbeitungs- und Ausgabeanweisungen, die zeitlich nacheinander auszuführen sind. Anhand von einfachen Beispielen linearer Anweisungsfolgen sollen die Grundelemente von ALGOL erklärt werden.

Beispiel 1 : Eine gegebene Anzahl von Zeitsekunden (*sek*, ganzzahlig) soll in volle Minuten (*min*, ganzzahlig) und restliche Sekunden (*rest*, ganzzahlig) umgewandelt werden.

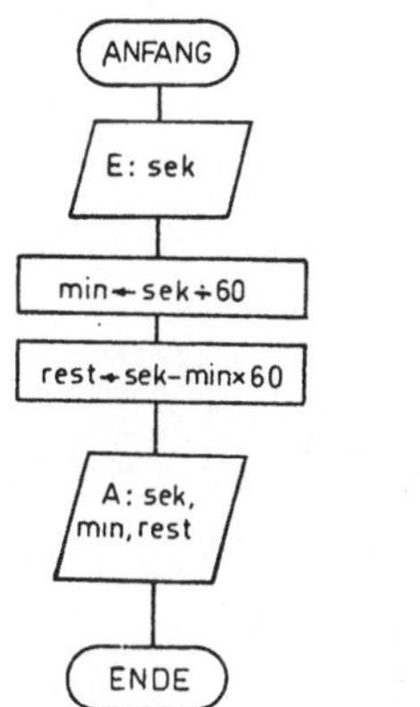


```
begin integer sek,min,rest;
read (sek);
min:= sek ÷ 60;
rest:=sek - min * 60;
print(sek,min,rest);
end;
```

Dem im Programmablaufplan graphisch dargestellten Algorithmus entspricht das daneben stehende Programm in ALGOL.

Eine oberflächliche Betrachtung zeigt bereits folgendes:

- o Jeder Anweisung des Programmablaufplanes entspricht eine ALGOL - Anweisung.

- o Die einzelnen Anweisungen sind durch Strichpunkte voneinander getrennt.
- o Das Programm enthält die Namen von Variablen und englische Worte, die als ALGOL-Wortsymbole eine festgelegte Bedeutung haben und zur besseren Unterscheidung von den frei wählbaren Variablennamen im Text unterstrichen werden.

- o Wertzuweisungen, für die im Programmablaufplan der Zuweisungspfeil verwendet wird, werden in Algol mit := symbolisiert.

Nun möge das Programm genauer besprochen werden.

Die Wortsymbole

begin und *end*

kennzeichnen Anfang und Ende des ALGOL - Programmes.

Bevor Variable verwendet werden, muß festgelegt werden, ob sie ganzzahlige oder reelle Werte annehmen werden. Diese *Typ-Vereinbarung* erfolgt in unserem Beispiel, in dem alle Variablen ganzzahlige Werte annehmen, durch das Wortsymbol *integer*. Anschließend werden, durch Kommas getrennt, die zu vereinbarenden Variablen angeführt.

Die Variablen können dieselben Bezeichnungen wie im Programmablaufplan erhalten. Sie dürfen aus einer Folge von Buchstaben oder Ziffern bestehen, müssen aber mit einem Buchstaben beginnen.
Erst nachdem sämtliche im Programm vorkommenden Variablen durch eine *Typ-Vereinbarung*, die unmittelbar nach *begin* zu stehen hat, vorgestellt wurden, darf mit den eigentlichen Programmanweisungen begonnen werden.

Die *Eingabeanweisung*

read (sek) ;

weist der Variablen *sek* den eingelesenen Zahlenwert zu.

Der Verarbeitungsteil des Algorithmus wird im Programm durch die *Ergibtanweisung* dargestellt:

min := sek ÷ 60;
*rest:= sek - min * 60;*

Sie entsprechen genau den Wertzuweisungen des Programmablaufplanes, nur ist anstelle des Pfeiles ← das Zeichen := zu setzen. Zur Darstellung der Rechenoperationen werden in Algol folgende Zeichen verwendet:

Addition	+
Subtraktion	-
Multiplikation	*
Division (ganzzahlig)	÷
Division (reell)	/
Potenzierung	↑

Durch die Angabe verbindlich festgelegter Funktionsnamen kann der Computer auch folgende Rechenanweisungen ausführen:

Quadratwurzel der reellen Zahl x:	*sqrt (x)*
Absoluter Betrag:	*abs (x)*
Größte ganze Zahl [x]	*entier (x)*

Die Verarbeitung einer Ergibtanweisung erfolgt in zwei Schritten:

- zuerst wird der rechts vom Zuordnungszeichen := stehende Ausdruck zahlenmäßig berechnet; um diese Berechnung zu ermöglichen, müssen sämtliche in diesem Ausdruck vorkommenden Variablen bereits vom Programm her mit Zahlenwerten belegt sein.

z.B. *rest := sek-min * 60*
sek = 5328
min = 88
*sek-min * 60 = 48*

- anschließend wird der berechnete Zahlenwert der links vom Zuordnungszeichen := stehenden Variablen zugewiesen.
  z.B: *rest := 48*
  Durch diese Zuweisung wird der bisherige Inhalt des durch die Variable *rest* freigehaltenen Speicherplatzes durch 48 ersetzt.

Die *Ausgabeanweisung*

print (sek,min,rest) ;

bewirkt das Ausdrucken der Zahlenwerte der in der Klammer angegebenen Variablen.

Um das Programm übersichtlich zu gestalten, ist es üblich, mit jeder Anweisung in einer neuen Zeile zu beginnen. Dies ist aber nicht vorgeschrieben, man könnte mehrere Befehle in eine Zeile schreiben. Leerzeichen sind für das Programm ohne Bedeutung.

Um ein ALGOL - Programm für den menschlichen Leser verständlicher zu gestalten, können zwischen den Anweisungen *Kommentare* eingefügt werden. Ein Kommentar beginnt mit dem Wortsymbol *comment* und endet mit einem Strichpunkt.

Der Kommentartext kann aus beliebigen Zeichen bestehen, darf jedoch keinen Strichpunkt enthalten.

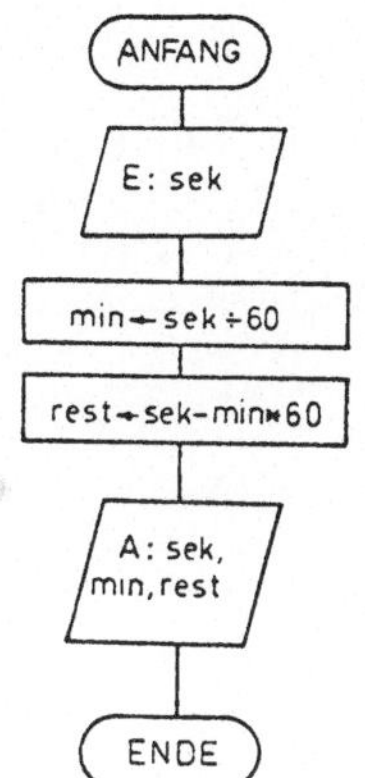


```
begin integer sek,min,rest;
comment Einlesen der Sekundenanzahl;
read  (sek);
comment Umwandlung der Sekunden
        in Minuten und Restsekunden;
min :=sek ÷ 60;
rest:=sek - min  * 60;
comment Ausgabe der Sekunden,
        Minuten und Restsekunden;
print (sek,min,rest);
end;
```

Beispiel 2 : Von einem Kreis ist der Radius *r* gegeben. Umfang *u* und Fläche *a* des Kreises sind zu berechnen.

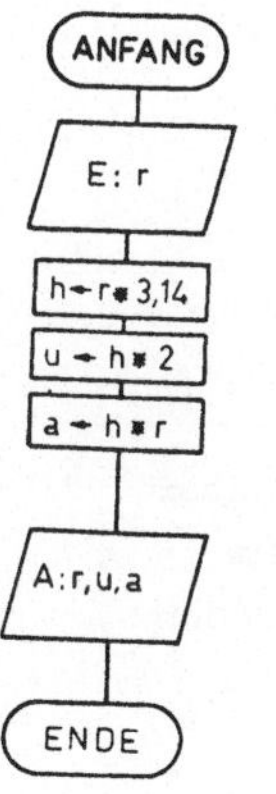


```
begin real r,h,u,a;
read  (r);
h:= r*3.14;
u:= h*2;
a:= h*r;
print (r,u,a);
end;
```

Aus diesem Beispiel lernen wir:

- Sollen Variable mit reellen Zahlen belegt werden, lautet die Typenvereinbarung (im Gegensatz zu *integer* in Beispiel 1)

  real *r,h,u,a;*

- Reelle Konstante müssen mit einem Dezimalpunkt (nicht mit einem Komma!) geschrieben werden, z.B. 3.1416

Ausgabe von Text

Will man die Ausgabe der Zahlenwerte durch einen Text erläutern, dann verwendet man die Ausgabeanweisung

write ('Text');

Soll z.B. in Beispiel 2 die Ausgabe der Zahlenwerte von *r, u* und *a* durch die Überschrift

Radius Umfang Fläche

erläutert werden, muß man vor die *Print* - Anweisung schreiben:

write ('Radius Umfang Fläche');

Man beachte jedoch den Unterschied zwischen einem Kommentar und einer Textausgabe! Kommentare erläutern das Programm und werden mit den Programmanweisungen gedruckt, erscheinen aber nicht in der Ausgabe.
Der Ausgabetext dagegen wird mit den vom Programm berechneten Zahlenwerten ausgedruckt.

Die Programmierung von Termen

Zur Berechnung von mathematischen Ausdrücken, etwa des Terms

3 + 4 * 7 = 3 + 28 = 31

haben wir im Mathematikunterricht bestimmte "Vorrangregeln" (etwa: Punktrechnung vor Strichrechnung) kennengelernt. Wir wissen auch, daß eine Klammer zu setzen ist, wenn ein "Vorrang" nicht gelten soll; z.B.:

(3 + 4)* 7 = 7 * 7 = 49

Dieselben Regeln haben wir auch bei der Programmierung von Termen zu beachten.

In einem Term, der keine Klammern enthält, treten 4 Rangstufen *(Prioritäten)* auf:

- die 1. Rangstufe enthält die Funktionen *sqrt(x), abs(x), u.a.*
- die 2. Rangstufe enthält die Operation ↑
- die 3. Rangstufe enthält die Operationen * / ÷
- die 4. Rangstufe enthält die Operationen + -

Für diese Rangstufen gelten folgende Regeln:

- Zuerst wird die Rechenoperation der 1. Rangstufe, zuletzt die der 4. Rangstufe ausgeführt.
- Enthält ein Term mehrere Operationen gleicher Rangstufe, so werden diese Rechenoperationen von links nach rechts ausgeführt.

Treten in einem Term Klammern auf, so wird der eingeklammerte Teilausdruck zuerst berechnet, wobei innerhalb einer Klammer wieder die Rangstufenregeln gelten.

Sind Klammerausdrücke ineinander geschachtelt, so wird mit

der Berechnung des innersten Klammerausdruckes begonnen. Zur Formulierung ineinandergeschachtelter Klammerausdrücke stehen in der Programmiersprache ALGOL nur runde Klammern zur Verfügung.

Bei der Verwendung von Klammern muß darauf geachtet werden, daß zu jeder öffnenden Klammer auch eine schließende angegeben wird. Da fehlende Klammern zu unerwünschten Berechnungen führen, ist es günstiger, eher zu viele Klammern zu setzen; überflüssige Klammern sind, sofern sie die Bedeutung des Ausdrucks nicht verändern, in ALGOL erlaubt.

Diese Regeln üben wir an einigen Beispielen:

Mathematische Schreibweise	richtige ALGOL - SCHREIBWEISE	unrichtige ALGOL - SCHREIBWEISE	bedeutet
$\frac{a+b}{c}$	(a+b)/c	a + b/c	$a + \frac{b}{c}$
$\frac{a}{b+c}$	a/(b+c)	a/b + c	$\frac{a}{b} + c$
$\frac{a}{bc}$	a/(b*c)	a/b *c	$\frac{a}{b}c$
$\frac{ab}{cd}$	(a*b)/(c*d)	a*b/c*d	$\frac{ab}{c}d$
$\frac{a}{b(c+d)}$	a/(b*(c+d))	a/b*(c+d)	$\frac{a}{b}(c+d)$
		a/b*c+d	$\frac{a}{b}c+d$
$\frac{a}{b-cd}$	a/(b-c*d)	a/b - c*d	$\frac{a}{b} - cd$
		a/(b-c)*d	$\frac{a}{b-c}d$
$\frac{a}{\frac{b}{c}}$	a/(b/c)	a/b/c	$\frac{\frac{a}{b}}{c} = \frac{a}{bc}$
$\{x+[a-c(d-e)]\}y$	(x+(a-c*(d-e)))*y	x+a-c*d-e*y	$x+a-cd-ey$
$a^{(b^c)}$	a↑(b↑c)	a↑b↑c	$(a^b)^c$
a^{n+2}	a↑(n+2)	a↑n+2	$a^n + 2$
$\left(\frac{a+b}{c}\right)^n$	((a+b)/c)↑n	(a+b)/c↑n	$\frac{a+b}{c^n}$

Abschneiden

Zur Bildung der größten ganzen Zahl $[x]$, die kleiner oder gleich einer reellen Zahl x ist, dient in ALGOL die Funktion

entier (x)

Beispiel 4 : Ein Lastwagen mit k Tonnen Ladekapazität soll m Tonnen Material abtransportieren. Gesucht ist die Anzahl n der vollbeladenen Fuhren und der verbleibende Rest r (n ganz, k, m und r reell).

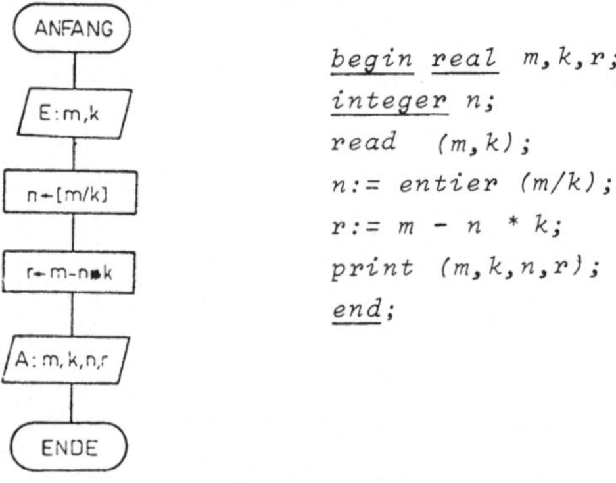


```
begin real m,k,r;
integer n;
read (m,k);
n:= entier (m/k);
r:= m - n * k;
print (m,k,n,r);
end;
```

Beispiel 5 : Man wechselt einen Schillingbetrag s (ganzzahlig) in Dollar um. Da Hartgeld nicht vorhanden ist, erhält man nur ganze Dollars d und einen Schilling -

Restbetrag *r* (reell). Die Umrechnung erfolgt mit dem Wechselkurs *k* (reell, 1 Dollar ist wertgleich *k* Schilling).

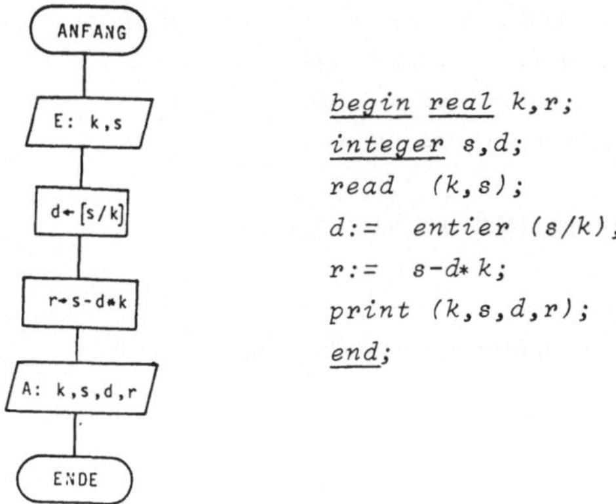

Das Abschneiden auf eine bestimmte Anzahl von Nachkommastellen erfordert einen Umweg. Will man z.B. nach drei Stellen abschneiden, muß man zuerst mit 1000 multiplizieren, um die größte ganze Zahl anwenden zu können, dann muß man durch 1000 dividieren.

Beispiel 6 : **Die Maße einer Walze sind in cm mit einer Dezimalstelle angegeben.** Der Rauminhalt soll daher auf 3 Nachkommastellen abgeschnitten werden.

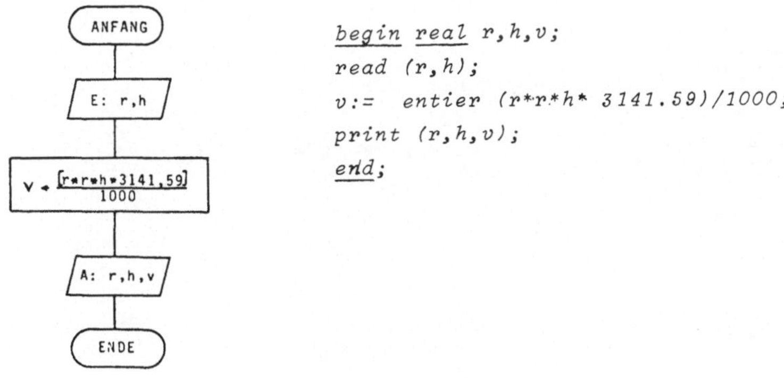

Runden

Bei der Wertzuweisung eines reellen Wertes an eine ganzzahlig vereinbarte Variable wird in ALGOL der gerundete Wert zugewiesen! Daher stehen für das Runden auf die Einerstelle zwei Möglichkeiten zur Verfügung:

- Zuweisung der zu rundenden Zahl an eine ganzzahlig vereinbarte Variable,
- Addition von 0,5 und Anwendung des Abschneidens.

Beispiel 7 : Runden einer reellen Zahl $z > 0$ auf die Einerstelle.

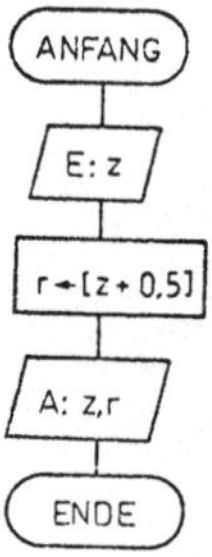

ANFANG

E: z

r ← [z + 0,5]

A: z,r

ENDE

```
begin real z,r;
read (z);
r:= entier (z+0.5);
print (z,r);
end;
```

Beispiel 8 : Runden einer reellen Zahl $z > 0$ auf Hundertstel.

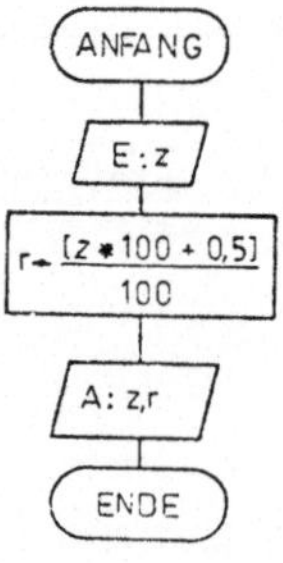

ANFANG

E: z

$r \leftarrow \frac{[z * 100 + 0,5]}{100}$

A: z,r

ENDE

```
begin real z,r;
read (z);
r:= entier (z*100+0.5)/100;
print (z,r);
end;
```

2.3. Bedingte Anweisungen (Verzweigungen)

In allen bisherigen Programmbeispielen werden die Anweisungen Schritt für Schritt in genau der Reihenfolge ausgeführt, in der sie im Programm stehen. Durch eine *bedingte Anweisung* wird die Reihenfolge in der Ausführung der Anweisungen von einer *Bedingung* abhängig gemacht.

Der folgende Teil eines Programmablaufplanes

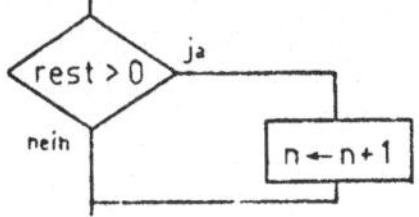

kann durch die bedingte Anweisung

```
if rest > 0
   then n:= n + 1;
```

programmiert werden. Nach dem Wortsymbol *if* steht die Bedingung, gefolgt vom Wortsymbol *then* und jener Anweisung, die von der Bedingung abhängig gemacht wird. Nur wenn die Bedingung erfüllt ist, wird diese Anweisung ausgeführt, andernfalls wird sofort zur nächsten Anweisung weitergegangen.

Um die mathematisch formulierten Bedingungen auszudrücken, können in ALGOL die Vergleichsoperatoren $<$, $\leq$, $=$, $\geq$, $>$, $\neq$ verwendet werden.

Beispiel 9: Ein Ladegut *l* (ganzzahlig in Tonnen) soll mit einem Boot der Ladekapazität *k* (ganzzahlig in Tonnen) über einen Fluß transportiert werden. Wie oft muß das Boot fahren (Anzahl *n*, ganzzahlig)?

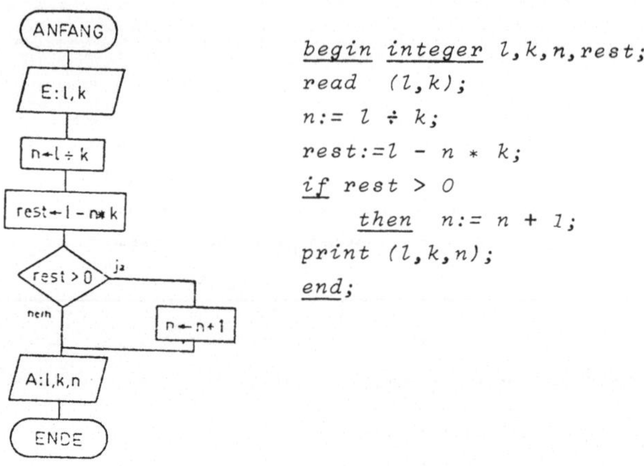


```
begin integer l,k,n,rest;
read  (l,k);
n:= l ÷ k;
rest:=l - n * k;
if rest > 0
    then n:= n + 1;
print (l,k,n);
end;
```

Häufig muß nicht nur eine einzige Anweisung, sondern eine ganze Anweisungsfolge von einer Bedingung abhängig gemacht werden.

Im folgenden Programmablaufplan sollen zwei Anweisungen nur dann ausgeführt werden, wenn die Bedingung erfüllt ist.

Beispiel 10 : Die Lösungsmenge der Gleichung $ax + b = 0$ $(a,b$ reell) ist zu bestimmen. Im Fall $a = 0$ soll keine Ausgabe erfolgen.

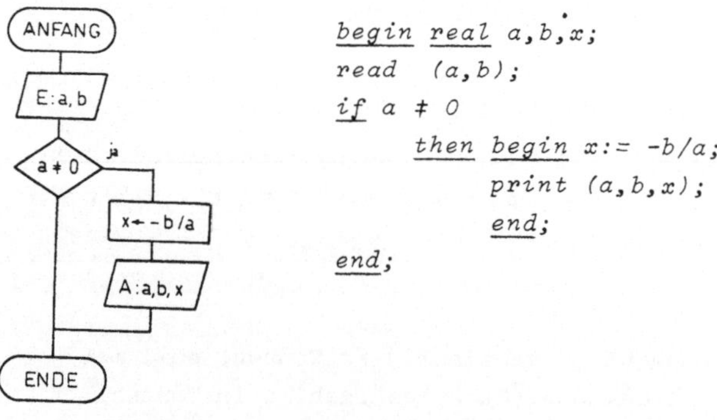


```
begin real a,b,x;
read  (a,b);
if a ≠ 0
     then begin x:= -b/a;
                print (a,b,x);
                end;
end;
```

Durch die Wortsymbole *begin* und *end* können in ALGOL mehrere aufeinanderfolgende Anweisungen zusammengefaßt werden. Eine solche *zusammengesetzte Anweisung* zählt wie eine einzige Anweisung und kann daher auch von einer Bedingung abhängig gemacht werden.
Falls die Bedingung nicht erfüllt ist, werden alle in der zusammengesetzten Anweisung enthaltenen Anweisungen gemeinsam übersprungen und das Programm wird mit der nächsten Anweisung fortgesetzt.

Was würde geschehen, wenn wir folgendes Programm schrieben:

```
begin
real  a, b, x;
read  (a, b);
if  a≠0
    then  x:= - b/a;
print (a, b, x);
end;
```

Nach den vorher festgelegten Regeln würde bei nicht erfüllter Bedingung die Anweisung nach *then* übersprungen und die nächste Anweisung *print (a,b,x);* ausgeführt werden. **Das wollen wir durchaus nicht! Wir müssen der Maschine** begreiflich machen, daß beide Befehle zusammengehören und nur bei erfüllter Bedingung ausgeführt werden sollen. Das erreichen wir durch die Zusammenfassung der beiden Anweisungen mittels *begin* und *end*.

Durch die Wortsymbole *begin* und *end* am Anfang und Ende des Programms wird das gesamte ALGOL-Programm in derselben Weise als zusammengehörige Anweisungsfolge gekennzeichnet.

Durch die soeben besprochene Form der *einseitigen bedingten Anweisung* kann eine Anweisung oder ein ganzer Programmteil in Abhängigkeit von einer Bedingung ausgeführt oder übersprungen werden.

Häufig muß jedoch gerade dann und nur dann, wenn die Bedingung *nicht* zutrifft, ein *anderer* Programmteil ausgeführt werden. Ganz analog zu unserer sprachlichen Formulierung - "Wenn die Bedingung erfüllt ist, dann tue dies, andernfalls tue das!" - erfolgt die Formulierung des ALGOL - Programms.

Beispiel 10 a : Die Lösungsmenge der Gleichung $ax + b = 0$ soll gemeinsam mit den Werten für a und b ausgedruckt werden, wenn a ungleich Null ist. Wenn a gleich Null ist, soll eine Meldung *("Keine eindeutige Lösung")* ausgegeben werden.

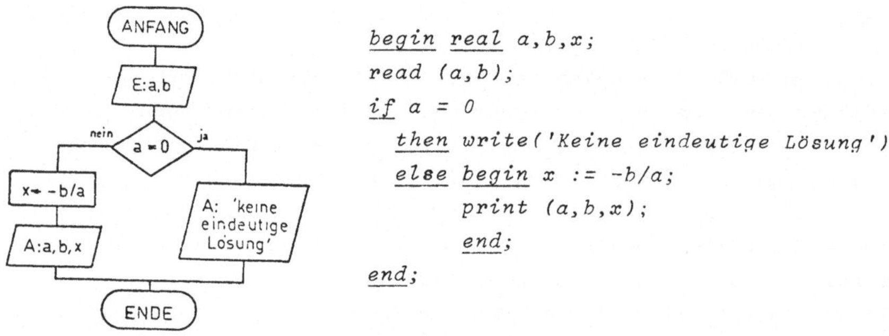

Die *zweiseitige bedingte Anweisung*

```
if a = 0
    then write ('Keine eindeutige Lösung')
    else begin  x := -b/a;
         print (a,b,x);
         end;
```

bewirkt, daß die nach dem Wortsymbol *then* stehende Anweisung nur dann ausgeführt wird, wenn die Bedingung erfüllt ist. Die nach *else* stehende Anweisung (in diesem Fall eine zusammengesetzte Anweisung) wird nur dann ausgeführt, wenn die Bedingung *nicht* erfüllt ist. In beiden Fällen wird das Programm danach mit der nächsten auf die bedingte Anweisung folgende Anweisung fortgesetzt.
Da eine bedingte Anweisung als eine einzige Anweisung zählt, darf vor dem Wortsymbol *else* kein Strichpunkt gesetzt werden (der Strichpunkt dient ja zum Trennen der Anweisungen!).

Bedingte Anweisungen dürfen selbst wieder von Bedingungen abhängig gemacht werden und können daher ineinandergeschachtelt werden.

Beispiel 10 b : In Beispiel lo a soll der Fall *keine eindeutige Lösung* noch in die Möglichkeiten *keine Lösung* uhd *unendlich viele Lösungen* unterteilt werden.

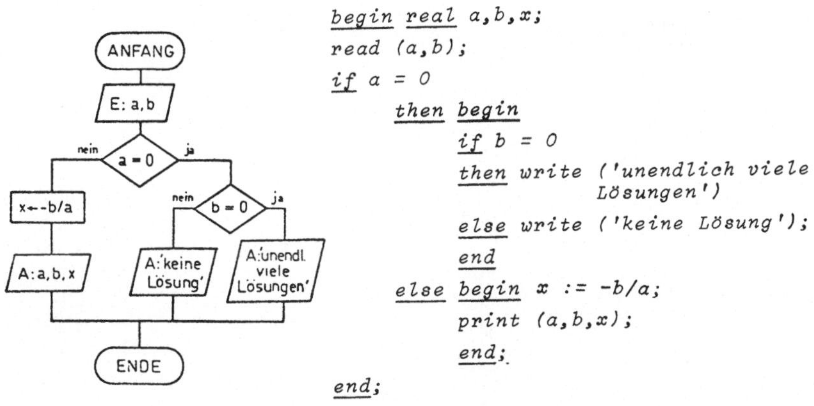


```
begin real a,b,x;
read (a,b);
if a = 0
     then begin
          if b = 0
          then write ('unendlich viele
                      Lösungen')
          else write ('keine Lösung');
          end
     else begin x := -b/a;
          print (a,b,x);
          end;
end;
```

Sortierprobleme

Beispiel 11 : Gesucht ist die größte von drei gegebenen Zahlen.

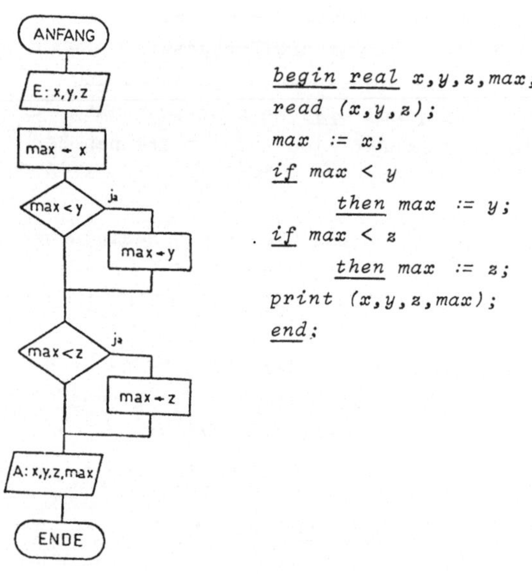


```
begin real x,y,z,max;
read (x,y,z);
max := x;
if max < y
      then max := y;
if max < z
      then max := z;
print (x,y,z,max);
end;
```

Beispiel 12 : Gegeben sind drei Zahlen, die so zu sortieren sind, daß sie in steigender Reihenfolge erscheinen (z.B. 5, 3, 4 soll in der Reihenfolge 3, 4, 5 ausgegeben werden). Für die Vertauschungen muß eine Hilfsvariable *h* verwendet werden!

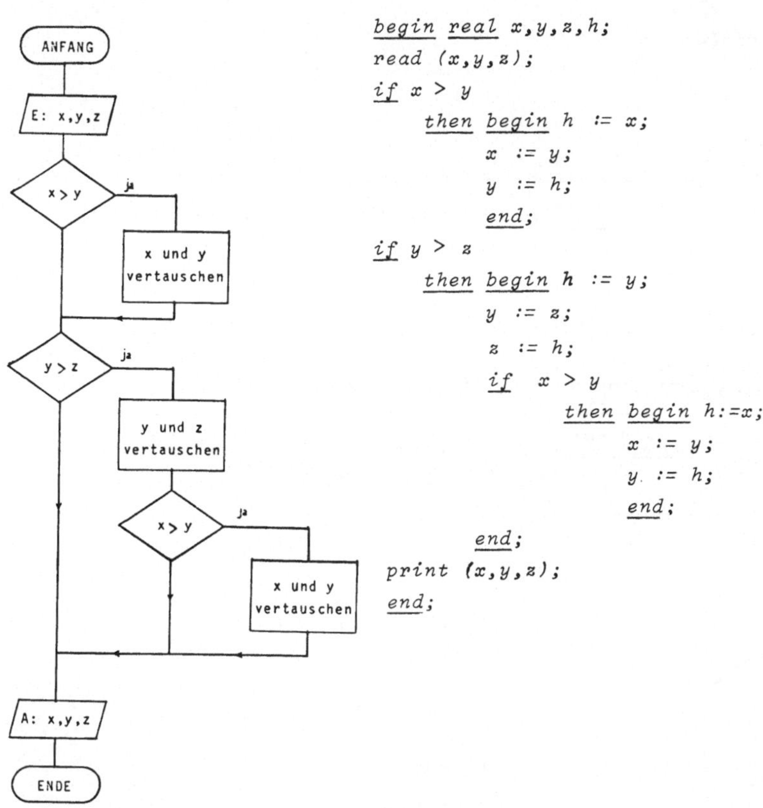


```
begin real x,y,z,h;
read (x,y,z);
if x > y
    then begin h := x;
               x := y;
               y := h;
               end;
if y > z
    then begin h := y;
               y := z;
               z := h;
               if  x > y
                      then begin h:=x;
                                 x := y;
                                 y := h;
                                 end;
             end;
print (x,y,z);
end;
```

Zusammengesetzte Bedingungen

Falls eine Anweisung von mehreren Teilbedingungen abhängt, können diese in ALGOL durch die *und* -Verknüpfung (∧) oder die *oder* -Verknüpfung (∨) zusammengesetzt werden. Auch die Verneinung (¬) einer Bedingung ist möglich.

Beispiele:

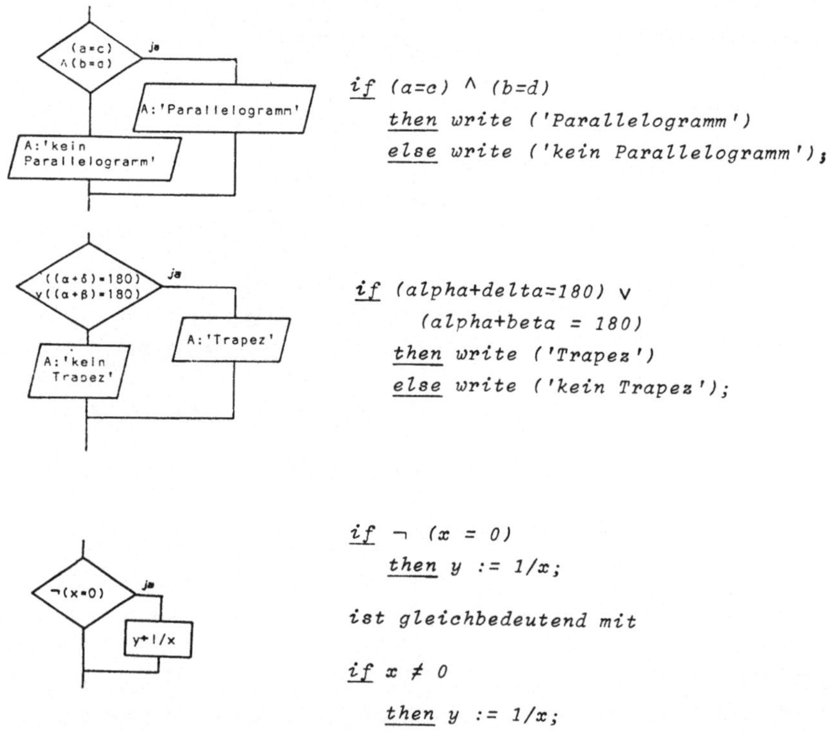


```
if (a=c) ∧ (b=d)
   then write ('Parallelogramm')
   else write ('kein Parallelogramm');
```

```
if (alpha+delta=180) ∨
      (alpha+beta = 180)
   then write ('Trapez')
   else write ('kein Trapez');
```

```
if ¬ (x = 0)
   then y := 1/x;
```

ist gleichbedeutend mit

```
if x ≠ 0
   then y := 1/x;
```

Beispiel 13:

Durch die Verwendung zusammengesetzter Bedingungen kann in vielen Fällen die Programmierung erleichtert werden. Das folgende Beispiel zeigt, wie mit Hilfe zusammengesetzter Bedingungen aus den drei aufsteigend sortierten Seiten a, b und c eines Dreiecks entschieden werden kann, ob ein gleichschenkeliges, gleichseitiges, rechtwinkeliges oder allgemeines Dreieck vorliegt oder ob die drei angegebenen Strecken überhaupt kein Dreieck bilden können.

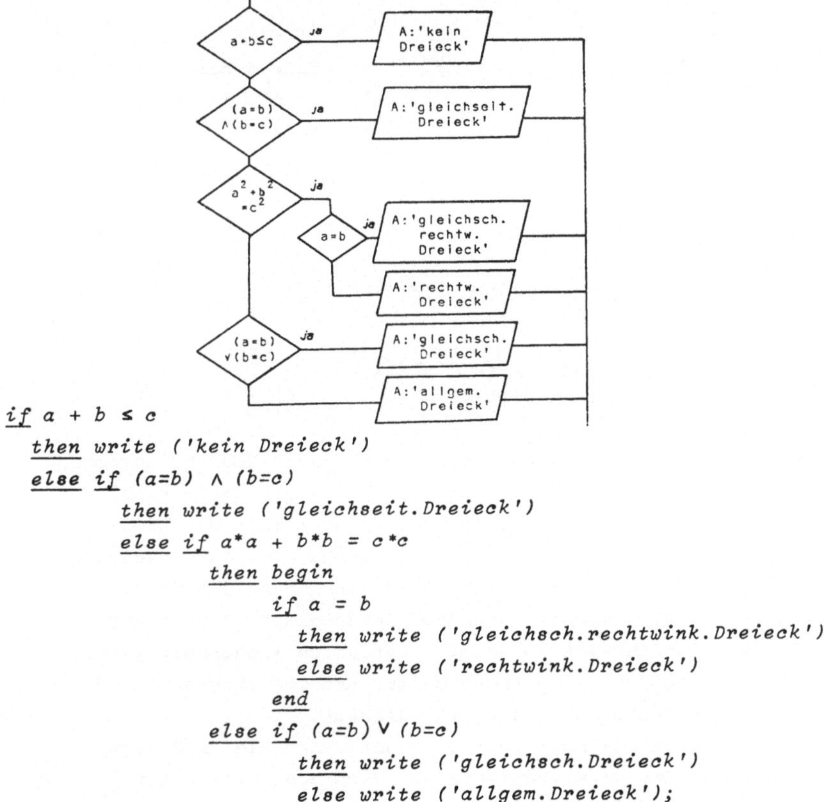


```
if a + b ≤ c
  then write ('kein Dreieck')
  else if (a=b) ∧ (b=c)
         then write ('gleichseit.Dreieck')
         else if a*a + b*b = c*c
                then begin
                       if a = b
                         then write ('gleichsch.rechtwink.Dreieck')
                         else write ('rechtwink.Dreieck')
                       end
                else if (a=b) ∨ (b=c)
                       then write ('gleichsch.Dreieck')
                       else write ('allgem.Dreieck');
```

2.4. Schleifen

Häufig müssen einzelne Anweisungen oder ganze Programmteile mehrmals durchlaufen werden. Die Programmierung solcher *Schleifen* kann in ALGOL mit Hilfe einer *Laufanweisung* erfolgen.

Beispiel 14 : Eine Tabelle der Quadrate der natürlichen Zahlen von 1 bis 10 soll ausgedruckt werden.

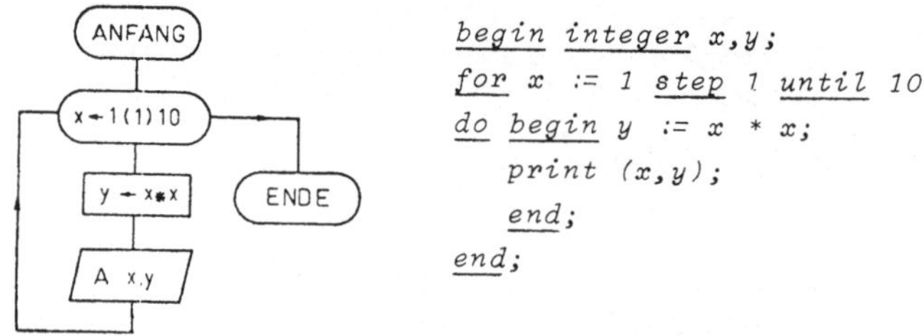

Durch die *Laufanweisung*

```
for x := 1 step 1 until 10
    do Anweisung;
```

wird *eine* Anweisung (oder eine durch begin und end zusammengefaßte *Anweisungsfolge)* für alle Werte der Laufvariablen x wiederholt. Vor dem ersten Durchlauf erhält die Laufvariable x den Anfangswert 1 zugewiesen, vor jedem weiteren Durchlauf wird der Wert der Laufvariablen um die Schrittweite *(step)* 1 erhöht. Nachdem die Anweisung ein letztes Mal mit dem Endwert 10 der Laufvariablen wiederholt wurde, ist die Laufanweisung abgearbeitet und das Programm wird mit der nächsten Anweisung fortgesetzt.
Die Laufvariable muß wie jede andere Variable am Beginn des Programms vereinbart werden. Nach Abarbeitung der Laufvariablen ist ihr Wert nicht definiert.

Beispiel 15 : Eine Tabelle der Kehrwerte der geraden Zahlen von 10 bis 50 ist auszudrucken.

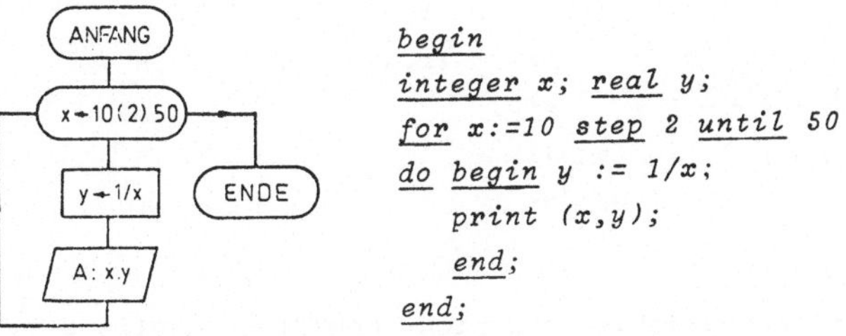


```
begin
integer x; real y;
for x:=10 step 2 until 50
do begin y := 1/x;
   print (x,y);
   end;
end;
```

Beispiel 16 : Eine Tabelle der Quadrate der Zahlen 0,1 0,2 0,3 . . . . 1,0 soll ausgedruckt werden. Damit die Laufvariable ganzzahlig ist, wird in diesem Programm eine Hilfsvariable *i* eingeführt.

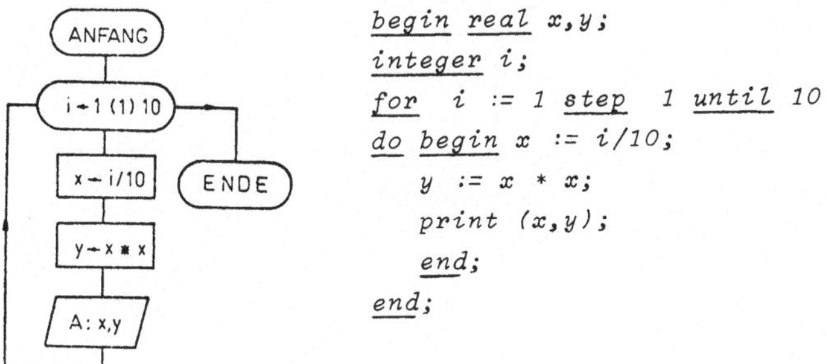


```
begin real x,y;
integer i;
for  i := 1 step  1 until 10
do begin x  := i/10;
   y := x * x;
   print (x,y);
   end;
end;
```

In ALGOL kann der Umweg über die ganzzahlige Hilfsvariable *i* vermieden werden, weil auch nicht ganzzahlige Lauf - variable verwendet werden dürfen. Mit einer reellen Laufvariablen kann das Beispiel noch einfacher programmiert werden:

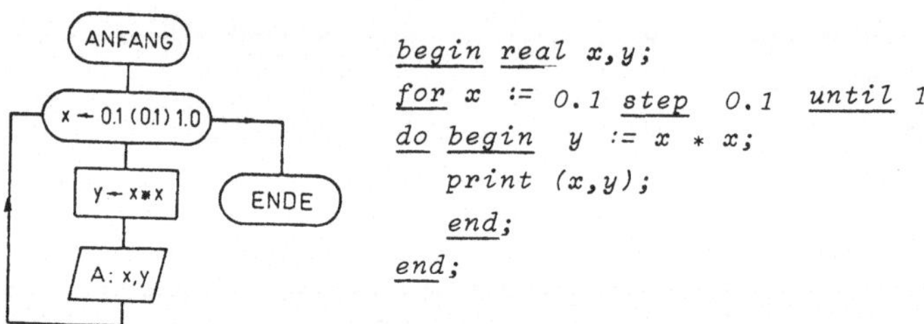


```
begin real x,y;
for x := 0.1 step 0.1 until 1
do begin y := x * x;
   print (x,y);
   end;
end;
```

Der Endwert der Laufvariablen muß nicht unbedingt explizit in der Laufanweisung angegeben werden, sondern kann eine Variable sein, deren Wert bei der Eingabe zugewiesen wird.

Beispiel 17 : Gesucht ist das Programm für die Berechnung der Faktoriellen *n!* einer natürlichen Zahl *n*.

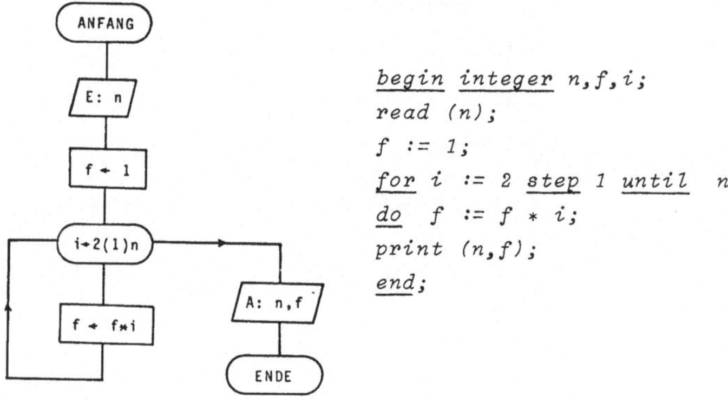


```
begin integer n,f,i;
read (n);
f := 1;
for i := 2 step 1 until n
do f := f * i;
print (n,f);
end;
```

Nicht nur der Endwert der Laufvariablen, sondern auch der Anfangswert und die Schrittweite können Variable sein:

Beispiel 18 : Berechnung der Funktionswerte der Funktion $f\colon x \to ax + b$ für die x -Werte im Bereich von u bis s mit der Schrittweite h.

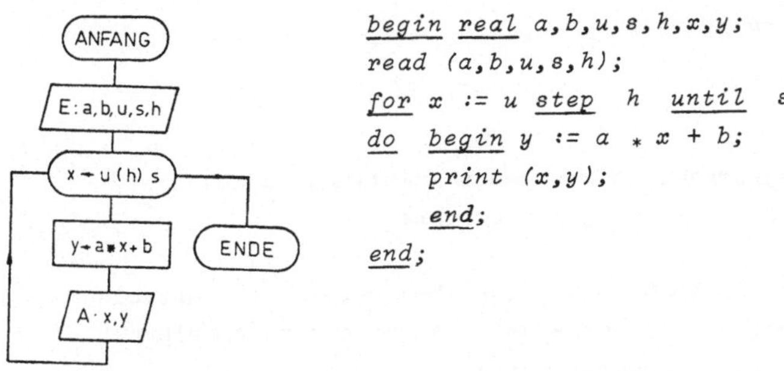


```
begin real a,b,u,s,h,x,y;
read (a,b,u,s,h);
for x := u step h until s
do begin y := a * x + b;
   print (x,y);
   end;
end;
```

Auflösen der Laufanweisung

Eine Laufanweisung in der vorher besprochenen Form

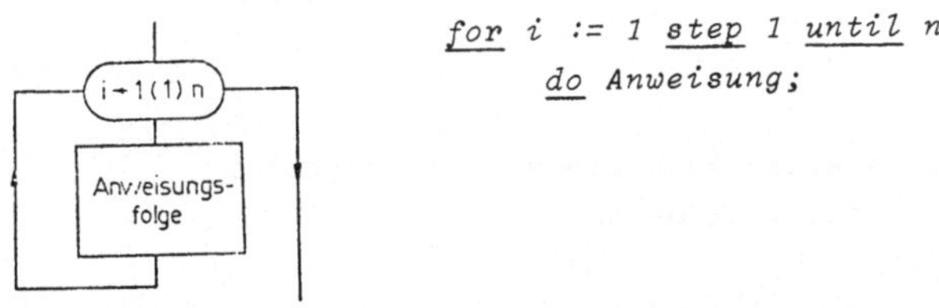


```
for i := 1 step 1 until n
    do Anweisung;
```

kann mit Hilfe einer bedingten Sprunganweisung aufgelöst werden:

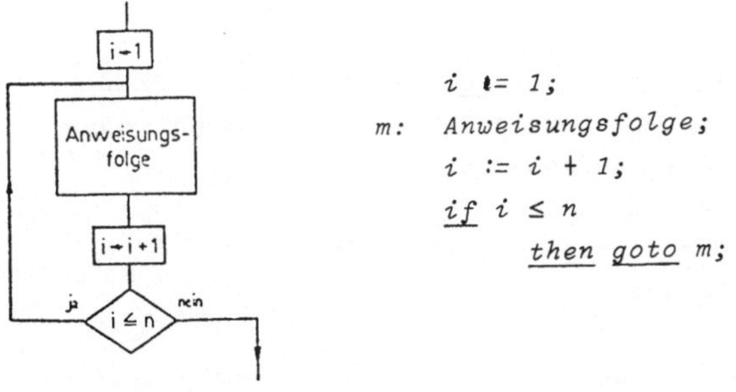


```
    i := 1;
m:  Anweisungsfolge;
    i := i + 1;
    if i ≤ n
        then goto m;
```

Durch die *Sprunganweisung*

```
goto m;
```

wird der Programmablauf mit jener Anweisung fortgesetzt, die durch die Marke *m* gekennzeichnet ist.

Marken werden in ALGOL nach denselben Regeln wie Variablennamen gebildet und können - gefolgt von einem Doppelpunkt - vor jede Anweisung gesetzt werden.

Mittels einer Sprunganweisung können Programmteile übersprungen werden

```
┌ goto m;
│   . . .
└→ m: Anweisung;
    . . .
```

oder es kann durch einen Rücksprung ein bereits verarbeiteter Programmteil wiederholt werden:

```
┌→ m: Anweisung;
│   . . .
└  goto m;
    . . .
```

Bei ALGOL-Laufanweisungen wird *vor* dem Abarbeiten der Anweisung überprüft, ob die Laufvariable ihren Endwert schon überschritten hat. Die Laufanweisung

```
for i := 1 step 1 until n
    do Anweisung;
```

kann daher durch den folgenden Programmteil ersetzt werden:

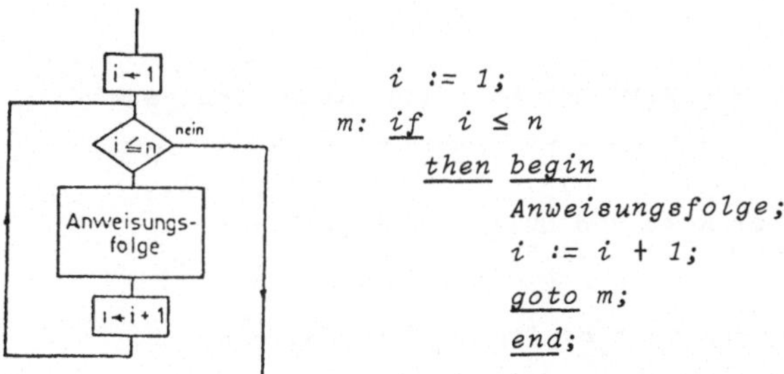


```
  i := 1;
m: if  i ≤ n
     then begin
          Anweisungsfolge;
          i := i + 1;
          goto m;
          end;
```

Die Programmierung von Schleifen mittels der dafür vorgesehenen Laufanweisungen ist meist einfacher und übersichtlicher als das Auflösen und Ausprogrammieren von Schleifen mit Hilfe von Sprungbefehlen.

Schleifen mit Bedingung

Falls die Anzahl der Wiederholungen einer Anweisung oder Anweisungsfolge nicht im vorhinein bekannt ist, sondern sich erst während der Abarbeitung der Schleife ergibt, kann in ALGOL eine andere Form der Laufanweisung verwendet werden, in der die Bedingung für die Schleifenwiederholung eingebaut ist:

Beispiel 19 : ALGOL - Programm für den EUKLIDISCHEN Algorithmus zur Berechnung des größten gemeinsamen Teilers von zwei natürlichen Zahlen.

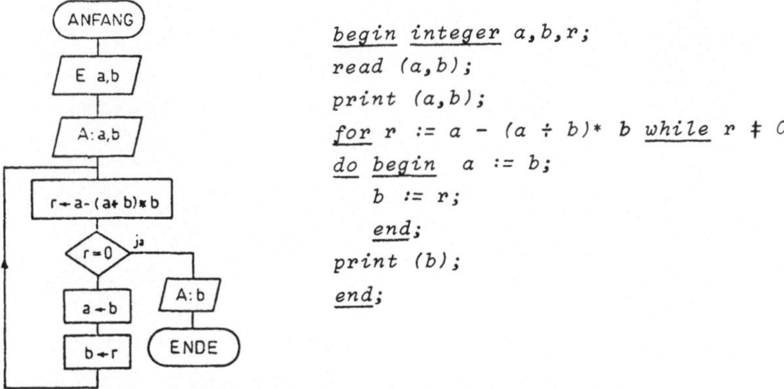


```
begin integer a,b,r;
read (a,b);
print (a,b);
for r := a - (a ÷ b)* b while r ≠ 0
do begin  a := b;
   b := r;
   end;
print (b);
end;
```

In diesem Programm wird der Laufvariablen *r* bei jeder Wiederholung der Schleife der Rest der Division von *a* durch *b* zugewiesen. Die Schleife wird solange wiederholt, wie dieser Rest von Null verschieden ist.

Ineinandergeschachtelte Laufanweisungen

Eine Laufanweisung kann ebenso wie jede andere Anweisung in einer übergeordneten Laufanweisung eingebaut werden. In einem solchen Fall spricht man von ineinandergeschachtelten Laufanweisungen.

Beispiel 20 : Es sollen alle ganzen Zahlen von 0 bis 99 ausgedruckt werden, die nicht durch 7 teilbar sind und keine Ziffer 7 enthalten.

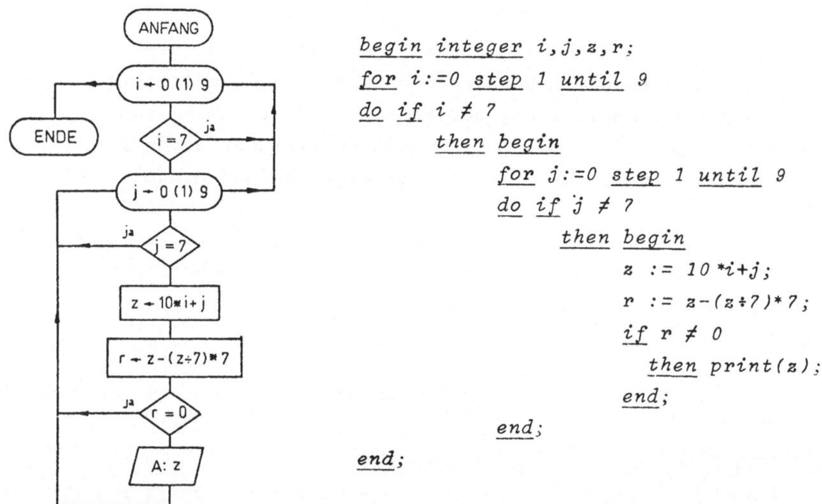


```
begin integer i,j,z,r;
for i:=0 step 1 until 9
do if i ≠ 7
      then begin
             for j:=0 step 1 until 9
             do if j ≠ 7
                   then begin
                          z := 10*i+j;
                          r := z-(z÷7)*7;
                          if r ≠ 0
                            then print(z);
                          end;
             end;
end;
```

2.5. Felder

Ein wichtiges Hilfsmittel zur übersichtlichen Formulierung mathematischer Probleme sind mit einem Index versehene Variable. Eine geordnete Menge von indizierten Variablen bezeichnen wir als *Feld*.
Das nächste Beispiel zeigt die Vereinbarung und Verwendung von Feldern in ALGOL.

Beispiel 21 : Die größte von 10 eingegebenen reellen Zahlen soll ermittelt werden.
Die gegebenen Zahlen werden den *Feldelementen* $a_1, a_2, \ldots a_{10}$ des Feldes a zugewiesen.

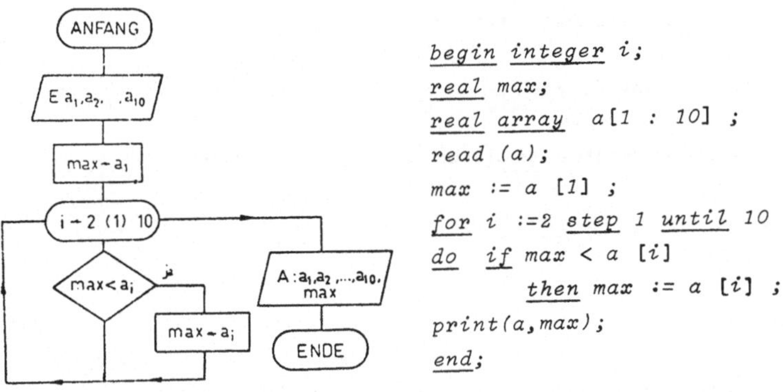


```
begin integer i;
real max;
real array a[1 : 10] ;
read (a);
max := a [1] ;
for i :=2 step 1 until 10
do if max < a [i]
      then max := a [i] ;
print(a,max);
end;
```

Die Vereinbarung des Feldes a erfolgt durch

```
real array  a [1:10] ;
```

Das Wortsymbol *real* gibt den Typ der Feldelemente (reell) an. Durch das Wortsymbol *array* wird die Variable *a* als Feld gekennzeichnet. Nach dem Namen *a* des Feldes werden die *Indexgrenzen*, der kleinste und der größte Wert, den der Index des Feldes annehmen kann, in eckigen Klammern und durch einen Doppelpunkt getrennt angegeben.

Durch die Eingabeanweisung

```
read (a);
```

werden allen vereinbarten Feldelementen von a_1 bis a_{10} der Reihe nach die eingelesenen Zahlenwerte zugewiesen. Ein einzelnes Feldelement kann durch den Feldnamen und den in eckige Klammern gesetzten Index, also z.B. *a [3]* oder *a [i]* angegeben werden.

Anstatt durch die das gesamte Feld *a* einlesende Anweisung

```
read (a);
```

kann das Feld auch elementweise durch die Laufanweisung

```
for i := 1 step 1 until 10
do read (a [i] );
```

eingelesen werden.

Außer in einer Ein- oder Ausgabeanweisung dürfen Felder nicht als ganzes, sondern nur elementweise verarbeitet werden. Feldelemente können in der gleichen Weise wie einfache Variable verwendet werden. Nur als Laufvariable sind Feldelemente nicht erlaubt.

Die Indexgrenzen sind in vielen Fällen bei der Programmierung noch nicht bekannt, weil sie entweder von Fall zu Fall verschieden sind, während das Programm für alle möglichen Fälle gelten soll, oder weil sich die Feldgrenzen erst während des Programmablaufes ergeben.

In einem solchen Fall muß mit der Vereinbarung des Feldes solange gewartet werden, bis die Feldgrenzen festgelegt werden können.

Beispiel 21 möge dahingehend geändert werden, daß die größte von *n* gegebenen Zahlen ermittelt werden soll. Dann wird die Vereinbarung des Feldes lauten :

```
real array  a [1 : n] ;
```

Schon vor der Vereinbarung des Feldes muß aber die Festlegung der Feldgrenzen erfolgen. In unserem Beispiel müssen wir die obere Feldgrenze n einlesen:

```
begin integer n;
read (n);
```

Jetzt könnte die Vereinbarung des Feldes erfolgen. Diese darf aber wie jede Vereinbarung nur nach dem Wortsymbol *begin* und nicht nach einer Anweisung (in unserem Fall *read (n);*) stehen. Aus diesem Grund muß unmittelbar vor einer Feldvereinbarung mit variablen Indexgrenzen das Wortsymbol *begin* eingefügt werden. Wird das Feld nicht mehr benötigt, muß der durch *begin* eröffnete innere Programmteil durch ein zusätzliches Wortsymbol *end* wieder geschlossen werden.
Daraus ergibt sich folgendes Programm:

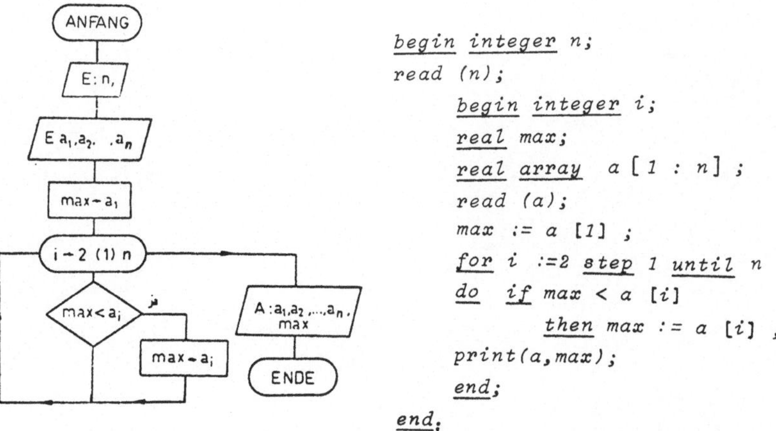


```
begin integer n;
read (n);
      begin integer i;
      real max;
      real array  a [ 1 : n ] ;
      read (a);
      max := a [1] ;
      for i :=2 step 1 until n
      do  if max < a [i]
             then max := a [i] ;
      print(a,max);
      end;
end;
```

Beispiel 22 : Von *n* eingegebenen reellen Zahlen sollen die größte Zahl *(max)* und ihre Position (also der Index *m*) ausgegeben werden.

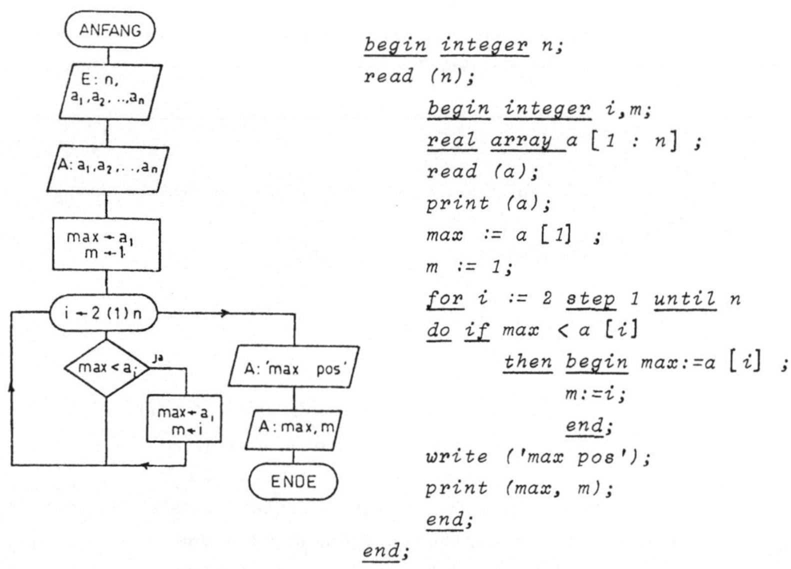


```
begin integer n;
read (n);
     begin integer i,m;
     real array a [1 : n] ;
     read (a);
     print (a);
     max := a [1] ;
     m := 1;
     for i := 2 step 1 until n
     do if max < a [i]
          then begin max:=a [i] ;
               m:=i;
               end;
     write ('max pos');
     print (max, m);
     end;
end;
```

Sortieren eines Feldes

Ein sehr häufig auftretendes Problem ist das Sortieren eines Feldes in aufsteigender oder fallender Reihenfolge.
In den folgenden Beispielen werden zwei von mehreren Methoden zur Sortierung in fallender Reihenfolge angegeben.

Beispiel 23 : Zuerst wird das Maximum der Werte von a_1 bis a_n gesucht und mit a_1 vertauscht. Dasselbe geschieht mit den Werten von a_2 bis a_n, dann mit a_3 bis a_n u.s.w.

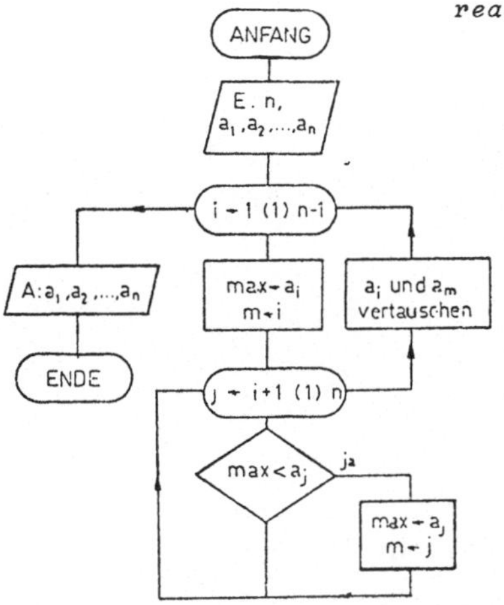

```
begin integer n;
read (n);
    begin integer i,j,m;
    real array a[1 : n];
    read (a);
    for i:=1 step 1 until n-1
    do begin max := a[i];
       m := i;
       for j:=i+1 step 1 until n
       do if max < a[j]
            then begin max:=a[j];
                 m := j;
                 end;
       comment a[i] und a[m] vertauschen;
       a[m]:= a[i];
       a[i]:= max;
       end;
    print (a);
    end;
end;
```

Beispiel 24 : Die Werte von je zwei nebeneinanderstehenden Feldelementen werden verglichen und notfalls vertauscht. Wenn in einem Durchgang keine Vertauschungen notwendig sind, ist die Sortierung erreicht.

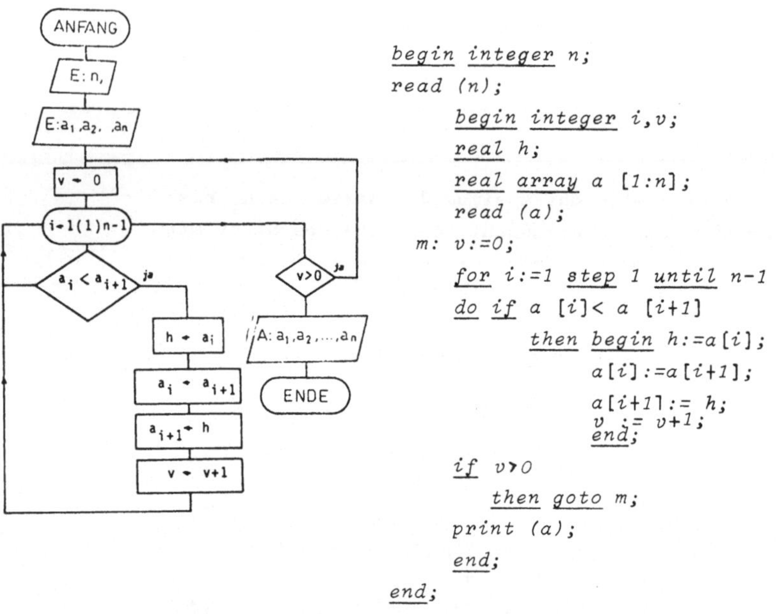


```
begin integer n;
read (n);
    begin integer i,v;
    real h;
    real array a [1:n];
    read (a);
 m: v:=0;
    for i:=1 step 1 until n-1
    do if a [i]< a [i+1]
         then begin h:=a[i];
                a[i]:=a[i+1];
                a[i+1]:= h;
                v := v+1;
                end;
    if v>0
       then goto m;
    print (a);
    end;
end;
```

Tabellen

Tabellen bestehen aus einem Feld x der Schlüsselwerte und dem Feld y der zugeordneten Tabellenwerte. Während in einführenden Betrachtungen die Felder als bereits geladen betrachtet werden können, ist für die Ausführung eines Programms das Laden der Felder unbedingte Voraussetzung.

Damit die Felder auch in der Ausgabe erscheinen, werden sie unmittelbar nach der Eingabe wieder ausgegeben. Anschließend erfolgt die Eingabe des Schlüsselwertes s, dessen zugehöriger Tabellenwert t aufgesucht oder berechnet werden soll.

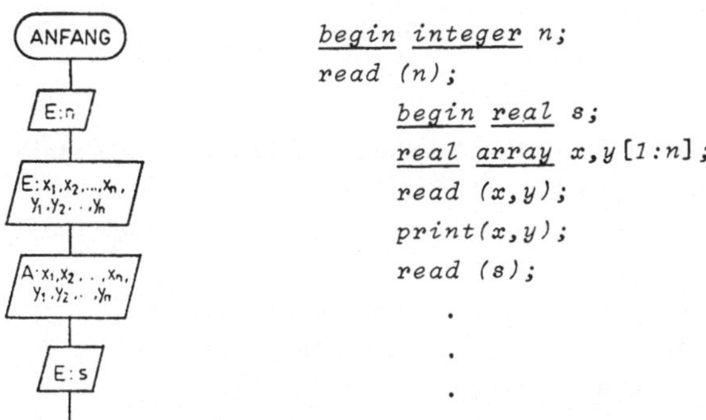

Häufig tritt der Fall ein, daß in derselben Tabelle zu mehreren verschiedenen Schlüsselwerten der zugehörige Tabellenwert aufgesucht werden soll. Das kann leicht erreicht werden, wenn nach der Verarbeitung eines Schlüsselwertes das Programm ab der Eingabeanweisung für den Schlüsselwert wiederholt wird.

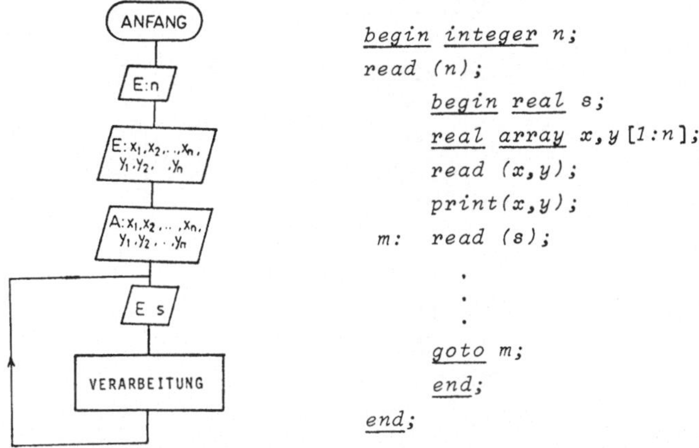

Durch den Rücksprung zur Eingabeanweisung wird der Programmteil für die Interpolation für die eingegebenen Werte von *s* solange wiederholt, bis keine Eingabedaten mehr vorhanden sind. Dann wird der Programmablauf abgebrochen.

Äquidistante Tabellen

Wenn die Schlüsselwerte in gleichen Abständen d (Distanz) angeordnet sind, sprechen wir von *äquidistanten Tabellen*. In diesem Fall braucht man das Feld x der Schlüsselwerte nicht laden.
Wir befassen uns nur mit solchen äquidistanten Tabellen, die "von Null an" beginnen, für die also (präzise formuliert) die Voraussetzung $x_1 = d$ erfüllt ist.

Beispiel 25 : Aus einer Tabelle, deren Schlüsselwerte aus den ganzen Zahlen von 1 bis n gebildet werden, soll der zum Schlüsselwert s (ganzzahlig) gehörige Tabellenwert t ausgegeben werden.

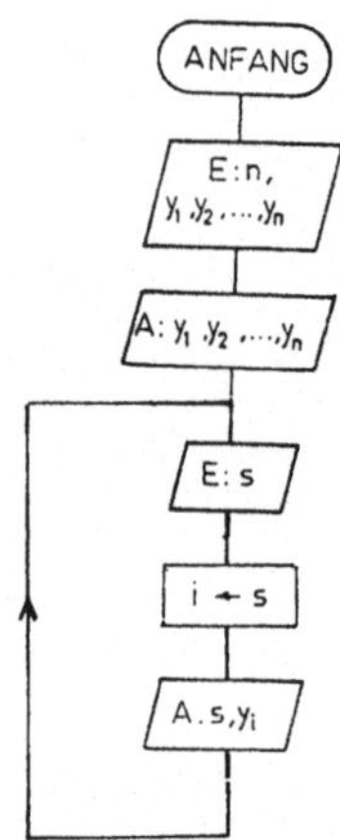


```
begin integer n;
read (n);
      begin integer i,s;
      real array y [1:n];
      read (y);
      print (y);
  m:  read (s);
      i:=s;
      print (s,y[i]);
      goto m;
      end;
end;
```

Beispiel 26 : Der gegebene Schlüsselwert soll nun reell sein, wodurch eine Interpolation erforderlich ist.

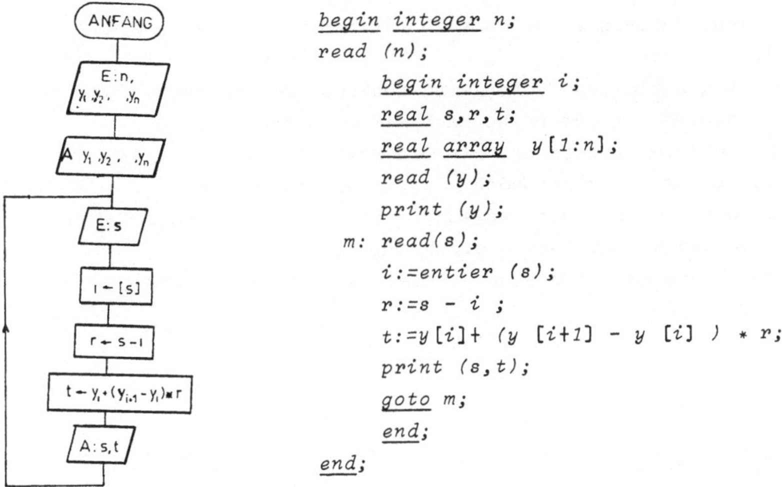


```
begin integer n;
read (n);
    begin integer i;
    real s,r,t;
    real array  y[1:n];
    read (y);
    print (y);
  m: read(s);
    i:=entier (s);
    r:=s - i ;
    t:=y[i]+ (y [i+1] - y [i] ) * r;
    print (s,t);
    goto m;
    end;
end;
```

Beispiel 27 : In einer äquidistanten Tabelle mit der Distanz *d* (reell) soll der zum gegebenen Schlüsselwert *s* (reell) gehörige Tabellenwert *t* durch Interpolieren ermittelt werden.

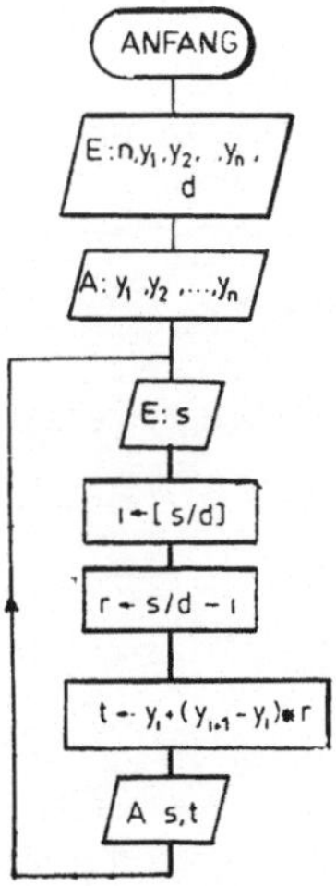

```
begin integer n;
read (n);
    begin integer i;
    real d,s,r,t;
    real array y [1:n];
    read (y,d);
    print (y);
  m: read (s);
    i:=entier (s/d);
    r:=s/d - i;
    t:=y [i ]+ (y[i+ 1] - y[i] ) * r;
    print (s,t);
    goto m;
    end;
end;
```

Sequentielles Suchen in geordneten Tabellen

In nicht äquidistanten Tabellen müssen beide Felder eingelesen werden!
Beim sequentiellen Suchen wird zunächst der gegebene Schlüsselwert *s* der Reihe nach mit den Werten aller Feldelemente verglichen, bis ein Feldelement mit einem Wert größer als *s* gefunden wird. Wenn das gesuchte x_i innerhalb der Laufanweisung gefunden wird, erfolgt ein Sprung aus der Schleife heraus zur Marke *m*, wodurch die Laufanweisung frühzeitig abgebrochen wird.

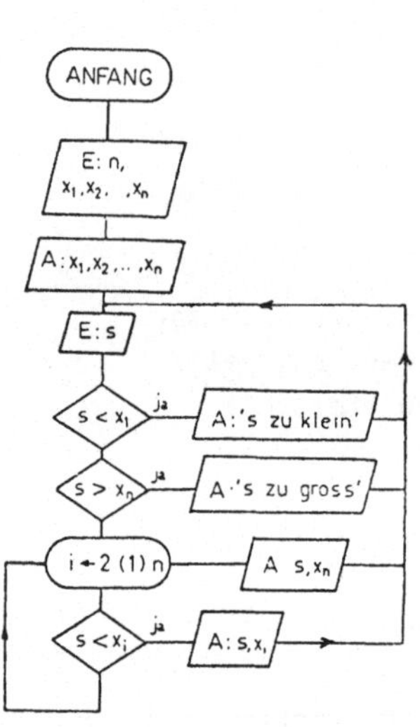


```
begin integer n;
read (n);
    begin integer i;
    real s;
    real array x [1:n];
    read (x);
    print (x);
 m: read (s);
    if  s < x[1]
        then begin write('s zu klein');
                   goto m;
                   end;
    if s > x[n]
       then begin write('s zu groß');
                  goto m;
                  end;
   for i:=2 step 1 until n
   do if  s< x[i]
           then begin print (s,x[i]);
                      goto m;
                      end;
   print (s,x[n]);
   goto m;
   end;
end;
```

Beispiel 28 : Nach diesen Vorbereitungen können wir nun die gesamte Aufgabe lösen. Beide Felder werden eingegeben, und nach dem Aufsuchen des zum Schlüsselwert *s* nächstgrößeren Feldelements *x*[*i*]wird zwischen den Werten von *x*[*i*-*1*]und *x*[*i*]interpoliert.

Noch ein Hinweis zur Vereinbarung der Felder:
Wenn zwei Felder *x* und *y* mit denselben Feldgrenzen und demselben Typ der Feldelemente vereinbart werden, können beide Vereinbarungen

real array x [*1 : n*]; und *real array y*[*1 : n*];

durch eine gemeinsame Vereinbarung ersetzt werden:

real array x,*y* [*1 : n*];

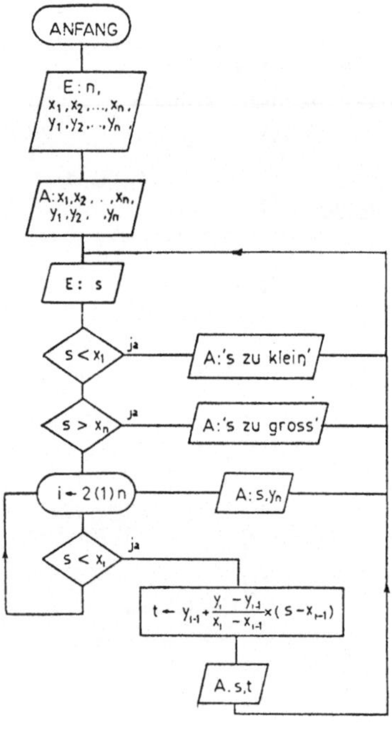

ANFANG

E: n, $x_1, x_2, \ldots, x_n$, $y_1, y_2, \ldots, y_n$

A: $x_1, x_2, \ldots, x_n$, $y_1, y_2, \ldots, y_n$

E: s

$s < x_1$ — ja → A: 's zu klein'

$s > x_n$ — ja → A: 's zu gross'

$i \leftarrow 2(1)n$ → A: s, y_n

$s < x_i$ — ja → $t \leftarrow y_{i-1} + \frac{y_i - y_{i-1}}{x_i - x_{i-1}} \times (s - x_{i-1})$

A. s,t

```
begin integer n;
      read (n);
      begin integer i;
      real s,t;
      real array x,y [1:n];
      read (x,y);
      print (x);
      print (y);
 next:read (s);
      if s < x[1]
          then begin write('s ist zu
                         klein');
                goto next;
                end;
      if s > x[n]
          then begin write('s ist zu
                goto next;    groß');
                end;
      for i:= 2 step 1 until n
      do  if s < x[i]
          then begin
               t:=y[i-1]+ (y[i]- y[i-1])/
                  (x[i]- x[i-1])*(s-x[i-1]);
               print (s,t);
               goto next;
               end;
      print (s,y[n]);
      goto next;
      end;
end;
```

Binäres Suchen

Beispiel 29:

Wieder wird zunächst das zum Schlüsselwert *s* im Wert nächstgrößere Feldelement *x*[*i*]gesucht. Beim binären Suchen teilt man das Intervall in die Hälfte und prüft, in welcher Hälfte das gesuchte Element liegt. Das Verfahren wird fortgesetzt, bis sich die Intervallgrenzen nur mehr um 1 unterscheiden. Dann wird zwischen den Tabellenwerten von *x*[*i* - *1*] und *x*[*i*]interpoliert.

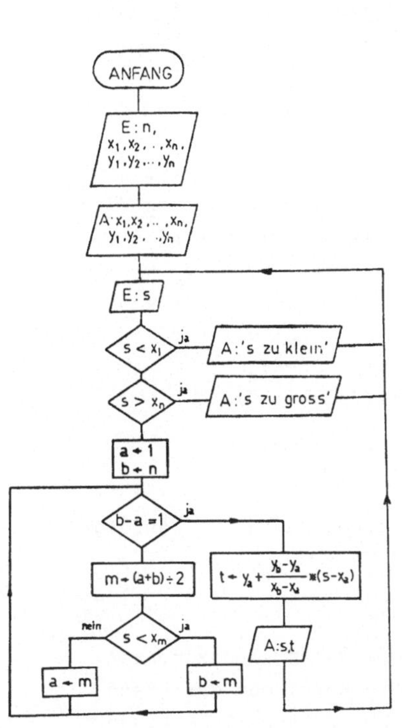


```
begin integer n;
read (n);
     begin integer a,b,m;
     real  s,t;
     real array x,y  [1:n];
     read (x,y);
     print (x);
     print (y);
next:read (s);
     if s < x[1]
          then begin write('s ist zu
                              klein');
               goto next;
               end;
     if s > x[n]
          then begin write('s ist zu
                              groß');
               goto next;
               end;
     a:= 1;
     b:=n;
     for m:= (a+b) ÷ 2 while b-a≠1
     do if s < x[m]
          then b:= m
          else a:= m;
     t:=y[a]+(y[b]- y[a])/
        (x[b]- x[a]) * (s - x[a]);
     print (s,t);
     goto next;
     end;
end;
```

Doppelt indizierte Felder

Das folgende Beispiel soll die Vereinbarung und Verwendung doppelt indizierter Felder in ALGOL zeigen.

Beispiel 30:

Gegeben ist eine Tabelle der Entfernungen zwischen *n* Städten. Es ist zu überprüfen, ob die Entfernungstabelle symmetrisch ist.

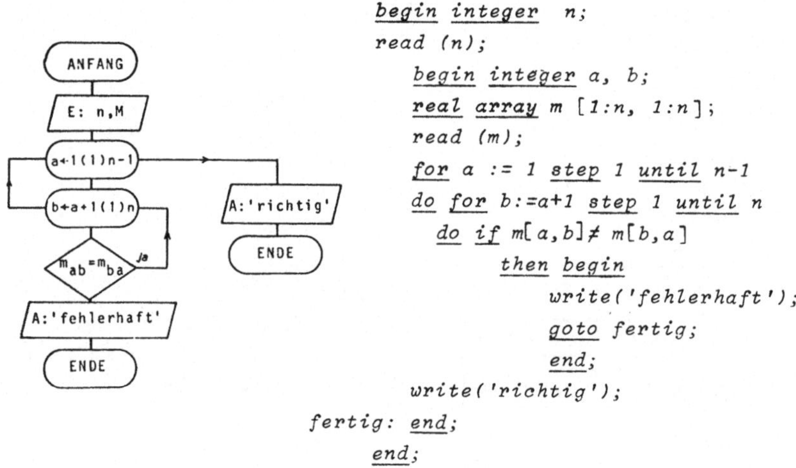


```
begin integer n;
read (n);
   begin integer a, b;
   real array m [1:n, 1:n];
   read (m);
   for a := 1 step 1 until n-1
   do for b:=a+1 step 1 until n
     do if m[a,b]≠ m[b,a]
          then begin
                 write('fehlerhaft');
                 goto fertig;
                 end;
   write('richtig');
fertig: end;
     end;
```

Die Vereinbarung des doppelt indizierten Feldes *m* erfolgt durch

$\underline{\textit{real}}\ \underline{\textit{array}}\ m[1:n,\ 1:n\ ];$

Nach dem Namen *m* des Feldes werden *beide* Indexgrenzen, das heißt der kleinste und der größte Wert, den der erste und der zweite Index des Feldes annehmen kann, in eckigen Klammern durch ein Komma getrennt angegeben.

Durch die Eingabeanweisung

read (m);

werden allen vereinbarten Feldelementen von m_{11} bis m_{nn} *zeilenweise* der Reihe nach die eingelesenen Zahlenwerte zugewiesen.

Anstatt durch die das gesamte Feld m einlesende Anweisung

read (m);

kann das Feld auch elementweise durch die ineinandergeschachtelte Laufanweisung

```
for i := 1 step 1 until n
do for j := 1 step 1 until n
   do read (m[i,j]);
```

eingelesen werden.

Ein einzelnes Feldelement kann durch den Feldnamen und beide in eckige Klammern gesetzte und durch Komma getrennte Indizes, also z.B. *m [i,j]*, angegeben werden.

2.6. Funktionen

Eine *Funktion* ist ein getrennter Programmteil, an den beim Aufruf, der im Hauptprogramm erfolgt, ein *aktueller Parameter* übergeben wird. Der durch die Funktion berechnete *Funktionswert* wird an das Hauptprogramm zurückgegeben. Funktionen werden in ALGOL als *Funktionsprozeduren* bezeichnet.

Beispiel 31 : Die Funktionswerte der Funktion f: $x \to x^2 + 1$ für die Definitionsmenge {0,0| 0,1| 0,2| ....|1,0} sollen ausgegeben werden.

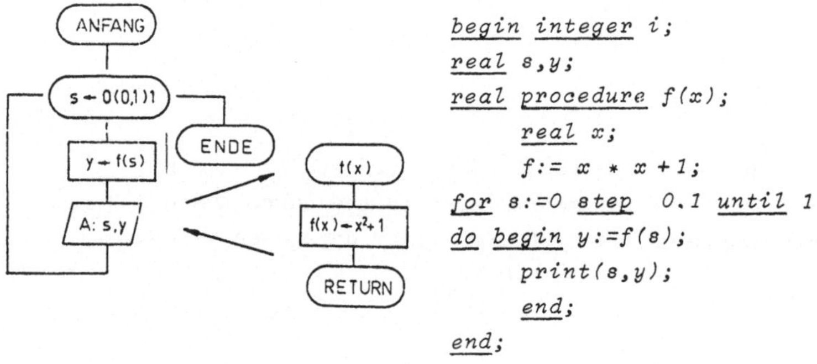


```
begin integer i;
real s,y;
real procedure f(x);
      real x;
      f:= x * x +1;
for s:=0 step  0.1 until 1
do begin y:=f(s);
      print(s,y);
      end;
end;
```

Aus diesem Programm lernen wir:

- o Die Trennung der Funktion vom übrigen Programm erfolgt durch Vereinbarung einer Funktionsprozedur *f(x)*.
- o Die Vereinbarung der Funktionsprozedur erfolgt gemeinsam mit der Vereinbarung der Variablen am Beginn des Programms.
- o Wenn der Funktionswert reell ist, lautet die Vereinbarung der Funktionsprozedur

real procedure f(x);

Wenn die Funktionsprozedur immer einen ganzzahligen Wert liefert, müßte die Vereinbarung lauten:

integer procedure f(x);

- Nach *procedure* folgt der *Name* der Funktionsprozedur (in unserem Beispiel *f)* und danach in runden Klammern der *formale Parameter (x)*.
- Auch der Typ des formalen Parameters muß angegeben werden:

  real x;

- Die Rechenvorschrift, nach der aus dem Wert des Parameters der Funktionswert berechnet werden soll, lautet

  *f:= x * x + 1;*

  Wenn zur Berechnung des Funktionswertes mehrere Anweisungen notwendig sind, müssen sie durch *begin* und *end* zu einer zusammengesetzten Anweisung zusammengefaßt werden.
- Das Hauptprogramm ist von der speziellen Wahl der Funktion *f* unabhängig. Falls die Funktionswerte einer anderen Funktion mit gleicher Definitionsmenge berechnet werden sollen, braucht nur die entsprechende Funktionsprozedur eingesetzt zu werden.

Mit der Vereinbarung der Funktionsprozedur wird nur die Rechenvorschrift festgelegt, nach der ein Funktionswert zu berechnen ist. Die tatsächliche Berechnung erfolgt erst beim *Aufruf* der Prozedur.

Der *Aufruf* erfolgt durch Angabe des *Namens* der Funktionsprozedur und des in Klammern gesetzten Wertes des *aktuellen Parameters:*

y:= f(s);

Der Funktionsaufruf kann an einer beliebigen Stelle innerhalb eines Terms erfolgen. Der von der Funktionsprozedur errechnete Funktionswert wird an die Stelle von *f(s)* zurückgegeben (und in unserem Beispiel der Variablen *y* zugewiesen).

Beispiel 32 : Die Nullstelle des Graphen der Funktion $f\colon x \to x^2 - 2$ im Intervall $[a,b]$ soll durch binäres Suchen bestimmt werden. Genauer formuliert: Das Intervall, in dem die Nullstelle liegt, soll mit der Genauigkeit *eps* bestimmt werden.

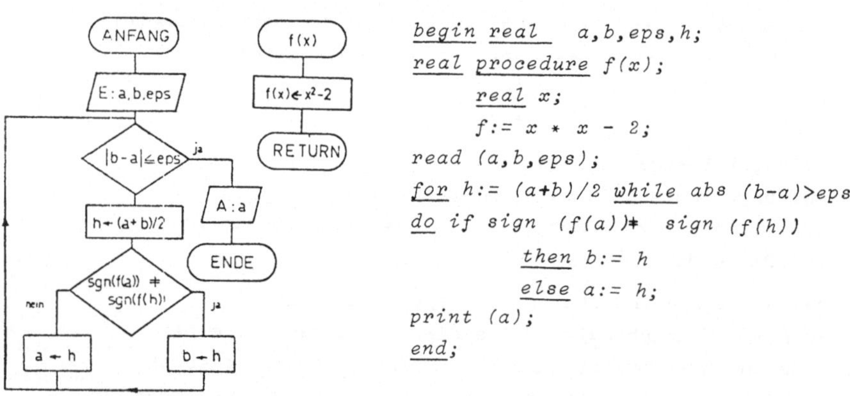


```
begin real   a,b,eps,h;
real procedure f(x);
      real x;
      f:= x * x - 2;
read (a,b,eps);
for h:= (a+b)/2 while abs (b-a)>eps
do if sign  (f(a))≠  sign (f(h))
            then b:= h
            else a:= h;
print (a);
end;
```

Zunächst mache man sich mit dem ALGOL-Programm an Hand der vorher festgelegten Punkte und mit Hilfe des Programmablaufplanes restlos vertraut!

Wir erkennen: Funktionsprozeduren ermöglichen die Formulierung eines Algorithmus *ohne* Festlegung einer speziellen Funktion (ähnlich wie durch Variable ein Algorithmus ohne Festlegung der Zahlenwerte formuliert werden kann).

In Beispiel 31 kommen zwei weitere Funktionsprozeduren vor, die als Funktionswert den Absolutbetrag bzw. den Wert des Vorzeichens ihres Parameters liefern: *abs (x)* und *sign(x)*. Schon früher lernten wir die Funktion *entier (x)* kennen.

Es sind dies sogenannte Standardfunktionen, die in ALGOL ihre vorgegebene Bedeutung haben und *nicht* vereinbart werden müssen.

Zum Abschluß möge noch das Beispiel einer Funktionsprozedur gezeigt werden, die mehrere Anweisungen für die Berechnung des Funktionswertes erfordert:
Funktionsprozedur zur Berechnung der Faktoriellen *n!* einer natürlichen Zahl. (die Berechnung wurde in Beispiel 17 besprochen).

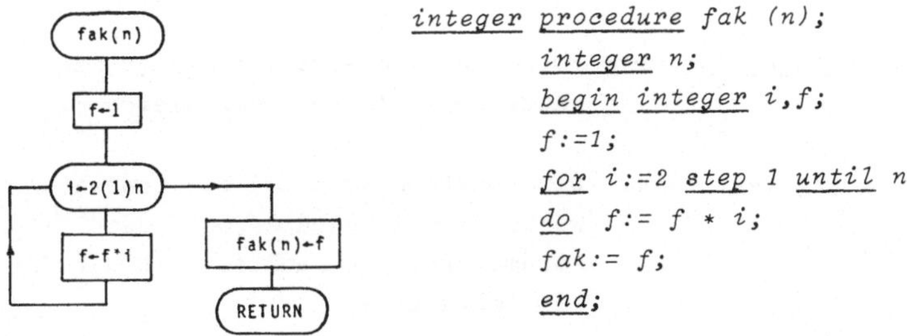


```
integer procedure fak (n);
      integer n;
      begin integer i,f;
      f:=1;
      for i:=2 step 1 until n
      do  f:= f * i;
      fak:= f;
      end;
```

Da mehrere Anweisungen zur Berechnung des Funktionswertes erforderlich sind, müssen sie durch begin und end zusammengefaßt werden. Die Hilfsgrößen *i* und *f*, die zur Berechnung des Funktionswertes vereinbart werden, gelten ebenso wie der formale Parameter *n* nur innerhalb dieser Anweisungen. Nach der Berechnung von *n!* als Wert der Hilfsgröße *f* wird dieser Funktionswert an den Namen der Funktion *fak* zugewiesen.

Standardfunktionen

Einige häufig benötigte Funktionen können in ALGOL, als Standardfunktionen verwendet werden, das bedeutet, daß man die Rechenvorschrift für die Berechnung des Funktionswertes nicht vereinbaren muß.

Die Standardfunktionen von ALGOL sind:

<u>*real*</u> <u>*procedure*</u> *abs (x);*	Der Funktionswert ist der Absolutbetrag des Parameters.
<u>*integer*</u> <u>*procedure*</u> *sign(x);*	Der Funktionswert ist + 1 für $x>0$ 0 für $x=0$ - 1 für $x<0$
<u>*integer*</u> <u>*procedure*</u> *entier(x);*	Der Funktionswert ist die größte ganze Zahl kleiner oder gleich x.
<u>*real*</u> <u>*procedure*</u> *sqrt (x);*	Der Funktionswert ist die Quadratwurzel (engl. square root) des Parameters. Die Funktion ist nur für $x \geq 0$ definiert!
<u>*real*</u> <u>*procedure*</u> *sin (x);* <u>*real*</u> <u>*procedure*</u> *cos (x);*	Der Funktionswert ist der Sinus(bzw. Cosinus) des Parameters, wobei der Winkel im Bogenmaß anzugeben ist!
<u>*real*</u> <u>*procedure*</u> *arctan (x);*	Der Funktionswert ist der Winkel im Bogenmaß, dessen Tangens gleich x ist.
<u>*real*</u> <u>*procedure*</u> *exp (x);*	Der Funktionswert ist e^x
<u>*real*</u> <u>*procedure*</u> *ln (x);*	Der Funktionswert ist der natürliche Logarithmus des Parameters (nur für $x>0$ definiert!).

Übungen: Um den großen Vorteil ermessen zu können, den die Standardfunktionen bieten, programmiere man *abs (x)*, *sign (x)* und *entier (x)* als Funktionsprozeduren.

Funktionen mit mehreren Parametern

Häufig sind zur Berechnung eines Funktionswertes *mehrere* Parameter erforderlich.

Beispiel 33 : Berechnung des Funktionswertes einer ganzrationalen Funktion mit Hilfe des HORNER - Schemas.

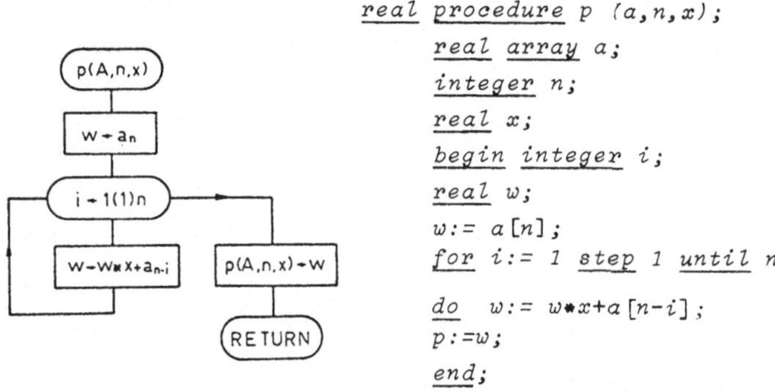


```
real procedure p (a,n,x);
    real array a;
    integer n;
    real x;
    begin integer i;
    real w;
    w:= a[n];
    for i:= 1 step 1 until n
    do  w:= w*x+a[n-i];
    p:=w;
    end;
```

Hinweise zum ALGOL- Programm:

a) Nach *procedure* werden die Typen der formalen Parameter festgelegt. Bei Feldern erfolgt *keine* Angabe der Feldgrenzen.

b) Die nach *begin* stehende Vereinbarung der Hilfsvariablen i und w gilt nur innerhalb der Funktionsprozedur.

c) Vor *end* erfolgt die Zuweisung des Wertes der Hilfsvariablen w als Funktionswert an den Namen p der Funktionsprozedur.

Der Aufruf einer Funktionsprozedur mit mehreren Parametern erfolgt-in der gleichen Weise wie bei Funktionsprozeduren mit einem Parameter - durch Angabe des Namens der Funktionsprozedur, gefolgt von den aktuellen Parametern, die in Klammer gesetzt werden, z.B.

y:= p (z,m,s);

wobei das Feld der Koeffizienten z als

real array z [0 : m];

vereinbart sein muß, *m* die Anzahl der Schritte ist und *s* der aktuelle Abszissenwert ist, für den der Funktionswert berechnet werden soll.
Beim Aufruf der Funktionsprozedur werden die formalen Parameter *a*, *n*, *x* der Reihe nach durch die aktuellen Parameter *z*, *m*, *s* ersetzt. Dann wird mit diesen aktuellen Parametern der Funktionswert berechnet und an die Stelle des Aufrufes im Hauptprogramm zurückgeliefert. Der Aufruf kann an einer beliebigen Stelle innerhalb eines Terms erfolgen.

Wenn der betreffende formale Parameter eine *einfache* Variable (*real* oder *integer*) ist, dann ist als aktueller Parameter entweder eine Variable, ein Feldelement, eine Konstante, der Aufruf einer Funktionsprozedur -z.B. *sign (f(a))* - oder ein Term erlaubt.

Wenn der formale Parameter ein Feld ist, muß der aktuelle Parameter der *Name eines Feldes* (ohne Index) sein.

Beispiel 34 : Der größte gemeinsame Teiler von n natürlichen Zahlen ist mit Hilfe des EUKLIDischen Algorithmus zu berechnen.

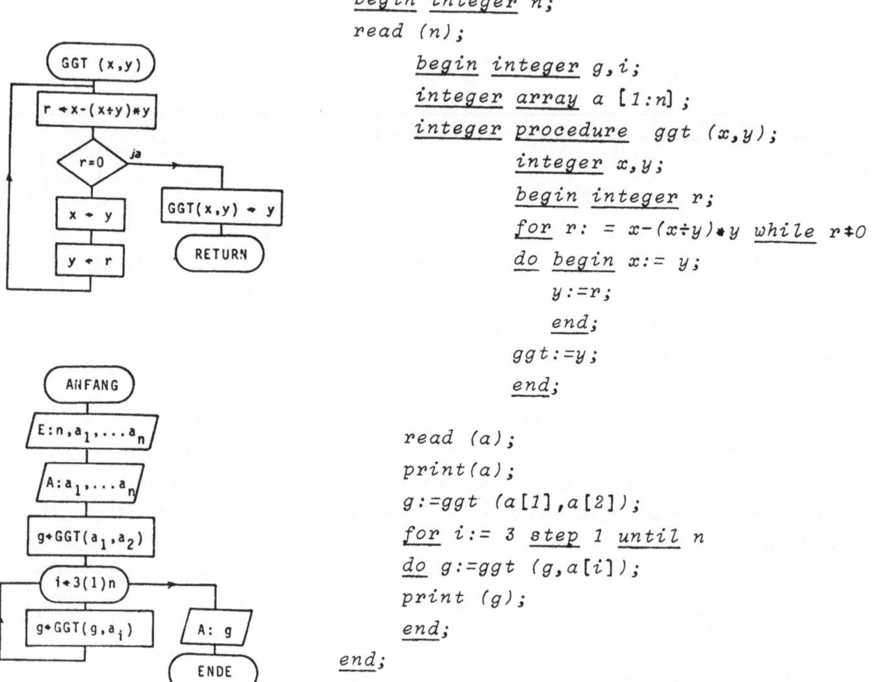


```
begin integer n;
read (n);
    begin integer g,i;
    integer array a [1:n] ;
    integer procedure  ggt (x,y);
        integer x,y;
        begin integer r;
        for r: = x-(x÷y)*y while r≠0
        do begin x:= y;
           y:=r;
           end;
        ggt:=y;
        end;

    read (a);
    print(a);
    g:=ggt (a[1],a[2]);
    for i:= 3 step 1 until n
    do g:=ggt (g,a[i]);
    print (g);
    end;
end;
```

2.7. Unterprogramme

Unterprogramme können in ALGOL - ähnlich wie *Funktionen* - als getrennte Programmteile formuliert werden. Es wird jedoch im Gegensatz zu Funktionen kein spezieller Funktionswert berechnet. Die Wirkung des Unterprogramms besteht vielmehr in der Möglichkeit, die Werte der *Parameter* zu verändern. Unterprogramme werden in ALGOL als *Prozeduren* bezeichnet.

Als Beispiel betrachten wir die Vereinbarung eines Unterprogrammes zur Vertauschung von zwei Zahlenwerten:

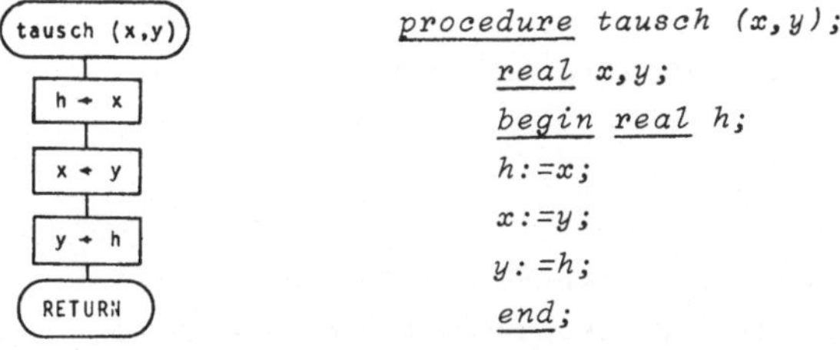


```
procedure tausch (x,y);
    real x,y;
    begin real h;
    h:=x;
    x:=y;
    y:=h;
    end;
```

- o Nach *procedure* folgt der Name der Prozedur, dann zwischen Klammern die Liste der formalen Parameter.

- o In der nächsten Zeile werden die Typen der formalen Parameter festgelegt.

- o Es folgt die durch <u>begin</u> und <u>end</u> zusammengefaßte Anweisungsfolge für die Vertauschung.

- o Gleich nach <u>begin</u> erfolgt die Vereinbarung der Hilfs - variablen *h*, die nur innerhalb der Prozedurvereinbarung gilt.

Das Unterprogramm wird als *procedure* gemeinsam mit den Variablen und Funktionsprozeduren am Beginn eines Programms vereinbart.

Der *Aufruf* der Prozedur erfolgt durch eine eigene Anweisung,

tausch (a,b);

in der der Name der Prozedur, gefolgt von den aktuellen Parametern (in Klammern gesetzt), angegeben wird. Beim Aufruf werden die formalen Parameter x und y in dieser Reihenfolge durch die entsprechenden Namen der aktuellen Parameter a und b ersetzt. Dann werden die Anweisungen der Prozedur ausgeführt und anschließend wird mit der nächsten Anweisung, die nach dem Aufruf der Prozedur steht, fortgesetzt. Der Aufruf einer Prozedur darf im Programm überall dort stehen, wo eine Anweisung erlaubt ist.

Beispiel 35 : In Beispiel 24 wurde die Sortierung eines Feldes durch eventuelles Vertauschen von je zwei benachbarten Feldelementen gelöst. Die Vertauschung soll nun in einer Prozedur, also in einem Unterprogramm, erfolgen.

Als aktuelle Parameter einer Prozedur sind auch Feldelemente erlaubt. Davon wird beim Aufruf der Prozedur *tausch* Gebrauch gemacht.

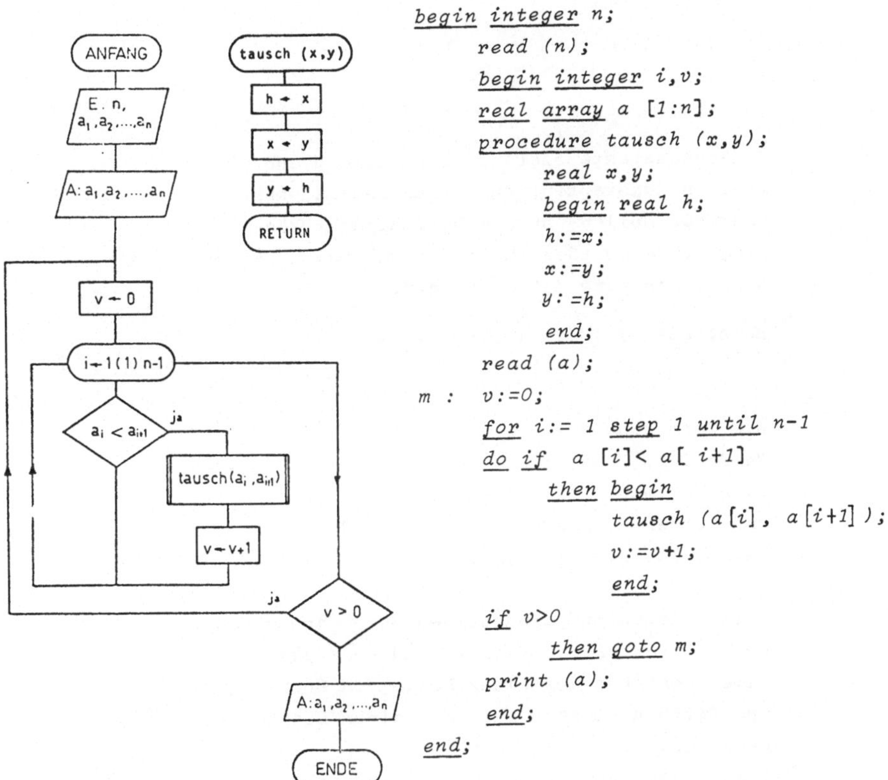


```
begin integer n;
      read (n);
      begin integer i,v;
      real array a [1:n];
      procedure tausch (x,y);
            real x,y;
            begin real h;
            h:=x;
            x:=y;
            y:=h;
            end;
      read (a);
m :   v:=0;
      for i:= 1 step 1 until n-1
      do if  a [i]< a[ i+1]
            then begin
                  tausch (a[i], a[i+1] );
                  v:=v+1;
                  end;
      if v>0
            then goto m;
      print (a);
      end;
end;
```

Wir erkennen jetzt, daß die Eingabe- und Ausgabeanweisungen nichts anderes als die Aufrufe von Prozeduren sind. Diese Prozeduren haben jedoch eine vorgegebene Bedeutung und müssen daher im Programm nicht vereinbart werden.

Zusammenfassung der ALGOL-Begriffe

Konstante Zahlenkonstante bestehen aus Ziffern und (bei reellen Konstanten) aus einem Dezimalpunkt. Führende Nullen vor dem Dezimalpunkt können weggelassen werden, nach dem Dezimalpunkt muß mindestens eine Ziffer folgen.

Beispiele: *1* | *1.0* | *0.52* | *.52*

Term Ein Term kann aus *Variablen*, *Konstanten*, *Feldelementen* und *Funktionsaufrufen* mit Hilfe der Operatoren +|-|*|/|÷|↑ und runden Klammern aufgebaut werden.
Beispiele: *i*|*-7* |*a[i]*|*sin(x)*| *3*x + 1* | *1/(n-1)*

Namen Namen dienen zur eindeutigen Bezeichnung von *Marken*, *Variablen*, *Feldern* und *Prozeduren*. Namen bestehen aus einer Folge von Buchstaben und Ziffern, müssen aber mit einem Buchstaben beginnen.
Beispiele: *sek* | *x1* | *alpha* | *fertig* | *fak*

Marke Eine Marke dient als Ziel einer *Sprunganweisung*. Sie steht, gefolgt von einem Doppelpunkt, vor der Anweisung, die als nächste verarbeitet werden soll.

Vereinbarung *Variable*, *Felder* und *Prozeduren* müssen vereinbart werden. Daher gibt es *Typ-Vereinbarungen* (für Variable), *Feldvereinbarungen* und *Prozedurvereinbarungen*.

Variable Variable werden mit *Namen* bezeichnet. Es gibt Variable von Typ *integer* und vom Typ *real*. Variablen vom Typ *integer* können ganzzahlige Werte zugewiesen werden. Bei der Zuweisung von reellen Werten wird gerundet. Variablen vom Typ *real* können beliebige reelle Werte zugewiesen werden.

Typvereinbarung Sämtliche Variable müssen vor ihrer Verwendung vereinbart werden. Die Typvereinbarungen müssen in einem Block vor der ersten Anweisung stehen.
Eine Variable kann vom Typ *integer* (ganzzahlig) oder *real* (reell) vereinbart werden:

```
integer  v1, v2,......;
real     w1, w2,......;
```

v1, v2,....w1, w2, ... sind die Namen der Variablen.

Feldelemente werden durch den *Namen* des Feldes und einen in eckige Klammern gesetzten *Index* bezeichnet (bei mehrfach indizierten Feldern stehen in der eckigen Klammer mehrere durch Beistriche getrennte Indizes).
Als Index ist ein beliebig aufgebauter *Term* erlaubt, dessen Wert innerhalb der vereinbarten Feldgrenzen liegt. Wenn der Wert dieses Terms nicht ganzzahlig ist, wird der gerundete Wert als Index verwendet.
Beispiele: *a[i]* | *z[5]* | *w[3*x+6]* | *a[i, j, k]*

Feldvereinbarung Alle Felder müssen vor ihrer Verwendung vereinbart werden. Die Feldvereinbarungen müssen in einem *Block* vor der ersten *Anweisung* stehen.

```
integer array  v[ug : og];
real array     w[ug : og];
```

v und *w* sind die Namen der Felder, deren Elemente vom Typ *integer* oder *real* (anstelle von *real array* darf auch nur *array* geschrieben werden) vereinbart werden.
ug ist die untere, *og* die obere Grenze der erlaubten Indexwerte. Für *ug* und *og* sind beliebig aufgebaute *Terme* erlaubt. Wenn der Wert für die untere oder obere Grenze nicht ganzzahlig ist, wird der gerundete Wert verwendet. Der Wert der oberen Grenze darf nicht kleiner als der Wert der unteren Grenze sein.

Werden mehrere Felder mit denselben Indexgrenzen vereinbart, muß die Angabe der Indexgrenzen nicht wiederholt werden:

Beispiel: *real array* *u,v[1 : 10];*

Bei mehrfach indizierten Feldern werden die Indexgrenzen für jede Indexposition - durch Beistriche getrennt-angegeben.

Beispiel: *integer array* *a [1 : 3, 1 : 4];*

Prozedur Zu unterscheiden sind die *Funktionsprozedur* und die *eigentliche Prozedur* (Unterprogramm).
Beim *Funktionsaufruf* werden die formalen Parameter der vereinbarten Funktionsprozedur durch die im Aufruf enthaltenen aktuellen Parameter ersetzt. Der berechnete Funktionswert wird an den Namen der Funktion zugewiesen. Die Parameter dürfen innerhalb der Funktionsprozedur nicht verändert werden.
Der Aufruf der eigentlichen Prozedur erfolgt durch eine *Prozeduranweisung*. Die formalen Parameter der Prozedur werden ebenfalls durch die aktuellen Parameter ersetzt. Aber an den Namen der Prozedur erfolgt keine Wertzuweisung, sondern

innerhalb der Prozedur werden die Parameter verändert.

Funktionsaufruf Ein Funktionsaufruf kann innerhalb eines *Terms* stehen. Er besteht aus dem *Namen* der Funktion und der in Klammer gesetzten Liste der aktuellen Parameter. Der aktuelle Parameter kann ein beliebig aufgebauter *Term* sein.

Beispiele: *f(x)* | *p(-7)* | *rund(x+1)* | *sin(abs(x))*

Prozedurvereinbarung Vereinbarung einer *eigentlichen Prozedur:*

procedure name (Liste der formalen Parameter);
Spezifikation der formalen Parameter;
Anweisung;

Vereinbarung einer *Funktionsprozedur* mit ganzzahligem Funktionswert:

integer procedure name (Liste der formalen Parameter);
Spezifikation der formalen Parameter;
Anweisung;

Ist der Funktionswert reell, so erfolgt die Vereinbarung durch *real procedure*. Der Name der Funktionsprozedur darf innerhalb der Prozedurvereinbarung nicht in einem Term verwendet werden.

Für alle Prozedurvereinbarungen gilt:
Die *Liste der formalen Parameter* besteht aus einem (oder mehreren durch Beistriche getrennten) Namen von Variablen oder Feldern.

In der *Spezifikation der formalen Parameter* müssen die Typen von sämtlichen formalen Parametern angegeben werden. Bei Feldern werden keine Feldgrenzen angegeben (deshalb kann man nicht von einer Vereinbarung sprechen)!

Beispiele:

```
integer procedure rund (x);
real x;
rund := entier (x+0.5);

procedure  tausch (x, y);
real x, y;
begin real h;
h := x;
x := y;
y := h;
end;
```

Anweisung

Es gibt folgende Arten von Anweisungen:

Block	*Laufanweisung*
Zusammengesetzte Anweisung	*Sprunganweisung*
Ergibtanweisung	*Prozeduranweisung*
Bedingte Anweisung	

Block

```
begin
Vereinbarungen;
Anweisungen;
end;
```

Ein Block ist eine zwischen *begin* und *end* eingeschlossene Folge von Vereinbarungen und Anweisungen. Sämtliche Vereinbarungen müssen vor den Anweisungen des Blocks stehen.

Ein vollständiges ALGOL - Programm ist in fast allen Fällen ein Block.

Zusammengesetzte Anweisung Eine zusammengesetzte Anweisung ist eine zwischen *begin* und *end* eingeschlossene Anweisungsfolge:

```
begin
Anweisungsfolge;
end;
```

Hier treten im Gegensatz zum Block keine Vereinbarungen auf.

Ergibtanweisung *v := term ;*

v kann der Name einer Variablen oder ein Feldelement sein. Der Wert des *Terms* wird an *v* zugewiesen. Der alte Wert von *v* geht dabei verloren. Wenn *v* vom Typ *integer* ist und der Wert des *Terms* nicht ganzzahlig ist, wird der gerundete Wert zugewiesen.

Beispiele: *m := (a+b)/2;* | *n := n+1;*

Bedingte Anweisung

Einseitige Form:

```
if Bedingung
   then Ja-Zweig ;
```

Zweiseitige Form:

```
if Bedingung
   then Ja-Zweig
   else Nein-Zweig;
```

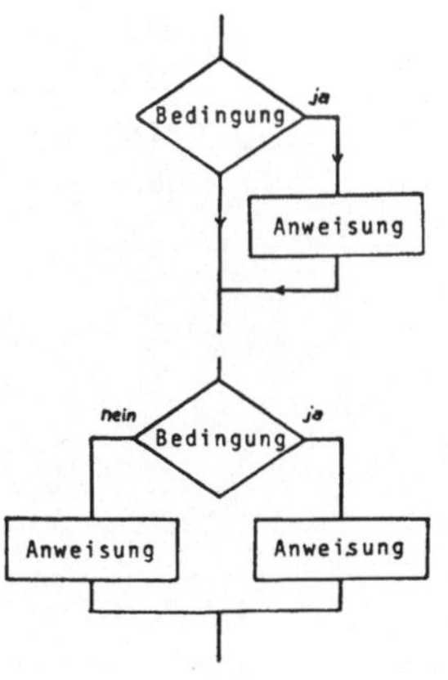

Die *Bedingung* besteht im einfachsten Fall aus dem Vergleich der Werte zweier *Terme* durch einen der Vergleichsoperatoren

$< \mid \leq \mid = \mid \geq \mid > \mid \neq$

Beispiel: $max < a[i]$

Eine *Bedingung* kann durch den Operator $\neg$ *(nicht)* verneint werden *(Negation)*.

Beispiel: $\neg(n \leq nmax+1)$

Mit Hilfe der Operatoren $\wedge$ *(und, Konjunktion)* und
$\vee$ *(oder, Disjunktion)*
können Teilbedingungen zusammengefaßt werden.

Beispiele: $(x>0) \wedge (x\leq 10) \mid (b=c) \vee (a*a+b*b = c*c)$

Wenn nicht durch Klammern eine andere Reihenfolge vorgegeben wird, werden zuerst die *Negationen*, dann die *Konjunktionen* und zuletzt die *Disjunktionen* ausgeführt.

Im *Ja-Zweig* darf eine *Ergibt-*, *Sprung-*, *Prozeduranweisung*, eine *zusammengesetzte Anweisung* oder ein *Block* stehen. Es darf also keine *bedingte Anweisung* und keine *Laufanweisung* stehen, woraus sich die Regel ergibt, daß nach <u>then</u> nicht <u>if</u> oder <u>for</u> folgen darf !

Im *Nein-Zweig* ist eine beliebige Anweisung erlaubt. Vor dem Wortsymbol <u>*else*</u> darf kein Strichpunkt auftreten, weil die bedingte Anweisung wie eine einzelne Anweisung wirkt.

Beispiele:

```
if  a ≠ 0
    then  y:= -b/a ;

if  x ≥ 0
    then begin y:= sqrt (x);
               print (x,y);
               end
    else write ('x negativ');
```

Laufanweisung Laufanweisungen dienen zur bequemen Programmierung von Schleifen. Zwei Hauptformen sind zu unterscheiden:

1) Laufanweisung für Schleifen mit fester Durchlaufzahl.

```
for v:= a step s until e
    do  Anweisung ;
```

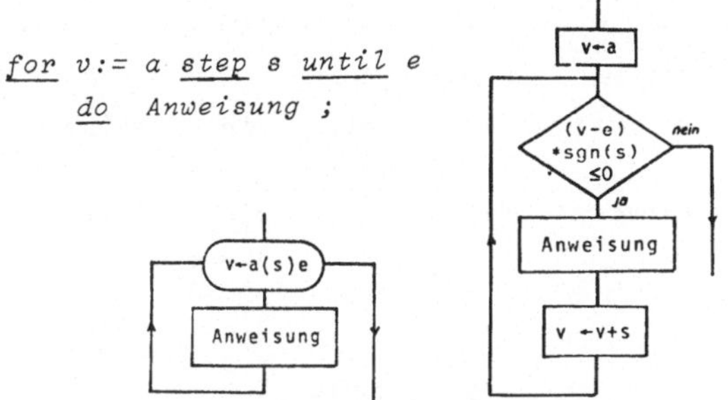

Anfangswert a, *Schrittweite s* und *Endwert e* können beliebige *Terme* sein. Die nach <u>do</u> stehende *Anweisung* wird für sämtliche Werte der *Laufvariablen v*, die in der Laufanweisung angegeben sind, wiederholt. Nach dem Abarbeiten der Laufanweisung ist der Wert der *Laufvariablen* nicht definiert.

Beispiel: *for i:= 1 step 1 until n*
do sum := sum + a[i];

2) Laufanweisung für Schleifen mit bedingungsabhängiger Durchlaufzahl.

for v:= Term while Bedingung
do Anweisung;

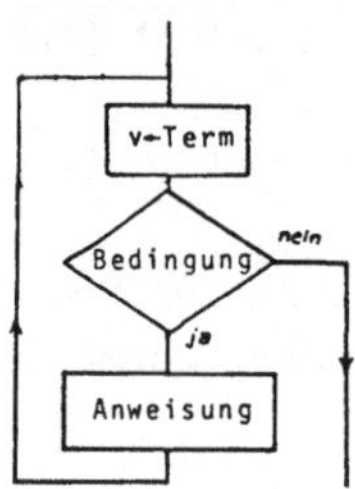

Die nach *do* stehende *Anweisung* wird wiederholt, solange die auf *while* folgende *Bedingung* erfüllt ist.

Die *Laufvariable v* darf kein Feldelement sein.

Beispiel: *for i:= i + 1 while a[i]≠0*
do sum:= sum + a[i];

Sprunganweisung *goto marke ;*

Der Programmablauf wird mit der durch die *Marke* gekennzeichneten *Anweisung* fortgesetzt.
Ein Sprung von außen in eine *Laufanweisung*, einen *Block* oder eine *Prozedurvereinbarung* ist nicht gestattet !

Prozeduranweisung Die Prozeduranweisung dient zum Aufruf einer *eigentlichen Prozedur.*

name (Liste der aktuellen Parameter);

name ist der Name der eigentlichen Prozedur. Die in der Klammer stehenden aktuellen Parameter sind durch Beistriche getrennt.
Aktueller Parameter kann sein:

- o eine *Variable* oder ein *Feldelement,* wenn der entsprechende formale Parameter vom Typ <u>*integer*</u> oder <u>*real*</u> ist,
- o ein *Feldname,* wenn der formale Parameter ein Feld ist,
- o eine *Konstante* oder ein *Term,* wenn der entsprechende formale Parameter vom Typ <u>*integer*</u> oder <u>*real*</u> ist und sein Wert innerhalb der Prozedur nicht verändert wird.

Beispiel: *tausch (a.b);*

Die aktuellen Parameter müssen mit den entsprechenden formalen Parametern der Prozedur in der Anzahl, Reihenfolge und im Typ übereinstimmen.

Ein- und Ausgabenanweisungen sind Sonderfälle einer Prozeduranweisung.

Eingabeanweisung *read (v, w, ...) ;*

v, w ......kann sein :
Variable, Feldelement oder *Feldname.*

Im ersten und zweiten Fall wird der nächste eingelesene Zahlenwert an *v, w, ...* zugewiesen. Bei einem *Feldnamen* werden so viele Zahlenwerte eingegeben, wie das Feld Elemente besitzt, und der Reihe nach den einzelnen Feldelementen zugewiesen. Bei mehrfach indizierten Feldern variiert der letzte Index am raschesten.

Beispiel: *read (i, a[i]) ;*

Ausgabeanweisung *print (v, w, ...) ;*

Der Wert von *v, w, ...* wird ausgegeben, wenn es sich um eine *Variable*, ein *Feldelement*, eine *Konstante* oder einen *Term* handelt.
Im Falle eines *Feldnamens* werden der Reihe nach sämtliche Feldelemente ausgegeben. Bei mehrfach indizierten Feldern variiert der letzte Index am raschesten.

Beispiel: *print (i, a[i]);*

Textausgabe Die Ausgabe von Text erfolgt durch die Prozeduranweisung

write ('Ausgabetext') ;

Der auszugebende Text kann aus beliebigen Zeichen zusammengesetzt sein, darf jedoch kein Hochkomma enthalten.
Beispiel: *write (' x negativ');*

Kommentar: *comment* *Kommentartext* ;

Ein Kommentartext kann aus beliebigen Zeichen zusammengesetzt sein, darf jedoch keinen Strichpunkt enthalten. Ein Kommentar kann in das ALGOL-Programm nach dem Wortsymbol *begin* und nach jedem Strichpunkt eingefügt werden. Ein Kommentar ist für die Ausführung des Programms ohne Bedeutung.

Beispiel: *comment* *Euklidischer Algorithmus* ;

Programm Ein ALGOL - Programm ist entweder ein *Block* oder *eine zusammengesetzte Anweisung.*
Leerzeichen sind - ausgenommen in einem Ausgabetext - ebenso wie der Übergang auf eine neue Zeile für die Ausführung des Programms ohne Bedeutung.

3 FORTRAN

Vorbemerkung:

An Hand einzelner Beispiele, deren Programmablaufplan im Kapitel "Algorithmen" entwickelt wurde, werden im folgenden die grundlegenden Regeln, die in der Programmiersprache FORTRAN zur Kodierung eines Programmablaufes beachtet werden müssen, angegeben.

Die nichtprogrammierten Beispiele und Übungen aus dem Kapitel "Algorithmen" und die Aufgaben aus dem Kapitel "Aufgaben" können zur Einübung und Festigung des Erlernten herangezogen werden.

Dieser Grundlehrgang wird durch Kapitel, die mit * gekennzeichnet sind und einen Anhang ergänzt. In diesen Abschnitten sollen die grundlegenden Kenntnisse vertieft und Möglichkeiten aufgezeigt werden, die Programmiersprache FORTRAN optimal für die Kodierung eines Programmablaufes auszunützen.

3.1. Was ist eine Programmiersprache?

Soll ein Problem gelöst werden, so muß zuerst der Lösungsweg in Form einer Folge von eindeutig bestimmten Anweisungen, also ein *Algorithmus*, festgelegt werden.

Die Beschreibung dieser Algorithmen erfolgte zunächst in Form eines Textes, den wir - um die Aufeinanderfolge der Anweisungen deutlich werden zu lassen - in einen *Programmablaufplan* übersetzt haben. Diese Beschreibung soll nun nicht nur von anderen Menschen, sondern sogar von Maschinen verstanden werden: damit aber der Computer genau weiß, was er zu tun hat, muß ihm die Anweisungsfolge exakt und eindeutig angegeben werden, denn er kann nicht rückfragen, ob mit einer Anweisung dieses oder jenes gemeint sei. Da natürliche Sprachen oft unexakt sind, aber auch zu weitschweifig, vielfältig und kompliziert, wurden künstliche Sprachen, die sogenannten *Programmiersprachen*, entwickelt. Solche künstliche "Fachsprachen" gibt es seit langem in verschiedenen anderen Anwendungsgebieten, wie z.B. die Schreibweise mathematischer Formeln, die Notenschrift für Musiker oder die Beschreibung von Strickanleitungen.

Die zur exakten und maschinenverständlichen Beschreibung von Algorithmen konstruierten Programmiersprachen legen genaue Regeln fest, nach denen jene Beschreibung der Algorithmen in Form eines *Programmes* erfolgen muß. Durch das Programm werden sämtliche Schritte eines Rechenablaufes im vorhinein festgelegt.

Am Beginn der Computertechnik mußte man sich der Arbeitsweise der Maschine anpassen und für jeden einzelnen Arbeitsschritt eine eigene Anweisung geben. Durch diese Aufspaltung des Programmablaufes in die von der Maschine erzwungenen kleinsten Einzelschritte waren die *maschinenorientierten* Sprachen sehr kompliziert.

Das Bedürfnis nach einer dem Problem angepaßten einfacheren Sprache führte zur Entwicklung der *problemorientierten* Sprachen, in denen eine Anweisung der Sprache mit Hilfe eines Umwandlungsprogrammes *(Compiler)* oft viele Einzelschritte der Maschine auslöst. Dadurch wird das Programmieren für den Benützer kürzer und bequemer. Heute gibt es eine große Anzahl von problemorientierten Sprachen, von denen die bekanntesten ALGOL-60, APL, BASIC, COBOL, FORTRAN und PL/I sind.

Die Programmiersprache FORTRAN *(FORmula TRANslation)* entstand in den Jahren 1954 - 1957 und ist die erste meist benutzte Programmiersprache für technisch-naturwissenschaftliche Probleme.

3.2. Die Programmierung einer linearen Anweisungsfolge

Eine lineare Anweisungsfolge besteht aus einer geordneten Aufeinanderfolge von Eingabe-, Verarbeitungs- und Ausgabeanweisungen, die zeitlich nacheinander auszuführen sind. Anhand von einfachen Beispielen linearer Anweisungsfolgen sollen die Grundelemente von FORTRAN erklärt werden.

Beispiel 1: Eine gegebene Anzahl von Zeitsekunden (*sek*, ganzzahlig) soll in volle Minuten (*min*, ganzzahlig) und restliche Sekunden (*rest*, ganzzahlig) umgewandelt werden.

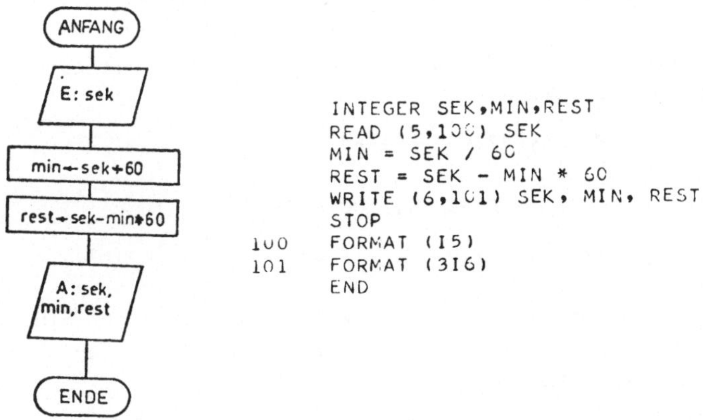


```
      INTEGER SEK,MIN,REST
      READ (5,100) SEK
      MIN = SEK / 60
      REST = SEK - MIN * 60
      WRITE (6,101) SEK, MIN, REST
      STOP
100   FORMAT (I5)
101   FORMAT (3I6)
      END
```

Der im Programmablaufplan graphisch dargestellte Algorithmus wird durch das nebenstehende FORTRAN-Programm wiedergegeben. Einer Anweisung im Programmablaufplan entspricht eine Zeile des FORTRAN-Programms. Außerdem enthält das FORTRAN-Programm zusätzliche Informationen.

An der Spitze dieses FORTRAN-Programms steht die *Typanweisung*

```
INTEGER   SEK, MIN, REST
```

sie gibt an, daß die drei Variablen SEK, MIN und REST *ganzzahlig* (engl.: *integer*) sind.

Schon bei der Besprechung der Algorithmen wurde darauf hingewiesen, daß das Rechnen mit reellen Zahlen von dem mit ganzen Zahlen zu unterscheiden ist. Damit die Maschine weiß, ob sie z.B. eine Division nach dem Komma abbrechen kann oder ob Dezimalstellen zu berechnen sind, gibt man am Anfang den Typ der verwendeten Variablen an. Die Variablen selbst können genauso wie im Programmablaufplan bezeichnet werden, nur sind sie im FORTRAN-Programm mit *Großbuchstaben* zu schreiben. (Die Großschreibung wird darüber hinaus auch für alle FORTRAN-Anweisungssymbole verlangt!) Streng genommen darf ein Variablenname aus einer maximal 6 Zeichen umfassenden Folge von Buchstaben und Ziffern bestehen, muß jedoch mit einem Buchstaben beginnen.

Es folgt die *Eingabeanweisung*

```
READ (5, 100) SEK
```

Sie enthält *drei Informationen:*

- durch READ(.....) *SEK* wird festgelegt, daß ein eingelesener Zahlenwert der *Variablen SEK* zugewiesen werden soll,
- durch READ(*5*,...) ... wird die *Nummer der Eingabeeinheit,* von der die Zahlenwerte einzulesen sind, angegeben. Da an Großrechenanlagen häufig mehrere Ein-Ausgabegeräte angeschlossen sind, werden diese durchnumeriert. Diese Numerierung ist maschinenabhängig und kann nicht allgemeingültig angegeben werden. In unseren Beispielen

wird der Eingabeeinheit immer die Nummer 5, der Ausgabeeinheit die Nummer 6 zugeordnet. Beim Arbeiten an einer bestimmten Maschine müssen die hier angegebenen Einheitennummern durch die für diesen Computer geltenden ersetzt werden.

- durch READ(..., *100*)... wird die *Nummer einer Formatanweisung* (hier 100) vereinbart. Diese Nummer soll darauf hinweisen, daß an einer anderen Stelle des Programms eine, durch diese Nummer gekennzeichnete Anweisung zu finden ist, die die Form, in der die einzulesenden Zahlenwerte auf dem Datenträger dargestellt sind, genau festgelegt. Die Nummer der Formatanweisung ist grundsätzlich frei wählbar. Es empfiehlt sich aber, die Formatanweisungsnummern so groß anzusetzen, daß sie größer sind als alle im ausführbaren Programm auftretenden Anweisungsnummern.

Der Verarbeitungsteil des Algorithmus wird im Programm durch die *Ergibtanweisungen* dargestellt:

```
MIN = SEK/60
REST = SEK - MIN*60
```

Sie entsprechen genau den Wertzuweisungen des Programmablaufplanes, nur ist anstelle des Pfeiles ← das Zeichen = zu setzen, das aber nicht als mathematische Gleichheit, sondern wieder als Zuordnung des rechtsstehenden Zahlenwertes an die linksstehende Variable zu interpretieren ist.

Zur Darstellung der Rechenoperationen werden in FORTRAN folgende Zeichen verwendet:

Addition	+
Subtraktion	-
Multiplikation	*
Division	/
Potenzierung	**

sie gelten sowohl für das Rechnen mit ganzzahligen als auch mit reellen Größen.

Durch die Angabe *verbindlich festgelegter Funktionsnamen* kann der Computer auch folgende Rechenanweisungen ausführen:

Quadratwurzel der reellen Zahl x:	SQRT(X)
Absoluter Betrag der reellen Zahl x:	ABS(X)
Absoluter Betrag der ganzen Zahl x:	IABS(X)

Die Verarbeitung einer Ergibtanweisung erfolgt in zwei Schritten:

- zuerst wird der rechts vom Zuordnungszeichen = stehende Ausdruck zahlenmäßig berechnet; um diese Berechnung zu ermöglichen, müssen sämtliche in diesem Ausdruck vorkommenden Variablen bereits vom Programm her mit Zahlenwerten belegt sein.

  z.B.: REST = SEK - MIN * 60
  SEK = 5328
  MIN = 88
  SEK - MIN * 60 = 48

- anschließend wird der berechnete Zahlenwert der links vom Zuordnungszeichen = stehenden Variablen zugewiesen.

  z.B. REST = 48

  Durch diese Zuweisung wird der bisherige Inhalt des durch die Variable REST freigehaltenen Speicherplatzes durch 48 ersetzt.

Auf die Ergibtanweisung folgt die *Ausgabeanweisung*

```
WRITE (6, 101) SEK, MIN, REST
```

Sie enthält, ebenso wie die Eingabeanweisung, *drei Informationen:*

WRITE (*6*,...)... gibt die *Einheitennummer der vorgesehenen Ausgabeeinheit* an; wir haben dafür die die Nummer 6 festgelegt.

WRITE (..,*101*)... verweist auf eine, unter dieser Nummer später folgende *Formatanweisung* durch die die Form der auszugebenden Variablen vereinbart wird.

WRITE (...) *SEK,MIN,REST* gibt eine *Liste* von - durch Beistriche getrennten - *Variablennamen* an, durch die jene Variablen bezeichnet werden, deren Werte auszugeben sind.

Schließlich wird durch die *Stopanweisung*

STOP

das Ende des logischen Programmes angezeigt.

Um die genaue Form festlegen zu können, in der die ein- oder auszugebenden Zahlenwerte auf dem Datenträger (z.B. auf einer Lochkarte oder auf dem Druckerpapier) dargestellt sind, wird zu *jeder Ein- Ausgabeanweisung* eine *Formatanweisung* angegeben. Diese Formatanweisung enthält für den Computer nur eine zusätzliche Information, gehört also nicht zu den ausführbaren Programmanweisungen. Sie könnte daher an jeder beliebigen Stelle des Programms stehen, es ist aber zweckmäßig, sie im Anschluß an das ausführbare Programm anzugeben.

Jede Formatanweisung trägt eine *Anweisungsnummer,* die auch in der zugehörigen Ein- oder Ausgabeanweisung aufscheint und festlegt, zu welcher Eingabe- oder Ausgabeanweisung die folgende Formatanweisung gehört. Die Formatanweisung

```
100 FORMAT (I5)
```

sagt also aus, daß sie eine für die Eingabeanweisung

```
READ (5,100) SEK
```

genauer: für die einzulesende Sekundenanzahl, verbindliche Formatvereinbarung trägt.

In der Formatanweisung ...FORMAT (I5) bedeutet "*I*", daß die einzulesende Größe ganzzahlig (integer) ist; durch die Zahl *5* wird festgelegt, daß der einzulesende Wert aus höchstens 5 Stellen besteht, die auf dem Datenträger *rechtsbündig* eingetragen sind.

z.B.: SEK...(I5) | | 5 | 3 | 2 | 8 |

Da durch die Ausgabeanweisung

```
WRITE (6,101) SEK,MIN,REST
```

gleich drei Zahlenwerte ausgegeben werden, muß die entsprechende Formatanweisung

```
101 FORMAT (3I6)
```

auch drei Felder (3I6), hier für ganzzahlige und höchstens sechsstellige Zahlenwerte, vorsehen.

SEK						MIN						REST					
		5	3	2	8					8	8					4	8

Die Zahlenwerte werden *rechtsbündig* ausgegeben; wird die für die Ausgabevariablen freizuhaltende Stellenanzahl größer gewählt als für die auszugebenden Zahlenwerte erforderlich wäre, so werden die nicht durch Ziffern belegten Stellen links von der Zahl als *Leerstellen (Blanks ƀ)* ausgegeben.

An dieser Stelle erhebt sich allerdings die Frage, warum für Zahlenwerte, die in der zur READ-Anweisung gehörigen Formatvereinbarung als maximal fünfstellig festgelegt wurden, in der zur Ausgabeanweisung gehörigen Formatanweisung 6 Stellen freigehalten werden? Durch diese Maßnahme wird erreicht, daß an der ersten Stelle der Ausgabezeile sicher ein Blank steht. Dieses erste Zeichen einer Ausgabezeile deutet der Computer als *Vorschubcode*. Nur Wenn an dieser Stelle ein Blank steht, wird das Druckerpapier um eine Zeile vorgeschoben, bevor die WRITE-Anweisung ausgeführt wird. Dadurch wird verhindert, daß die zu verschiedenen Eingabedaten berechneten Ausgabewerte in derselben Zeile jeweils überschrieben werden.

Zuletzt zeigt die Anweisung

```
END
```

das formale Ende des FORTRAN-Programmes an.

Um das Programm übersichtlich zu gestalten, werden die Programmanweisungen in ein *FORTRAN-Programmschema* eingetragen. In einer Zeile des Programmschemas darf nicht mehr als eine Anweisung angegeben werden. Jede Zeile des Programmschemas ist in 80 Spalten unterteilt:

die *Spalten 1 - 5* sind für die *Anweisungsnummern* reserviert; es ist zweckmäßig, die Anweisungsnummern *linksbündig* einzutragen.

Programm: BEISPIEL 1

Programmierer: K. SCHMIDT — Datum: 11.9.72

Ablochungshinweise — Zeichen: ( ) = + — Lochung — Kartengalvano-Nr. — Blatt von

C – Bei Bemerkung / Nr. (1–5)	6	Anweisungen bzw. Vereinbarungen (7–72)	Kennung (73–80)
		INTEGER SEK,MIN,REST	
		READ (5,1ØØ) SEK	
		MIN = SEK / 6Ø	
		REST = SEK - MIN * 6Ø	
		WRITE (6,1Ø1) SEK, MIN, REST	
		STOP	
1ØØ		FORMAT (I5)	
1Ø1		FORMAT (3I6)	
		END	

Das FORTRAN-Programmschema

die *Spalte 6* bleibt im allgemeinen leer; in sie muß nur dann eine Zahl oder ein Zeichen eingetragen werden, wenn gekennzeichnet werden soll, daß die in der vorhergehenden Zeile begonnene Anweisung in dieser Zeile fortgesetzt wird *(Fortsetzungszeile)*.

In die *Spalten 7 - 72* werden die *Programmanweisungen* eingetragen; Leerzeichen zwischen Grundsymbolen, Variablen, Konstanten, Operationszeichen,... sind im FORTRAN-Programm ohne Bedeutung.

Die *Spalten 73 - 80* können zur *Kennzeichnung der Programmes* - z.B. durch einen Kurznamen - oder zur Numerierung der einzelnen Programmanweisungen (Statements) verwendet werden.

Zusammenfassung:

In einem FORTRAN-Programm beginnt jede Anweisung mit einem Grundsymbol (z.B. INTEGER, READ, WRITE, STOP, FORMAT, END). Eine Ausnahme bilden nur die Ergibtanweisungen, bei denen nicht ein Grundsymbol, sondern der Variablenname an erster Stelle steht.

Jede Anweisung muß in einer neuen Zeile beginnen.

Anweisungen, auf die von anderen Programmteilen Bezug genommen wird (z.B. Formatanweisungen) erhalten eine Anweisungsnummer.

Erläuternde Kommentare zu einem FORTRAN-Programm:

Um ein FORTRAN-Programm für den Benützer übersichtlicher und lesbarer zu gestalten, können die Anweisungen mit *Kommentaren* versehen werden. Diese Kommentare stehen i.a. in der Zeile vor der Programmanweisung und müssen durch den Buchstaben C am Beginn der Zeile gekennzeichnet sein. Durch den Buchstaben C wird der Maschine mitgeteilt, daß diese Zeile eine nichtausführbare Anweisung enthält, die auch nicht umgewandelt werden muß.

Das früher besprochene Programmbeispiel kann etwa folgendermaßen mit Kommentaren versehen werden:

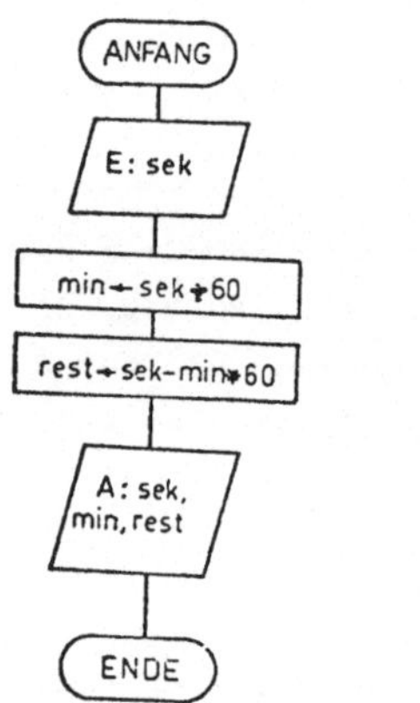


```
C       PROGRAMMBEISPIEL
        INTEGER SEK,MIN,REST
C       EINLESEN DER SEKUNDENANZAHL
        READ (5,100) SEK
C       UMWANDLUNG DER SEKUNDEN
C       IN MINUTEN UND RESTSEKUNDEN
        MIN=SEK/60
        REST=SEK-MIN*60
C       AUSGABE DER SEKUNDEN,
C       MINUTEN UND RESTSEKUNDEN
        WRITE (6,101) SEK,MIN,REST
        STOP
100     FORMAT (I5)
101     FORMAT (3I6)
        END
```

Beispiel 2: Von einem Kreis ist der Radius *r* gegeben; Umfang *u* und Flächeninhalt *a* des Kreises sind zu berechnen.

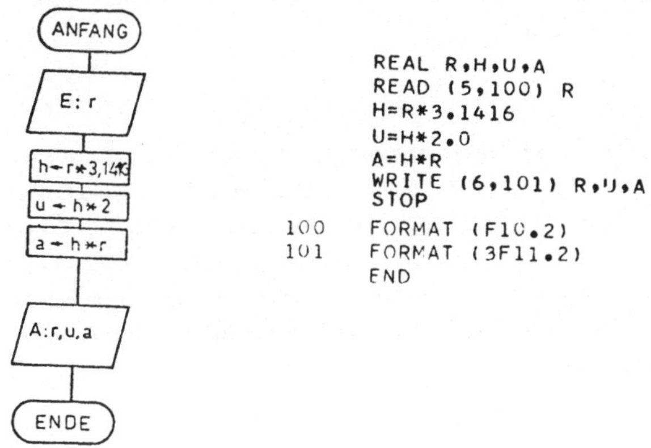

Der Unterschied zum vorhergehenden Beispiel liegt im Wesentlichen darin, daß sämtliche vorkommende Variablen *reelle* Werte (engl.: *real*) annehmen. Sie müssen daher – ähnlich wie im vorhergehenden Beispiel die ganzzahligen Variablen – durch die *Typanweisung*

```
REAL   R,H,U,A
```

vereinbart werden.

Die *Kennzeichnung der Einerstelle* von reellen Größen darf in FORTRAN nicht durch ein Komma, sondern nur *durch einen Dezimalpunkt* erfolgen. So ist etwa die reelle Konstante π im FORTRAN-Programm mit 3.1416 anzugeben.

Auch ganzzahlige Konstante werden mit einem Dezimalpunkt angeschrieben, sofern sie mit reellen Größen in <u>einem</u> Ausdruck verarbeitet werden sollen, denn in einem Term dürfen entweder nur ganzzahlige oder nur reelle Größen vorkommen. +)

+) Es gibt allerdings Versionen der Programmiersprache FORTRAN, wo sowohl ganzzahlige als auch reelle Größen in einem Term miteinander verknüpft werden dürfen. Von dieser Möglichkeit machen wir aber im folgenden keinen Gebrauch.

Aus diesem Grund ist in der *Ergibtanweisung*

U = H * 2.0

die Konstante 2.0 mit einem Dezimalpunkt geschrieben worden. Die Anweisung

U = H * 2

wäre - nach unserer Vereinbarung - falsch, da 2 als ganzzahlige Konstante betrachtet wird, die nicht mit dem reellen Wert von *H* multipliziert werden darf.

Daß bei diesem Beispiel reelle Zahlen ein- und ausgegeben werden, muß auch bei den Formatanweisungen berücksichtigt werden. Die *Formatanweisung*

100 FORMAT (F10.2)

die sich durch die Anweisungsnummer 100 auf die Eingabeanweisung

READ (5,100) R

bezieht, gibt an, daß für den einzulesenden Zahlenwert für *R* 10 Stellen vorgesehen sind, davon 2 nach dem Dezimalpunkt und eine für den Dezimalpunkt selbst:

z.B.

				8	3	2	.	4	0
1	2	3	4	5	6	7	8	9	10

Die einzulesende Zahl darf also vor dem Komma maximal 7 Stellen haben, von den Stellen nach dem Komma werden nur die ersten zwei eingelesen.

Ausgabe von Text

Durch die *Ausgabeanweisung*

```
WRITE (6,101) R, U, A
```

werden bloß drei Zahlenwerte ohne nähere Kennzeichnung ausgegeben, von denen wir bald nicht mehr wissen, was sie bedeuten oder in welcher Reihenfolge sie angeschrieben sind. Es ist daher zweckmäßig, mit dem Wert z.B. für den Radius auch die Ausgabe des Textes *"Radius"* vorzusehen. Im Programm kann die Ausgabe eines Textes, der gemeinsam mit den ausgegebenen Zahlenwerten auf der Ausgabeliste erscheint, durch eine weitere *Ausgabeanweisung*

```
WRITE (6,102)
```

erfolgen. Sie trägt eine weitere Anweisungsnummer für eine Formatvereinbarung, es ist aber - zum Unterschied von Ausgabeanweisungen für Zahlenwerte - *keine Liste von Variablennamen* angeführt. Was in diesem Fall durch diese Anweisung ausgegeben werden soll, ist in der zugehörigen Formatanweisung zu finden. Die entsprechende Formatanweisung muß den vorgesehenen *Ausgabetext in Hochkommas* ('HOCHKOMMA') eingeschlossen enthalten.

In unserem Beispiel würde die Formatanweisung etwa so lauten:

```
102 FORMAT ('ƀRADIUSƀƀƀƀUMFANGƀƀƀƀFLAECHE')
```

Die Anordnung des Ausgabetextes innerhalb der Hochkommas muß genau angegeben werden. Sind etwa zwischen den einzelnen Worten des Textes Zwischenräume erwünscht oder notwendig, so müssen sie durch das Leerzeichen ƀ freigehalten werden.

In unserem Beispiel ist die Einfügung von 5 Blanks zwischen das Wort RADIUS und UMFANG notwendig, da wir ja - entsprechend der Formatvereinbarung - für den Radius 11 Stellen vorgesehen haben. Dasselbe gilt für den Abstand der Worte UMFANG und FLAECHE.

Die Ausgabe des Textes zusammen mit den Zahlenwerten würde dann folgendermaßen aussehen:

```
RADIUS     UMFANG     FLAECHE
      5.00      31.40      78.50
```

Überdies müssen wir bei der Ausgabe von Text den *Vorschubcode* explizit definieren. Daher steht als erstes Zeichen des auszugebenden Textes, unmittelbar nach dem Hochkomma, ein Blank; dieses bewirkt einen Zeilenvorschub vor der Ausgabe des Textes.

Für die Ausgabe von Texten ist noch eine zweite Formatanweisung möglich:

```
102 FORMAT (30HƀRADIUSƀƀƀƀƀUMFANGƀƀƀƀƀFLAECHE)
```

Statt den Ausgabetext in Hochkommas einzuschließen, wird die *Anzahl aller Zeichen des Textes,* einschließlich der Blanks, *vor den Buchstaben H* geschrieben. Nach dem Buchstaben H wird durch das Zeichen ƀ der Zeilenvorschub definiert und dann die Zeichenfolge des Textes angegeben. Die beiden Formatanweisungen unterscheiden sich nur der Form nach, nicht aber in ihrer Wirkung: in beiden Fällen wird der Text in der gleichen Anordnung ausgegeben.

Ein wesentlicher Unterschied besteht zwischen einem Kommentar und der Ausgabe eines Textes! Während der Kommentar den Programmablauf erläutern soll und gemeinsam mit den Anweisungen des Programms gedruckt wird, wird der Ausgabetext gemeinsam mit den vom Programm berechneten Zahlenwerten ausgedruckt.

Die Programmierung von Termen

Zur Berechnung von mathematischen Ausdrücken, etwa des Terms

3 + 4 * 7 = 3 + 28 = 31

haben wir im Mathematikunterricht bestimmte "Vorrangregeln" (etwa: Punktrechnung vor Strichrechnung) kennengelernt. Wir wissen auch, daß eine Klammer zu setzen ist, wenn ein "Vorrang" nicht gelten soll; z.B.:

(3 + 4) * 7 = 7 * 7 = 49

Dieselben Regeln haben wir auch bei der Programmierung von Termen zu beachten.

In einem Term, der keine Klammern enthält, treten 4 Rangstufen *(Prioritäten)* **auf:**

- die 1. Rangstufe enthält die Funktionen SQRT(X), ABS(X), u.a
- die 2. Rangstufe enthält die Operation **
- die 3. Rangstufe enthält die Operationen * / ÷
- die 4. Rangstufe enthält die Operationen + -

Für diese Rangstufen gelten folgende Regeln:

- Zuerst wird die Rechenoperation der 1. Rangstufe, zuletzt die der 4. Rangstufe ausgeführt.
- Enthält ein Term mehrere Operationen gleicher Rangstufe, so werden diese Rechenoperationen von links nach rechts ausgeführt.

Treten in einem Term Klammern auf, so wird der eingeklammerte Teilausdruck zuerst berechnet, wobei innerhalb einer Klammer wieder die Rangstufenregeln gelten.

Sind Klammerausdrücke ineinander geschachtelt, so wird mit der Berechnung des innersten Klammerausdruckes begonnen. Zur Formulierung ineinandergeschachtelter Klammerausdrücke stehen in der Programmiersprache FORTRAN nur runde Klammern zur Verfügung.

Bei der Verwendung von Klammern muß darauf geachtet werden, daß zu jeder öffnenden Klammer auch eine schließende angegeben wird. Da fehlende Klammern zu unerwünschten Berechnungen führen, ist es günstiger, eher zu viele Klammern zu setzen; überflüssige Klammern sind, sofern sie die Bedeutung des Ausdrucks nicht verändern, in FORTRAN erlaubt.

Klammern müssen in FORTRAN gesetzt werden, um zwei unmittelbar aufeinanderfolgende Rechenzeichen voneinander zu trennen; es darf z.B. nicht geschrieben werden: A/-B , die richtige Schreibweise lautet: A/(-B) .

Diese Regeln sollen an einigen Beispielen geübt werden:

Mathematische Schreibweise	richtige FORTRAN-Schreibweise	unrichtige FORTRAN-Schreibweise	bedeutet in math. Schreibweise
$\frac{a+b}{c}$	(A+B)/C	A+B/C	$a + \frac{b}{c}$
$\frac{a}{b+c}$	A/(B+C)	A/B+C	$\frac{a}{b} + c$
$\frac{a}{bc}$	A/(B*C)	A/B*C	$\frac{a}{b} c$
$\frac{ab}{cd}$	(A*B)/(C*D)	A*B/C*D	$\frac{ab}{c} d$
$\frac{a}{b(c+d)}$	A/(B*(C+D))	A/B*(C+D)	$\frac{a}{b}(c+d)$
		A/B*C+D	$\frac{a}{b} c + d$
$\frac{a}{b-cd}$	A/(B-C*D)	A/B-C*D	$\frac{a}{b} - cd$
		A/(B-C)*D	$\frac{a}{b-c} d$
$\frac{a}{\frac{b}{c}}$	A/(B/C)	A/B/C	$\frac{a}{bc} = \frac{\frac{a}{b}}{c}$
$\{x+[a-c(d+e)]\}y$	(X+(A-C*(D+E)))*Y	X+A-C*D+E*Y	$x+a-cd+ey$
$\frac{a}{-b}$	A/(-B)	A/-B	
$a^{(b^c)}$	A**(B**C)	A**B**C	$(a^b)^c$
a^{n+2}	A**(N+2)	A**N+2	$a^n + 2$
$\left(\frac{a\ b}{c}\right)^n$	((A+B)/C)**N	(A+B)/C**N	$\frac{a+b}{c^n}$

Abschneiden und Runden

Die beim Rechnen mit Dezimalzahlen oft auftretenden sinnlosen oder unbrauchbaren Dezimalstellen müssen entweder durch Abschneiden oder durch Runden entfernt werden.

Das *Abschneiden* aller nach dem Dezimalpunkt auftretenden Dezimalstellen läßt sich im FORTRAN-Programm dadurch erreichen, daß man *die reelle Zahl einer ganzzahligen Variablen zuweist*, denn bei einer Wertzuweisung eines reellen Wertes an eine ganzzahlige Variable wird in FORTRAN nur der ganzzahlige Anteil zugewiesen, der Dezimalbruch wird abgeschnitten.

Beispiel 4: Ein Lastwagen mit k Tonnen Ladekapazität soll m Tonnen Material abtransportieren. Gesucht ist die Anzahl n der vollbeladenen Fuhren, sowie der verbleibende Rest r des Materials.
(n ganz; k, m und r reell)

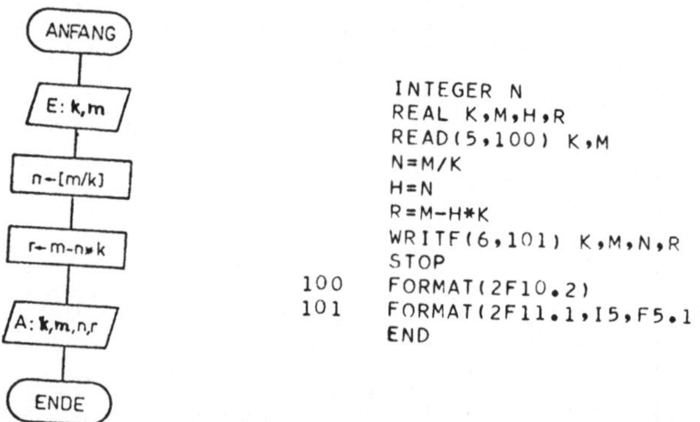

Die sich bei der Division M/K der REALgrößen M und K ergebende Dezimalzahl wird durch die Zuweisung an die ganzzahlige Größe N nach dem Dezimalpunkt abgeschnitten. Zur Berechnung des Restes R muß nun aber in der Anweisung

R = M - H*K

die reelle Hilfsgröße H verwendet werden, der zuvor der ganzzahlige Anteil des Wertes von N zugewiesen wurde. Diese Hilfsgröße ist notwendig, weil - wie bereits erwähnt - die ganzzahlige Variable N nicht unmittelbar mit der reellen Variablen K multipliziert werden darf.

Sollen Stellen einer Dezimalzahl durch Abschneiden entfernt werden, die vor dem Dezimalpunkt stehen (z.B. die Einerziffer) oder nicht unmittelbar auf den Dezimalpunkt folgen (z.B. die Zehntelstelle), so muß die gegebene Zahl durch geeignete Multiplikation bzw. Division so umgeformt werden, daß die erste abzuspaltende Stelle genau hinter dem Dezimalpunkt zu stehen kommt.

Beispiel 6: Die Maße einer Walze (*r* und *h*) sollen in cm mit einer Dezimalstelle eingegeben werden; der Rauminhalt *v* ist auf 3 Dezimalstellen abzuschneiden.

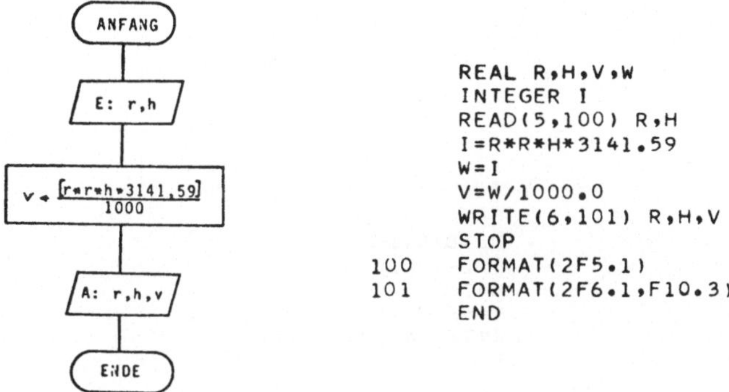


```
      REAL R,H,V,W
      INTEGER I
      READ(5,100) R,H
      I=R*R*H*3141.59
      W=I
      V=W/1000.0
      WRITE(6,101) R,H,V
      STOP
100   FORMAT(2F5.1)
101   FORMAT(2F6.1,F10.3)
      END
```

Das *Runden* einer Dezimalzahl *auf die Einerstelle* läßt sich im FORTRAN-Programm dadurch erreichen, daß zur gegebenen Dezimalzahl *0.5 addiert* und die entstehende Dezimalzahl einer ganzzahligen Variablen zugewiesen, d.h. *abgeschnitten* wird. Soll eine Dezimalzahl auf eine andere Dezimalstelle gerundet werden, so ist die gegebene Dezimalzahl durch Multiplikation bzw. Division mit einer dekadischen Einheit so umzuformen, daß die zu rundende Stelle an der Einerstelle zu stehen kommt.

Beispiel 7: Die Zahl *z* (*z* > *0*) ist auf die Einerstelle zu runden.

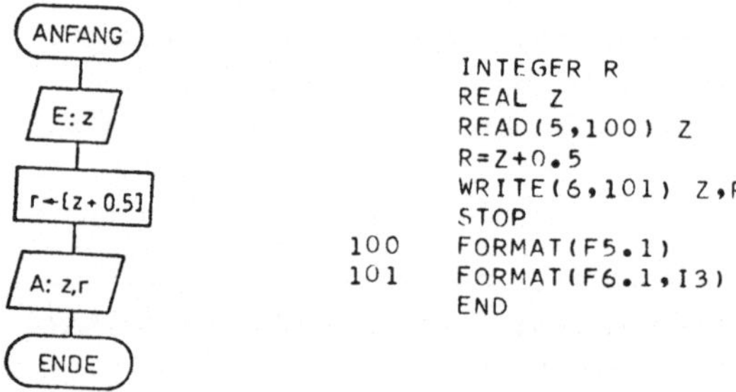


```
      INTEGER R
      REAL Z
      READ(5,100) Z
      R=Z+0.5
      WRITE(6,101) Z,R
      STOP
100   FORMAT(F5.1)
101   FORMAT(F6.1,I3)
      END
```

Beispiel 8: Die Zahl *z* (*z* > *0*) ist auf Hundertstel zu runden.

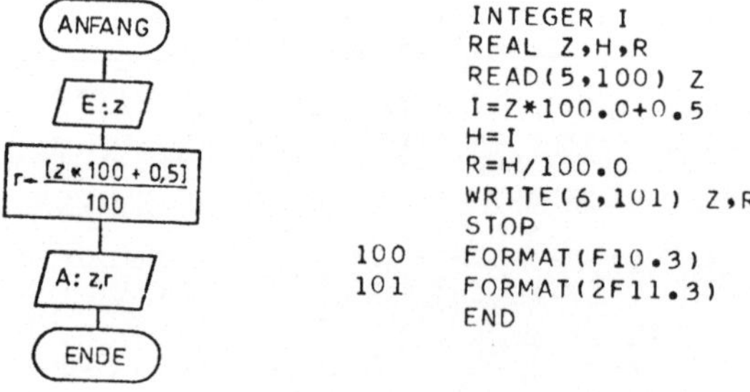


```
      INTEGER I
      REAL Z,H,R
      READ(5,100) Z
      I=Z*100.0+0.5
      H=I
      R=H/100.0
      WRITE(6,101) Z,R
      STOP
100   FORMAT(F10.3)
101   FORMAT(2F11.3)
      END
```

Der Wert von Z*100.0 + 0.5 wird der ganzzahligen Hilfsvariablen I zugewiesen, wobei der Dezimalbruch abgeschnitten wird. Um nun den gerundeten Wert von *z* zu erhalten, muß der gerundete Wert von *z**100.0* wieder durch 100.0 dividiert werden; dazu muß er vorerst einer weiteren reellen Hilfsvariablen H zugewiesen werden, um die Division einer ganzzahligen Größe durch eine reelle Zahl zu vermeiden.

3.3. Bedingte Anweisungen (Verzweigungen)

In allen bisherigen Programmbeispielen wurden sämtliche Anweisungen Schritt für Schritt in genau der Reihenfolge ausgeführt, in der sie im Programm auftraten. Durch eine *bedingte Anweisung* kann der Programmablauf dem Problem entsprechend gesteuert werden, indem die Ausführung einer Anweisung von einer Bedingung abhängig gemacht wird.

Eine solche bedingte Anweisung wird im FORTRAN-Programm durch das *Grundsymbol IF* gekennzeichnet. Die bedingte Anweisung, die z.B. in folgendem Teil eines Programmablaufplanes auftritt,

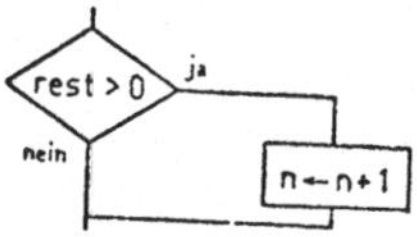

lautet in FORTRAN:

```
IF (REST.GT.0.0) N = N+1
```

Um die mathematisch formulierten Bedingungen auszudrücken, werden in FORTRAN anstelle der mathematischen *Vergleichsoperatoren* <,=, >, folgende Abkürzungen verwendet:

$<$	.LT.	*(less than)*
$\leq$	.LE.	*(less than or equal to)*
$=$	.EQ.	*(equal to)*
$\geq$	.GE.	*(greater than or equal to)*
$>$	.GT.	*(greater than)*
$\neq$	.NE.	*(not equal)*

Nach dem Grundsymbol IF steht die Bedingung in runden Klammern, gefolgt von jener Anweisung, die von der Bedingung abhängig gemacht wird. Nur wenn die Bedingung erfüllt ist, wird diese Anweisung ausgeführt, sonst wird sofort zur nächsten Anweisung übergeganben.

Beispiel 9: Ein Ladegut l (ganzzahlig in Tonnen) soll mit einem Boot der Ladekapazität k (ganzzahlig in Tonnen) über einen Fluß transportiert werden. Wie oft muß das Boot fahren (Anzahl n , ganzzahlig) ?

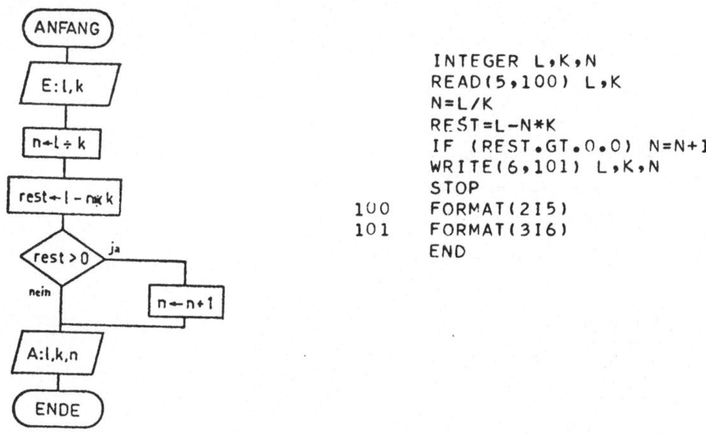


```
      INTEGER L,K,N
      READ(5,100) L,K
      N=L/K
      REST=L-N*K
      IF (REST.GT.0.0) N=N+1
      WRITE(6,101) L,K,N
      STOP
100   FORMAT(2I5)
101   FORMAT(3I6)
      END
```

Häufig muß nicht nur eine einzige Anweisung, sondern eine ganze Anweisungsfolge von einer Bedingung abhängig gemacht werden. Diese Anweisungsfolge soll z.B. nur dann ausgeführt werden, wenn eine vorgegebene Bedingung erfüllt ist.

Beispiel 10: Die Lösungsmenge der Gleichung $a\ x + b=0$ (a,b reell) ist zu bestimmen. Im Fall $a=o$ soll keine Ausgabe erfolgen.

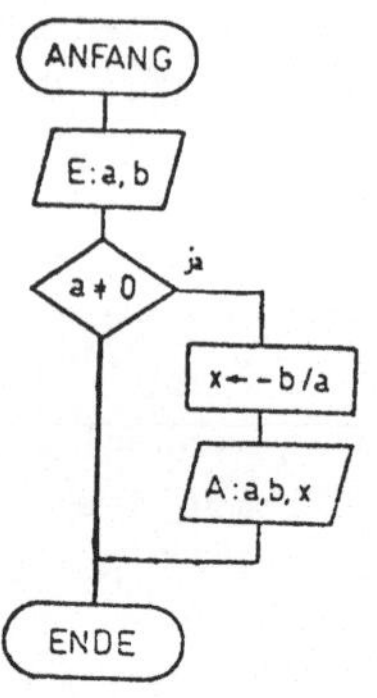

Im nebenstehenden Programmablaufplan kommt das Überspringen der Anweisungsfolge nicht zum Ausdruck, denn diese wird in einem FORTRAN-Programm nur dann ausgeführt, wenn die gegebene Bedingung erfüllt ist. In einem FORTRAN-Programm ist es daher zweckmäßiger, die Anweisungsfolge nur dann zu überspringen, wenn die vorgegebene Bedingung zutrifft. Ist die Bedingung nicht erfüllt, werden die auf die Abfrage folgenden Anweisungen ausgeführt.

Um den Programmablaufplan in diesem Sinne abzuändern, muß die ursprüngliche Bedingung verneint und die Ausführung der Anweisungsfolge von dieser verneinten Bedingung abhängig gemacht werden.

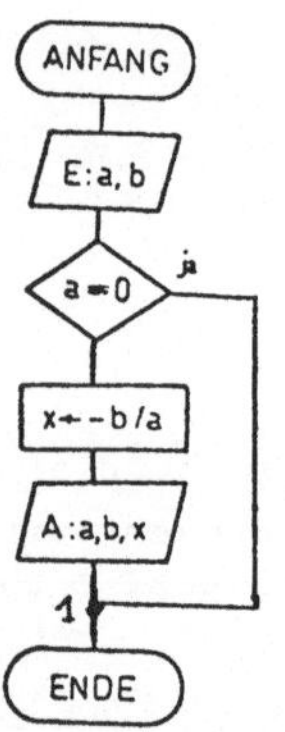


```
      REAL A,B,X
      READ(5,100) A,B
      IF (A.EQ.0.0) GOTO 1
      X=-B/A
      WRITE(6,101) A,B,X
1     STOP
100   FORMAT(2F10.3)
101   FORMAT(3F11.3)
      END
```

Im entsprechenden FORTRAN-Programm kommt das Überspringen dieser Anweisungen durch die *Sprunganweisung*

GO TO 1   bzw.   GOTO 1

zum Ausdruck. Für den Fall, daß die Bedingung

A .EQ. 0.0

erfüllt ist, wird das Programm ab jener Anweisung fortgesetzt, die die *Anweisungsnummer 1* trägt. Da auf diese Anweisung von einer anderen Stelle des Programms her Bezug genommen wird, muß sie, wie die Formatanweisungen, eine Anweisungsnummer erhalten. Da diese Anweisung in unserem Fall eine Stopanweisung ist, wird mit ihr die Ausführung des Programms gleichzeitig beendet.

Wenn aber die Bedingung

A .EQ. 0.0

nicht erfüllt ist, wird der Sprungbefehl nicht ausgeführt und somit das Programm mit der nächsten Anweisung, in unserem Beispiel mit der Anweisung

X = -B/A

fortgesetzt.

Mit Hilfe von mehrfachen Sprunganweisungen lassen sich auch kompliziertere Verzweigungen in einem FORTRAN-Programm darstellen.

Beispiel 10: Bestimme die Lösungsmenge der Gleichung $ax + b = 0$ (a, b reell)

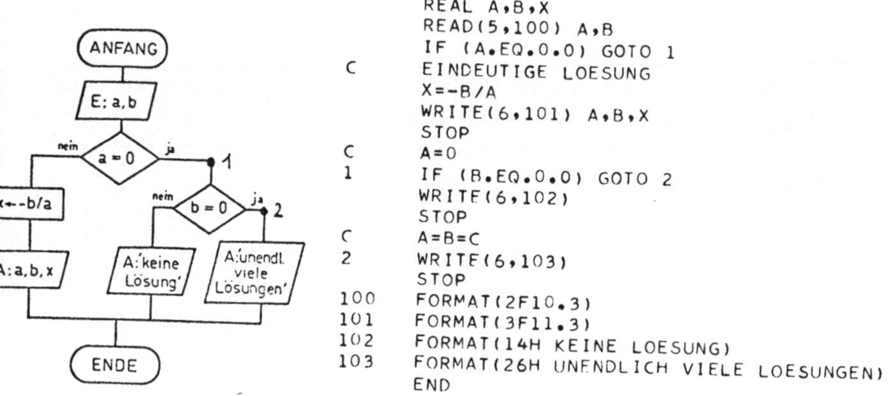


```
      REAL A,B,X
      READ(5,100) A,B
      IF (A.EQ.0.0) GOTO 1
C     EINDEUTIGE LOESUNG
      X=-B/A
      WRITE(6,101) A,B,X
      STOP
C     A=0
1     IF (B.EQ.0.0) GOTO 2
      WRITE(6,102)
      STOP
C     A=B=C
2     WRITE(6,103)
      STOP
100   FORMAT(2F10.3)
101   FORMAT(3F11.3)
102   FORMAT(14H KEINE LOESUNG)
103   FORMAT(26H UNENDLICH VIELE LOESUNGEN)
      END
```

Zusammenfassung:

Hängt eine einzige Anweisung von einer Bedingung ab, so lautet die entsprechende bedingte Anweisung im FORTRAN-Programm

IF (Bedingung) Anweisung, die von der Bedingung abhängt

Diese Anweisung wird nur ausgeführt, wenn die Bedingung erfüllt ist; sonst wird zur nächsten Anweisung übergegangen.

Hängt eine Anweisungsfolge von einer Bedingung ab, so wird diese im FORTRAN-Programm durch die bedingte Sprunganweisung

IF (¬ Bedingung) GO TO xxxxx (= Anweisungsnummer)

übersprungen.

Sortierprobleme

Auch die *Sortierprobleme* sind mit Hilfe unserer bisherigen Kenntnisse programmierbar:

Beispiel 12: Drei gegebene Zahlen sind in steigender Reihenfolge zu sortieren (x, y, z reell)

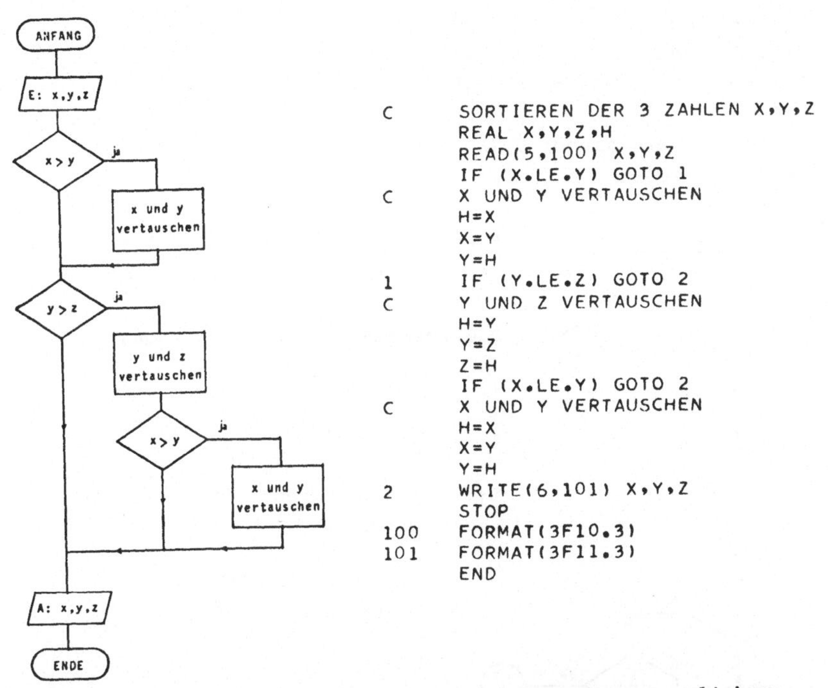


```
C       SORTIEREN DER 3 ZAHLEN X,Y,Z
        REAL X,Y,Z,H
        READ(5,100) X,Y,Z
        IF (X.LE.Y) GOTO 1
C       X UND Y VERTAUSCHEN
        H=X
        X=Y
        Y=H
1       IF (Y.LE.Z) GOTO 2
C       Y UND Z VERTAUSCHEN
        H=Y
        Y=Z
        Z=H
        IF (X.LE.Y) GOTO 2
C       X UND Y VERTAUSCHEN
        H=X
        X=Y
        Y=H
2       WRITE(6,101) X,Y,Z
        STOP
100     FORMAT(3F10.3)
101     FORMAT(3F11.3)
        END
```

Je zwei benachbarte Variable werden miteinander verglichen; sollte die erste Variable größer sein als die zweite, so werden die beiden vertauscht. Bei der Vertauschung zweier Zahlenwerte muß eine reelle Hilfsvariable H eingeführt werden, die als Zwischenspeicher für einen der Zahlenwerte dient, damit dieser bei der Vertauschung nicht durch den anderen überschrieben wird.

Zusammengesetzte Bedingungen

Hängt die Ausführung einer Anweisung von mehreren Bedingungen ab, die gleichzeitig erfüllt sein müssen oder von denen mindestens eine gelten muß, so können diese Einzelbedingungen in FORTRAN als *zusammengesetzte Bedingungen* ausgedrückt werden. Anstelle der logischen Verknüpfungszeichen (*Operatoren*) ∧ (et), ∨ (vel) und ¬ (not) wird in FORTRAN folgende Schreibweise verwendet:

Konjunktion	∧	.AND.
Disjunktion	∨	.OR.
Negation	¬	.NOT.

Die Verwendung dieser Symbole soll an einigen Beispielen gezeigt werden:

a) *Konjunktion:* Eine Anweisung soll ausgeführt werden, wenn (a = c) ∧ (b = d) gilt.

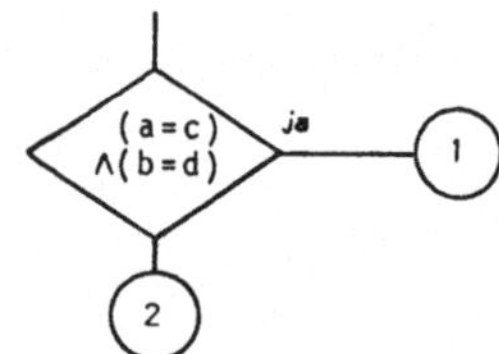

Die zusammengesetzte Bedingung

```
IF ((A.EQ.C).AND.(B.EQ.D)) GOTO 1
:
```

ist gleichbedeutend mit den Einzelbedingungen

```
IF (A.NE.C)  GOTO 2
IF (B.EQ.D)  GOTO 1
:
```

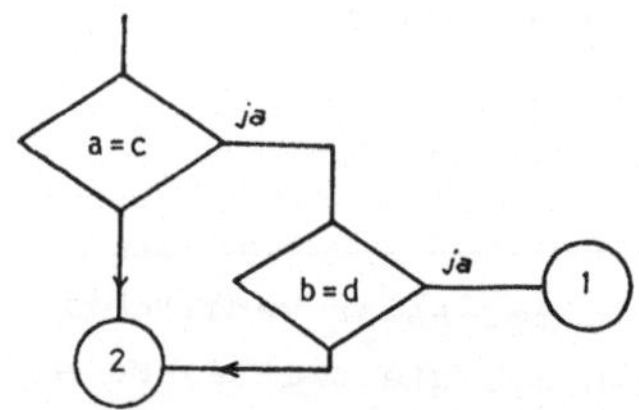

Die Anweisung

```
GOTO 1
```

wird nur dann ausgeführt, wenn (A.EQ.C) <u>und</u> (B.EQ.D) erfüllt ist.

b) *Disjunktion:* Eine Anweisung soll ausgeführt werden, wenn $(\alpha + \delta = 180^o) \vee (\alpha + \beta = 180^o)$ gilt.

Die zusammengesetzte Bedingung

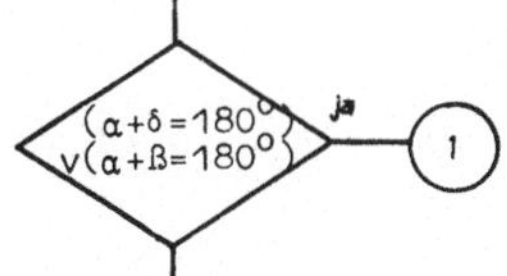


```
IF (ALPHA+DELTA.EQ.180).OR.(ALPHA+BETA.EQ.180) GOTO 1
```

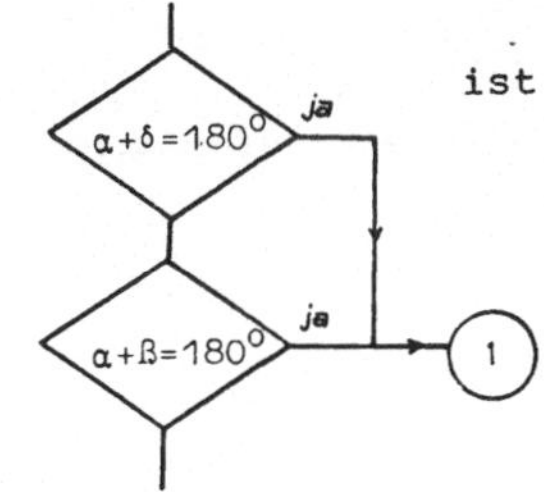

ist gleichbedeutend mit den Einzelbedingungen

```
IF (ALPHA+DELTA.EQ.180) GOTO 1
IF (ALPHA+BETA.EQ.180)  GOTO 1
```

Die Anweisung

```
GOTO 1
```

wird ausgeführt, wenn eine der beiden Bedingungen erfüllt ist.

c) *Negation:* Die Division durch die relle Zahl x darf nur dann ausgeführt werden, wenn $\neg (x = 0)$ gilt.

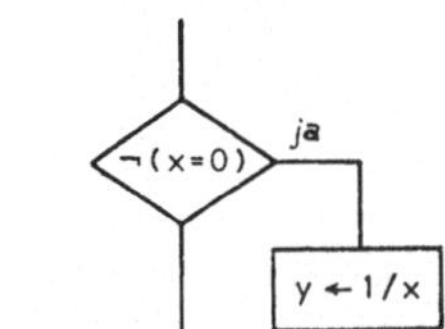


```
IF (.NOT.(X.EQ.0.0))  Y = 1.0/X
```

Die Anweisung

```
Y = 1.0/X
```

wird nur ausgeführt, wenn die Bedingung (X.EQ.0.0) nicht erfüllt ist.

d) Soll eine Anweisung ausgeführt werden, wenn

$$(x > 0) \wedge (y > 0) \vee (z = 0)$$

erfüllt ist, so lautet die zusammengesetzte Bedingung:

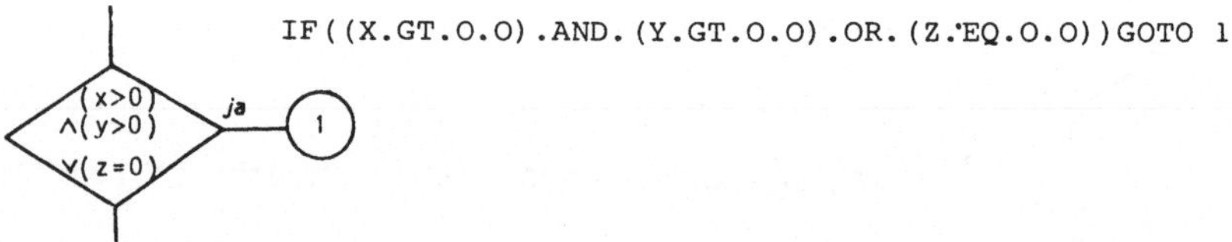


```
IF((X.GT.0.0).AND.(Y.GT.0.0).OR.(Z.EQ.0.0))GOTO 1
```

Es wird - da die Prioritäten nicht durch Klammern aufgehoben werden - zuerst die *Negation* (.NOT.) verarbeitet,

dann die *Konjunktion* (.AND.)
und zuletzt die *Disjunktion* (.OR.) .

3.4. Schleifen

Wenn ein Programmteil mit jeweils veränderten Daten bis zu einem vorgegebenen Endwert wiederholt werden soll, so läßt sich eine Schleife bilden, die durch eine Laufanweisung festgelegt ist. Im FORTRAN-Programm wird die Abarbeitung einer Schleife durch die *Schleifenanweisung* mit dem *Grundsymbol DO* gefordert.

Beispiel 14: Die Tabelle der Quadrate der natürlichen Zahlen von 1 bis 10 ist auszugeben.

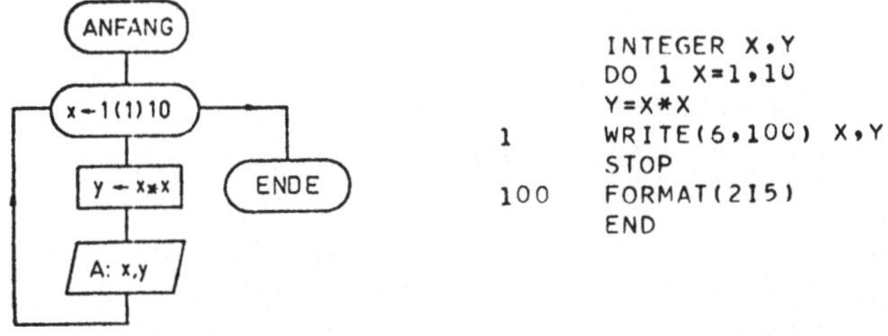

Die *Schleifenanweisung*

```
DO 1  X = 1, 10
```

bewirkt, daß alle nachfolgenden Anweisungen bis zur Anweisung mit der Nummer 1 einschließlich für alle Werte der Laufvariablen X wiederholt werden; in unserem Fall:

```
  Y = X*X
1 WRITE (6, 100) X,Y
```

Diese beiden Anweisungen werden solange wiederholt, bis der Wertevorrat der Laufvariablen abgearbeitet ist. Bei jedem Schleifendurchlauf wird die ganzzahlige Laufvariable X automatisch um 1 erhöht, sie nimmt daher der Reihe nach die Werte 1,2,...,10 an. Eine andere Veränderung der Laufvariablen - etwa durch Zuweisung eines Wertes an X - ist innerhalb der Schleife nicht erlaubt.

Nachdem die Schleife bis zum größten für X angegebenen Wert abgearbeitet ist, wird der Programmablauf mit der nächsten Anweisung fortgesetzt.

Die Laufvariable muß in FORTRAN immer ganzzahlig sein; um auch für nicht ganzzahlige Laufvariable eine Schleifenanweisung programmieren zu können, muß eine Hilfsvariable I eingeführt werden, die ein Vielfaches der Laufvariablen ist und nur ganzzahlige Werte, die sich jeweils um 1 unterscheiden, annimmt.

Beispiel 16: Die Tabelle der Quadrate der Zahlen 0.1, 0.2, 0.3,..., 1.0 soll ausgegeben werden

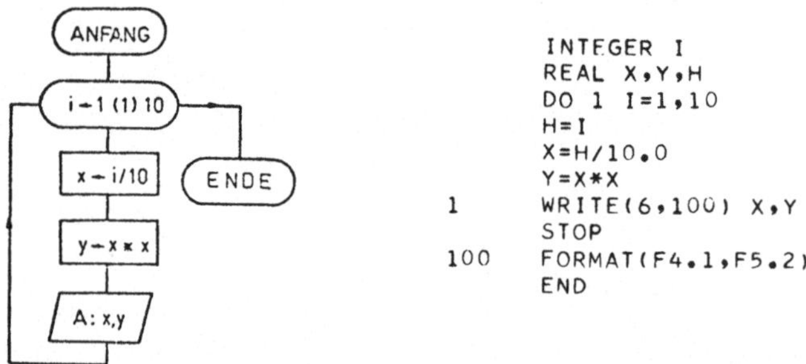


```
      INTEGER I
      REAL X,Y,H
      DO 1 I=1,10
      H=I
      X=H/10.0
      Y=X*X
1     WRITE(6,100) X,Y
      STOP
100   FORMAT(F4.1,F5.2)
      END
```

Die ganzzahlige Laufvariable I muß in unserem Beispiel einer weiteren reellen Hilfsvariablen H zugewiesen werden, um die Verarbeitung mit den REALgrößen X und 10.0 zu ermöglichen.

Nicht immer ist die obere Grenze einer Laufanweisung eine vorgegebene Konstante; der Endwert der Laufvariablen kann auch eine ganzzahlige Eingabevariable sein. Dann legt die Schleifenanweisung

```
DO 1 X = 1,N
```

N Schleifendurchläufe fest, nach ihrer Abarbeitung wird das Programm mit der nächsten Anweisung fortgesetzt.

Beispiel 17: Berechnung der Faktoriellen einer natürlichen Zahl n .

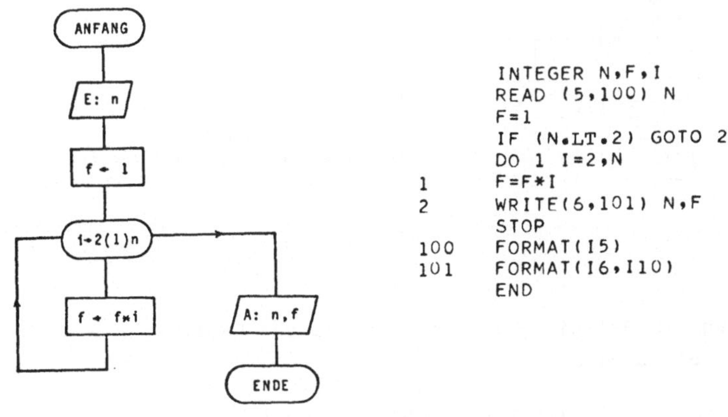

Aber nicht nur die obere Grenze der Laufvariablen kann eine Eingabegröße sein, sondern auch die untere Grenze und die Schrittweite. In diesem Fall ist die Programmierung der Schleife insofern schwieriger, als aus den Eingabegrößen: *untere Grenze, obere Grenze* und *Schrittweite*

eine Hilfsvariable konstruiert werden muß, die nur ganzzahlige Werte, die sich um die Schrittweite 1 unterscheiden, annimmt; gleichzeitig muß beachtet werden, daß diese Hilfsvariable kein Term ist, denn in FORTRAN sind nur ganzzahlige, einfache Laufvariable zulässig.

Beispiel 18: Berechnung der Funktionswerte der Funktion $f: x \rightarrow ax + b$ für die x -Werte im Bereich von u bis s mit der Schrittweite h .

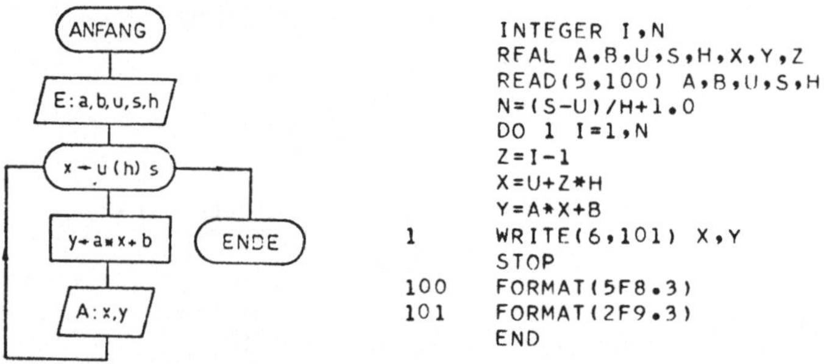


```
      INTEGER I,N
      REAL A,B,U,S,H,X,Y,Z
      READ(5,100) A,B,U,S,H
      N=(S-U)/H+1.0
      DO 1 I=1,N
      Z=I-1
      X=U+Z*H
      Y=A*X+B
1     WRITE(6,101) X,Y
      STOP
100   FORMAT(5F8.3)
101   FORMAT(2F9.3)
      END
```

In unserem Beispiel wird die eigentliche Laufvariable X durch die Zuweisung

X = U + Z * H

mit Hilfe der ganzzahligen Laufvariablen I ausgedrückt, die aber vorerst einer REALgröße Z zugewiesen werden mußte, um sie mit den reellen Größen U und H verarbeiten zu können.

Da die Laufvariable I in der Programmiersprache FORTRAN nur positive Werte annehmen darf, also insbesondere der Wert "Null" in einer Laufanweisung verboten ist, wird der reellen Hilfsvariablen Z der Term I-1 zugewiesen. Dadurch wird erreicht, daß für I=1 der Wert der Hilfsvariablen Z = 0.0 ist.

Die Anzahl der Schleifendurchläufe, d.h. die obere Grenze der Hilfsvariablen I, ergibt sich dadurch, daß die, für die Laufvariable eingegebene Intervallänge durch die Schrittweite dividiert und einer ganzzahligen Hilfsvariablen N zugewiesen wird. Die Hilfsvariable N muß eingeführt werden, einerseits um die Ganzzahligkeit der Laufvariablen zu gewährleisten, andererseits aber auch deshalb, weil weder die untere noch die obere Grenze einer Laufvariablen ein zusammengesetzter Ausdruck sein darf.

Zusammenfassung:

Eine sich ständig wiederholende Anweisungsfolge für eine ganzzahlige Laufvariable I zwischen dem Anfangswert A und dem Endwert E mit der Schrittweite 1 kann durch die ***Schleifenanweisung***

```
      DO n  I = A,E
         Anweisung
         :                        Anweisungsfolge
         :
    n    Anweisung
```

programmiert werden. Die Größen A und E müssen ganzzahlig sein und dürfen nur positive Werte annehmen.

Aufgelöste Schleifenanweisung

Eine FORTRAN-Schleifenanweisung der Art

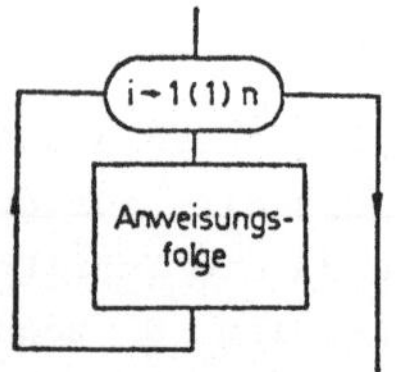


```
DO 1  I = 1,N
      Anweisung
         :
1 Anweisung
```

kann auch mit Hilfe einer *bedingten Sprunganweisung* programmiert werden:

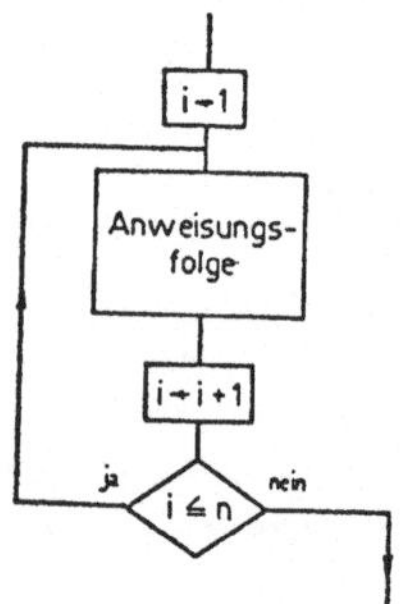


```
  I = 1
1 Anweisung
  :
  Anweisung
  I = I+1
  IF (I.LE.N) GOTO 1
```

Durch diese *aufgelöste Schleifenanweisung* wird - wie durch die Schleifenanweisung selbst - die N-malige Wiederholung der Anweisungsfolge erreicht.

Es zeigt sich, daß durch eine bedingte Sprunganweisung nicht nur ein *Programmteil übersprungen* werden kann (vgl. Abschnitt 3.),

sondern es kann auch ein bereits bearbeiteter Programmteil durch einen *Rücksprung* wiederholt werden (Schleife).

Die aufgelöste Schleifenanweisung läßt überdies erkennen, daß jede im FORTRAN-Programm auftretende Schleife mindestens einmal durchlaufen wird, auch wenn die Variable I von vornherein größer als die obere Grenze N der Laufvariablen ist. Darauf muß insbesonders bei der Angabe der Bedingung für den Rücksprung bzw. den Abbruch geachtet werden, um ein endloses Wiederholen der Schleife zu vermeiden.

Würde ein FORTRAN-Programmteil etwa so lauten:

```
     I = 10
   1 Anweisung
     :
     Anweisung
     I = I+1
     IF (I.GT.5) GOTO 1
     STOP
```

so wäre die Bedingung für die Sprunganweisung stets erfüllt, die Schleife würde endlos durchlaufen werden, ohne daß jemals zur nachfolgenden Anweisung STOP übergegangen werden könnte.

Häufig programmiert man allerdings bewußt "endlose" Schleifen mit Hilfe eines *unbedingten Rücksprunges*. Das ist zum Beispiel dann der Fall, wenn derselbe Algorithmus für mehrere Sätze von Eingabedaten wiederholt werden soll. Dann kann durch einen unbedingten Rücksprung zu der Eingabeanweisung eine endlose Schleife programmiert werden, die allerdings dann verlassen wird, wenn keine Eingabedaten mehr zur Verfügung stehen, also nur scheinbar endlos ist. Das Ende des ausführbaren Programms wird nicht durch eine STOPanweisung angezeigt.

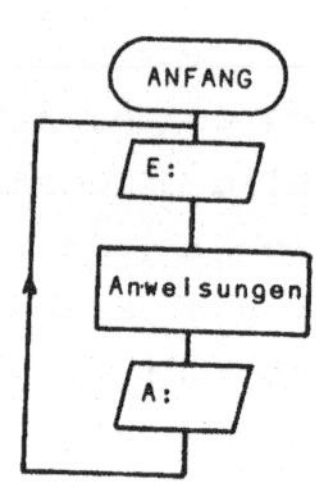


```
      INTEGER ...
      REAL ...
    1 READ (5,100) ...
      :
      Anweisungen
      :
      WRITE (6,101) ...
      GOTO 1
  100 FORMAT ...
  101 FORMAT ...
      END
```

Schleifen mit Bedingung

Da die Bedingung für den Rücksprung und damit die Wiederholung der Schleife ja nicht nur von der Laufvariablen, sondern von beliebigen Größen abhängen kann, ist es möglich, auch Schleifen, bei denen die Anzahl der Durchläufe im vorhinein <u>nicht</u> bekannt ist, zu programmieren.

Beispiel 19: Euklidischer Algorithmus zur Bestimmung des größten gemeinsamen Teilers der Zahlen a und b .

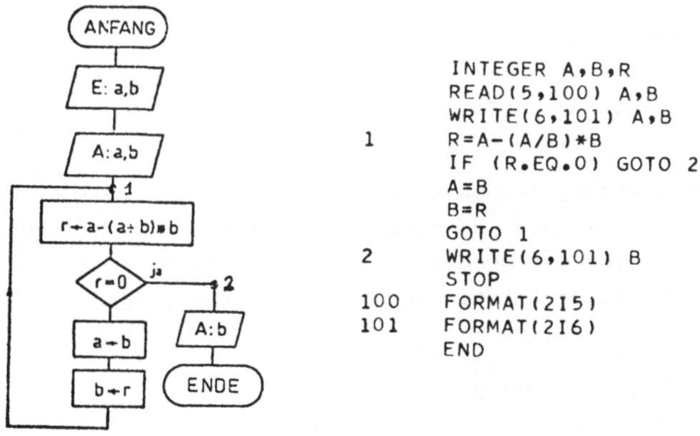


```
        INTEGER A,B,R
        READ(5,100) A,B
        WRITE(6,101) A,B
1       R=A-(A/B)*B
        IF (R.EQ.0) GOTO 2
        A=B
        B=R
        GOTO 1
2       WRITE(6,101) B
        STOP
100     FORMAT(2I5)
101     FORMAT(2I6)
        END
```

Hier erfolgt der Abbruch der Schleife nicht deshalb, weil die Laufvariable ihren Endwert erreicht hat, sondern auf Grund der *Bedingung* , daß der Wert der in der Schleife berechneten Variablen R gleich Null ist. Die Schleife wird durch den *unbedingten Rücksprung*

GO TO 1

solange durchlaufen, bis sie durch die *bedingte Sprunganweisung*

```
      IF (R.EQ.0.0) GOTO 2
```

mit dem Ausgabebefehl und der Stopanweisung

```
    2 WRITE (6,101) B
      STOP
```

abgebrochen wird.

In diesem Beispiel wird die Variable B in demselben Format ausgegeben wie die Variablen A und B; für die Ausgabe der Variablen A und B werden durch die Formatanweisung

```
  101 FORMAT (2I6)
```

zwei Felder freigehalten; soll nur die Variable B ausgegeben werden, so erfolgt die Ausgabe im ersten, in der Formatanweisung festgelegten Format. Die überzählige Formatbeschreibung bleibt unberücksichtigt.

Soll der größte gemeinsame Teiler von mehreren Paaren von Eingabedaten A und B durch dasselbe Programm berechnet werden, so kann der gesamte Euklid'sche Algorithmus in einer übergeordneten Schleife, die durch die *unbedingte Sprunganweisung*

```
      GO TO 3
```

(wobei mit der Anweisungsnummer 3 der Programmanfang gekennzeichnet ist), programmiert wird, wiederholt werden:

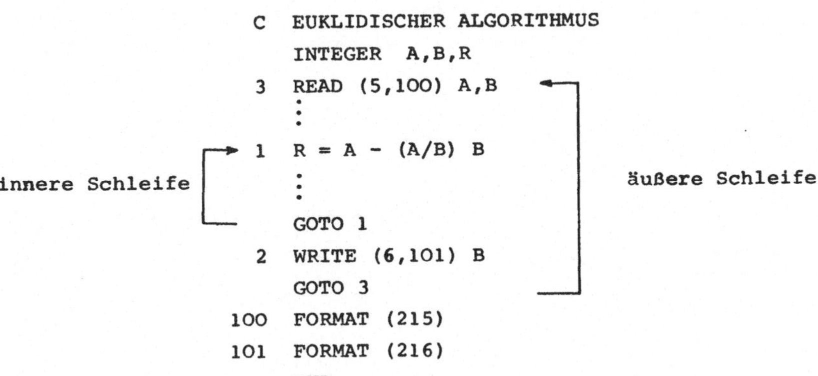

Da die äußere Schleife als Endlosschleife programmiert ist, die dann verlassen wird, wenn keine Eingabedaten mehr zur Verfügung stehen, fehlt die STOPanweisung.

Ineinandergeschachtelte Schleifenanweisungen

Im vorhergehenden Beispiel wurden zwei aufgelöste Schleifenanweisungen ineinandergeschachtelt. Ein solches Ineinanderschachteln ist auch möglich, wenn im FORTRAN-Programm die ***Schleifenanweisung*** anstelle der aufgelösten Schleifenanweisung zur Festlegung der Schleifen verwendet wird.

Beispiel 20: Alle ganzen Zahlen zwischen 0 und 99 sind auszugeben, die weder durch 7 teilbar sind, noch die Ziffer 7 enthalten.

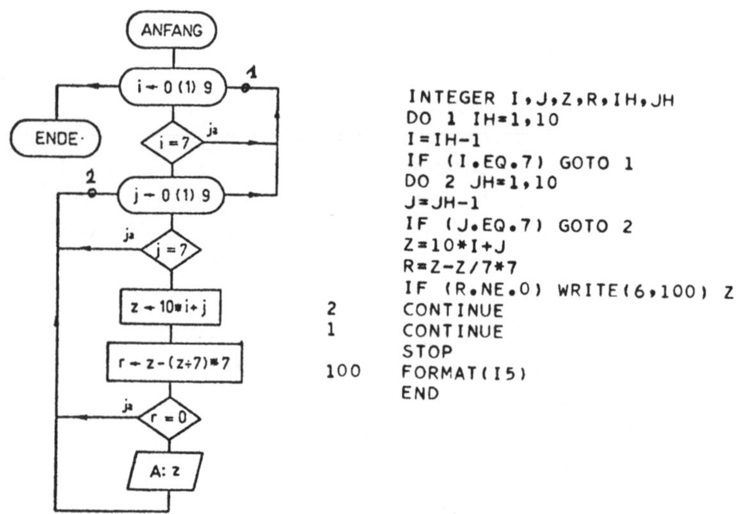


```
      INTEGER I,J,Z,R,IH,JH
      DO 1 IH=1,10
      I=IH-1
      IF (I.EQ.7) GOTO 1
      DO 2 JH=1,10
      J=JH-1
      IF (J.EQ.7) GOTO 2
      Z=10*I+J
      R=Z-Z/7*7
      IF (R.NE.0) WRITE(6,100) Z
2     CONTINUE
1     CONTINUE
      STOP
100   FORMAT(I5)
      END
```

In diesem Beispiel müssen zur Formulierung der Schleifenanweisung der beiden ineinandergeschachtelten Schleifen die Hilfsvariablen IH und JH eingeführt werden, um zu vermeiden, daß die Laufvariablen der Schleifenanweisungen den Wert Null annehmen. Mit Hilfe der Laufvariablen IH und JH, die die Werte von 1 bis 10 durchlaufen, werden dann die Variablen I = IH-1 und J = JH-1 festgelegt, die nun zwischen 0 und 9 laufen.

Nun wird zuerst die innere Schleife für alle Werte von JH abgearbeitet, dann die äußere Schleife mit dem nächsten Wert für IH einmal wiederholt, sodann die innere Schleife für alle Werte von JH aufs neue abgearbeitet usw.

Da nur jene ganzen Zahlen zwischen 0 und 99 ausgegeben werden sollen, die die Ziffer 7 nicht enthalten, kann für den Wert I gleich 7 die äußere Schleife übersprungen werden. Das erfolgt durch die bedingte Sprunganweisung

```
IF (I.EQ.7) GO TO 1
```

wobei das Sprungziel an das Ende der Schleife gelegt werden soll. Da am Ende der Schleife für IH aber keine ausführbare Anweisung steht, muß das Sprungziel durch die *Leeranweisung*

```
1 CONTINUE
```

gekennzeichnet werden. Durch diese bedingte Sprunganweisung werden für den Fall I.EQ.7 sämtliche Anweisungen der Schleife für IH übersprungen und zum nächsten Wert der Laufvariablen IH übergangen.

Für den Fall, daß J gleich 7 ist, können durch die bedingte Sprunganweisung

```
IF (J.EQ.7) GO TO 2
```

sämtliche Anweisungen der inneren Schleife übersprungen werden, wobei das Ende der inneren Schleife durch die Leeranweisung

```
2 CONTINUE
```

bezeichnet ist.

Die *Leeranweisung*

```
CONTINUE
```

kann im Programm anstelle einer ausführbaren Anweisung stehen; sie dient lediglich zur *Kennzeichnung eines Sprungzieles* oder eines *Schleifenendes*.

Da das **Ende beider** Schleifen im obigen Beispiel unmittelbar aufeinanderfolgt, kann es auch durch eine einzige Leeranweisung gekennzeichnet werden:

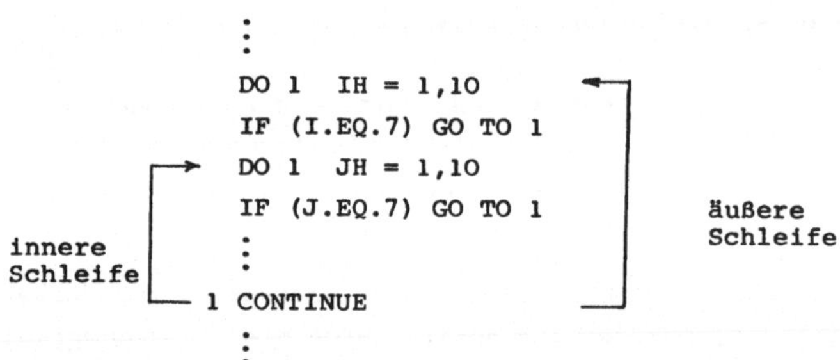

Der Programmablauf wird durch diese Änderung des Programmes nicht verändert! Gleichzeitig wird deutlich, daß auf dasselbe Sprungziel auch von mehreren Stellen gesprungen werden kann.

3.5. Felder

Außer einfachen ganzzahligen und reellen Variablen können in FORTRAN auch *Felder* vereinbart werden. Mit "Feld" bezeichnen wir eine geordnete Menge von Variablen, die durch einen *Index*, der selbst eine Variable sein kann, gekennzeichnet sind. Das folgende Beispiel zeigt die Vereinbarung und Verwendung eines Feldes.

Beispiel 21: Das Maximum von 10 gegebenen Zahlen ist zu ermitteln.

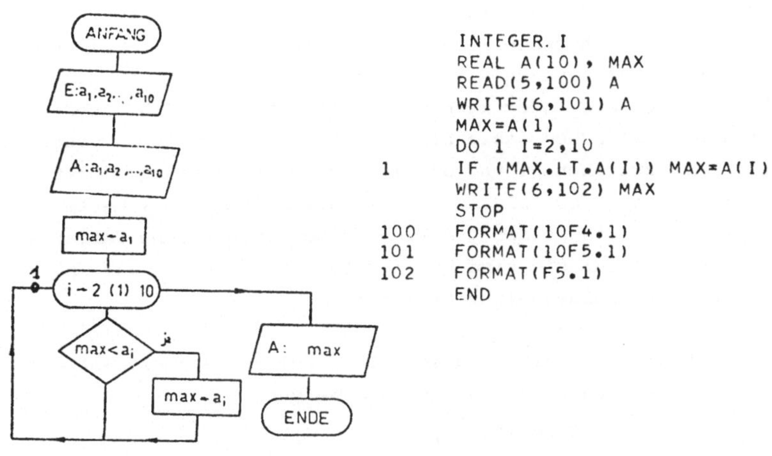

Das *Feld A* wird durch die Anweisung

REAL A (10)

vereinbart. Da in FORTRAN die Felder mit einer bestimmten Elementanzahl festgelegt werden müssen, wird die *Anzahl der Feldelemente* nach dem Feldnamen in Klammern angegeben.

Gleichzeitig wird durch die Feldvereinbarung der *Typ der Feldelemente,* in unserem Fall: reell, festgelegt. Durch die Eingabeanweisung

```
READ (5,100) A
```

wird die Verarbeitung des Feldes als Ganzes vorgesehen, wobei die eingelesenen Zahlenwerte den vereinbarten Feldelementen von a_1 bis a_{10} der Reihe nach zugewiesen werden. In der zugehörigen Formatanweisung

```
100 FORMAT (10F4.1)
```

muß daher für sämtliche 10 Elemente Platz zur Verfügung gestellt werden.

Es ist zu beachten, daß Felder <u>nur</u> in einer Ein- oder Ausgabeanweisung als Ganzes verarbeitet werden dürfen; in allen anderen Anweisungen muß die Verarbeitung von Feldern *elementweise* erfolgen. Ein einzelnes Feldelement kann durch den *Feldnamen* und einen nachfolgenden, in Klammern gesetzten *Index* ausgewählt werden. Als Index kann eine ganze positive Zahl oder der Name einer einfachen ganzzahligen Variablen verwendet werden, deren Wert zwischen 1 und der in der Feldvereinbarung festgelegten Anzahl der Feldelemente liegt. Diese Feldelemente können in FORTRAN in der gleichen Weise wie einfache Variable verwendet werden; sie sind nur als Laufvariable und als Index eines anderen Feldes nicht erlaubt!

Aber auch die Ein- bzw. Ausgabe eines Feldes kann elementweise erfolgen: es muß bloß die Eingabeanweisung

```
READ (5,100) A
```

durch die Anweisung

```
READ (5,100) (A(I), I=1,10)
```

ersetzt werden; bei dieser Anweisung ist auf das Öffnen und Schließen der äußeren Klammer zu achten.

Beispiel 22: Das Maximum von n Zahlen und der Index der Variablen, die den Maximalwert enthält, ist auszugeben.

Das Programm ist hier für eine beliebige Anzahl n von Feldelementen, die jeweils eine Eingabegröße ist, zu schreiben. Da in FORTRAN aber die maximale Anzahl der Feldelemente in der Typanweisung angegeben wird, muß beim Programmieren streng darauf geachtet werden, daß diese obere Indexgrenze nicht überschritten wird. Nach der Eingabe der Anzahl n der tatsächlich verwendeten Feldelemente ist daher zu prüfen, ob n kleiner ist als die im Programm festgelegte Maximalanzahl. Ist die Anzahl n der tatsächlich verwendeten Feldelemente größer als 100, so soll das Programm mit der Meldung 'N ZU GROSS' abgebrochen werden.

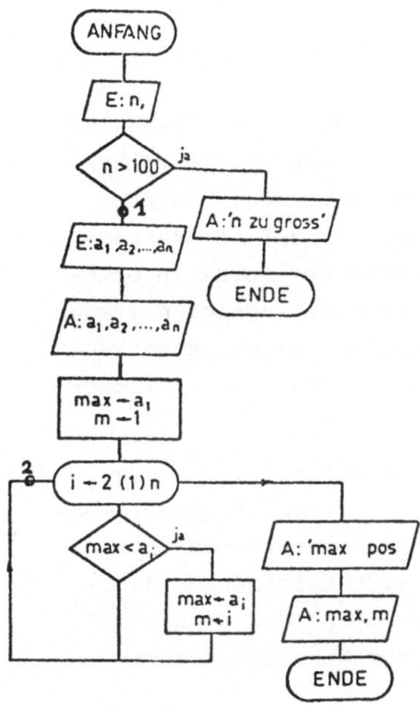

Durch die Anweisung

```
REAL  A(100)
```

wird das Feld A für maximal 100 Elemente reserviert. Wenn die Anzahl N der zu verarbeitenden Feldelemente kleiner als 100 ist, wird das Feld A entsprechend der Eingabeanweisung

```
READ (5,102)  (A(I), I=1,N)
```

elementweise eingelesen und durch die Ausgabeanweisung

```
WRITE (6,103)  (A(I), I=1,N)
```

elementweise ausgegeben.

Die zugehörige Formatanweisung

```
102  FORMAT (8F5.1)
```

beschränkt nun aber die Anzahl der einzulesenden Elemente nicht auf 8 Feldgrößen - was aus der Angabe (8F5.1) herausgelesen werden könnte -, sondern es wird die Darstellung von maximal 8 Eingabedaten gemeinsam ("*Datensatz*") beschrieben. (Bei der Eingabe mittels Lochkarten bedeutet das, daß pro Lochkarte 8 Zahlenwerte eingelesen werden; bei der Ausgabe durch den Drucker werden je 8 Zahlenwerte gemeinsam in einer Zeile gedruckt.) Sollen mehr als 8 Elemente eingelesen werden, so müssen die nächsten 8 Elemente mit einem neuen Datenträger eingegeben werden, für den die Formatliste von vorne wiederholt wird.

Ganz allgemein gilt, daß die Anzahl der Variablen und die Anzahl der Formatbezeichnungen nicht unbedingt übereinstimmen muß. Sind weniger Variable als Formatvereinbarungen vorhanden, so werden die angegebenen Formatbezeichnungen der Reihe nach auf die Eingabevariablen bezogen, die nicht benötigten Formatbezeichnungen werden nicht zur Kenntnis genommen.

Sollten mehr Variable eingegeben oder ausgegeben werden, als Formatbezeichnungen vereinbart wurden, so wird die Formatliste vollständig verwendet, für die folgenden Variablen wird die Formatliste so lange wiederholt, bis die Variablenliste erschöpft ist. Jedesmal, wenn auf die erststehende Formatbezeichnung Bezug genommen wird, wird ein neuer Datensatz eingelesen oder ausgegeben.

Beispiel 23: H Zahlen sind in fallender Reihenfolge zu sortieren.

In diesem Beispiel müssen 2 Hilfsvariable K und L eingeführt werden, weil - wie schon früher gesagt - die untere bzw. obere Grenze einer Laufanweisung kein Term sein darf. In unserem Beispiel wäre aber die obere Grenze der Laufanweisung für I der Term N-1, die untere Grenze der Laufanweisung für J der Term J+1. Da als Grenzen einer Laufanweisung nur ganzzahlige Konstante oder einfache Variable zugelassen sind, muß N-1 der ganzzahligen Variablen K und J+1 der ganzzahligen Veriablen L zugewiesen werden, die nun ihrerseits als Grenzen der Laufvariablen verwendet werden können.

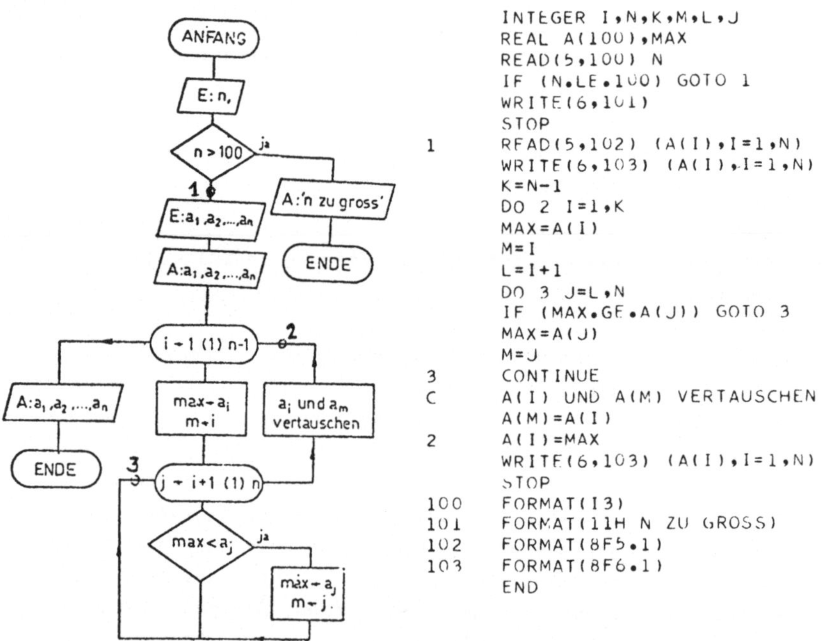


```
      INTEGER I,N,K,M,L,J
      REAL A(100),MAX
      READ(5,100) N
      IF (N.LE.100) GOTO 1
      WRITE(6,101)
      STOP
1     READ(5,102) (A(I),I=1,N)
      WRITE(6,103) (A(I),I=1,N)
      K=N-1
      DO 2 I=1,K
      MAX=A(I)
      M=I
      L=I+1
      DO 3 J=L,N
      IF (MAX.GE.A(J)) GOTO 3
      MAX=A(J)
      M=J
3     CONTINUE
C     A(I) UND A(M) VERTAUSCHEN
      A(M)=A(I)
2     A(I)=MAX
      WRITE(6,103) (A(I),I=1,N)
      STOP
100   FORMAT(I3)
101   FORMAT(11H N ZU GROSS)
102   FORMAT(8F5.1)
103   FORMAT(8F6.1)
      END
```

In diesem Beispiel wird zum Vertauschen von A(I) und A(M) keine zusätzliche Hilfsvariable zum Speichern des Wertes von A(M) benötigt; da A(M) denselben Zahlenwert wie die Variable MAX enthält, kann die Hilfsvariable durch die Verwendung der Variablen MAX eingespart werden. Es wird aber nicht A(I) mit MAX vertauscht!

Suchen und Interpolieren in Tabellen

Als Tabellen bezeichnen wir in der EDV zwei Felder X und Y, wobei das Feld X die *Schlüsselwerte*, das Feld Y die zugehörigen *Tabellenwerte* enthält.

Diese beiden Felder müssen dem Computer eingegeben werden, ehe man an das Problem des Suchens oder Interpolierens herangehen kann. Dabei ist wieder zu beachten, daß die tatsächlich eingegebene Elementeanzahl die vereinbarte Feldlänge nicht überschreitet.

Tabellen mit äquidistanten Schlüsselwerten:

In dem Spezialfall, daß das Feld X der Schlüsselwerte aus einer Teilmenge ⟨1,2,...,n⟩ der natürlichen Zahlen besteht, muß das Feld X nicht eingegeben werden. Nach der Eingabe des Feldes Y kann sofort gesucht und interpoliert werden.

Beispiel 26: **Lineares Interpolieren in einer Tabelle mit den Schlüsselwerten $\langle 1,2,\ldots,n\rangle$.**

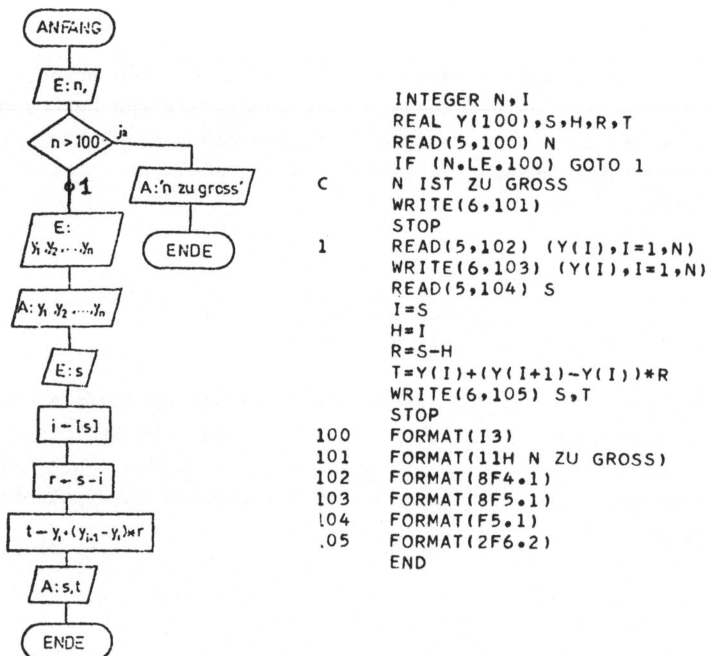


```
      INTEGER N,I
      REAL Y(100),S,H,R,T
      READ(5,100) N
      IF (N.LE.100) GOTO 1
C     N IST ZU GROSS
      WRITE(6,101)
      STOP
1     READ(5,102) (Y(I),I=1,N)
      WRITE(6,103) (Y(I),I=1,N)
      READ(5,104) S
      I=S
      H=I
      R=S-H
      T=Y(I)+(Y(I+1)-Y(I))*R
      WRITE(6,105) S,T
      STOP
100   FORMAT(I3)
101   FORMAT(11H N ZU GROSS)
102   FORMAT(8F4.1)
103   FORMAT(8F5.1)
104   FORMAT(F5.1)
105   FORMAT(2F6.2)
      END
```

Die Zuweisung des ganzzahligen Index I an die reelle Hilfsvariable H ist wegen der anschließenden Verarbeitung mit REALgrößen notwendig.

Tabellen mit geordneten Schlüsselwerten:

Sollte das Feld X nicht aus äquidistanten Schlüsselwerten bestehen, so muß es eingelesen werden, wobei wir voraussetzen, daß die Eingabe der Schlüsselwerte geordnet nach steigenden Werten für x_i erfolgt.

Beim *sequentiellen Suchen* muß daher der spezielle Schlüsselwert s nur mit jenen Feldelementen verglichen werden, für die $s < x_i$ nicht gilt, wobei zu bedenken ist, daß s auch kleiner als das erste Feldelement bzw. größer als das letzte Feldelement sein kann.

Beispiel 28: Zu einem vorgegebenen Schlüsselwert s soll das nächstgrößere Feldelement aus dem Feld X der Schlüsselwerte durch sequentielles Suchen aufgefunden werden. (Die Eingabe des Feldes Y ist wegen der Beschränkung auf das Suchen nicht erforderlich!)

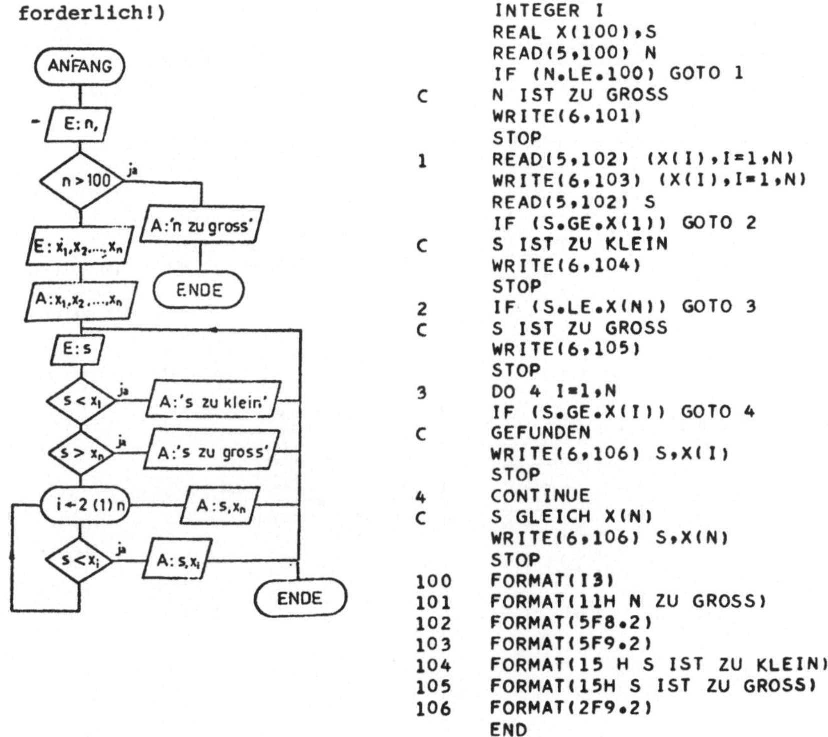


```
      INTEGER I
      REAL X(100),S
      READ(5,100) N
      IF (N.LE.100) GOTO 1
C     N IST ZU GROSS
      WRITE(6,101)
      STOP
1     READ(5,102) (X(I),I=1,N)
      WRITE(6,103) (X(I),I=1,N)
      READ(5,102) S
      IF (S.GE.X(1)) GOTO 2
C     S IST ZU KLEIN
      WRITE(6,104)
      STOP
2     IF (S.LE.X(N)) GOTO 3
C     S IST ZU GROSS
      WRITE(6,105)
      STOP
3     DO 4 I=1,N
      IF (S.GE.X(I)) GOTO 4
C     GEFUNDEN
      WRITE(6,106) S,X(I)
      STOP
4     CONTINUE
C     S GLEICH X(N)
      WRITE(6,106) S,X(N)
      STOP
100   FORMAT(I3)
101   FORMAT(11H N ZU GROSS)
102   FORMAT(5F8.2)
103   FORMAT(5F9.2)
104   FORMAT(15 H S IST ZU KLEIN)
105   FORMAT(15H S IST ZU GROSS)
106   FORMAT(2F9.2)
      END
```

Bei sehr langen Feldern führt die Methode des *binären Suchens* rascher zum Ziel. Der gegebene Schlüsselwert wird durch wiederholte Halbierung jenes Feldes, in dem er gerade liegt, letztlich zwischen zwei unmittelbar aufeinanderfolgenden Feldelementen eingeschlossen. Wenn das der Fall ist, wird durch eine bedingte Sprunganweisung zum Interpolieren übergegangen.

Beispiel 29: Zu vorgegebenen Schlüsselwerten s sollen die zugehörigen Tabellenwerte t durch binäres Suchen und lineares Interpolieren gefunden werden.

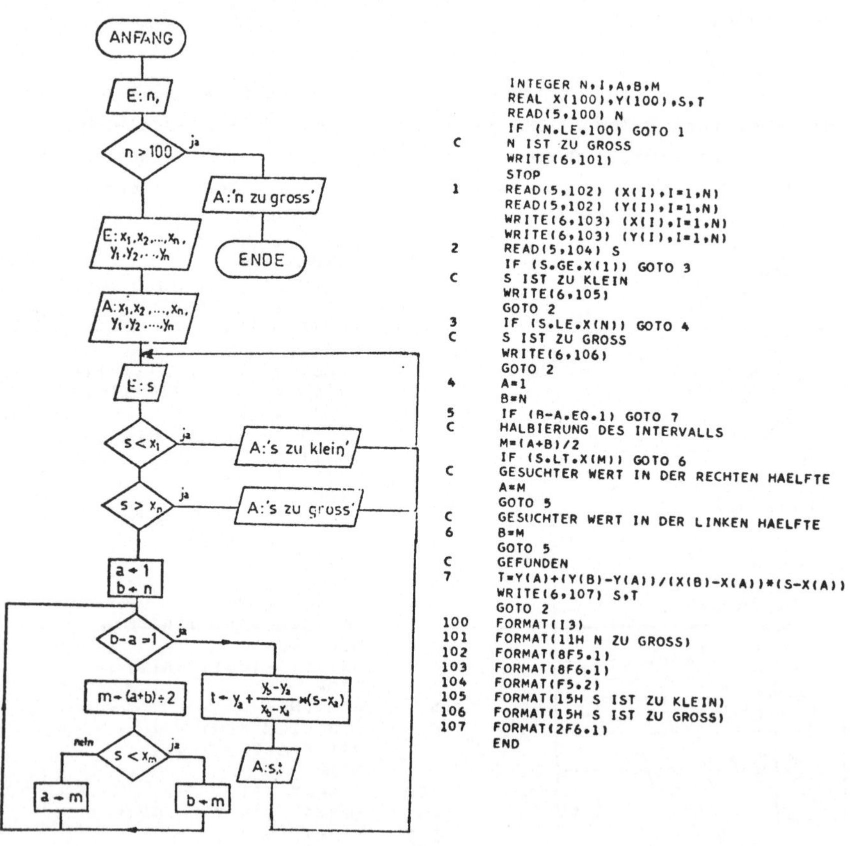


```
      INTEGER N,I,A,B,M
      REAL X(100),Y(100),S,T
      READ(5,100) N
      IF (N.LE.100) GOTO 1
C     N IST ZU GROSS
      WRITE(6,101)
      STOP
1     READ(5,102) (X(I),I=1,N)
      READ(5,102) (Y(I),I=1,N)
      WRITE(6,103) (X(I),I=1,N)
      WRITE(6,103) (Y(I),I=1,N)
2     READ(5,104) S
      IF (S.GE.X(1)) GOTO 3
C     S IST ZU KLEIN
      WRITE(6,105)
      GOTO 2
3     IF (S.LE.X(N)) GOTO 4
C     S IST ZU GROSS
      WRITE(6,106)
      GOTO 2
4     A=1
      B=N
5     IF (B-A.EQ.1) GOTO 7
C     HALBIERUNG DES INTERVALLS
      M=(A+B)/2
      IF (S.LT.X(M)) GOTO 6
C     GESUCHTER WERT IN DER RECHTEN HAELFTE
      A=M
      GOTO 5
C     GESUCHTER WERT IN DER LINKEN HAELFTE
6     B=M
      GOTO 5
C     GEFUNDEN
7     T=Y(A)+(Y(B)-Y(A))/(X(B)-X(A))*(S-X(A))
      WRITE(6,107) S,T
      GOTO 2
100   FORMAT(I3)
101   FORMAT(11H N ZU GROSS)
102   FORMAT(8F5.1)
103   FORMAT(8F6.1)
104   FORMAT(F5.2)
105   FORMAT(15H S IST ZU KLEIN)
106   FORMAT(15H S IST ZU GROSS)
107   FORMAT(2F6.1)
      END
```

Das Programm sieht durch einen unbedingten Rücksprung auf die Eingabeanweisung

```
┌──► 2  READ (5,103)  S
│         :
└──      GO TO 2
```

die Verarbeitung beliebig vieler Schlüsselwerte S vor. Sollte S zu klein oder zu groß sein, aber auch dann, wenn der zu S gehörige Tabellenwert durch Interpolieren gefunden wurde, wird auf die Eingabeanweisung zurückgesprungen. Das Durchlaufen dieser Endlosschleife wird mit dem letzten für S eingegebenen Wert beendet.

Doppelt indizierte Felder

Neben eindimensionalen Feldern können in FORTRAN auch mehrdimensionale Felder vereinbart werden.

In einem *zweidimensionalen Feld* sind die Elemente in Form einer *Matrix* angeordnet und müssen daher durch *zwei Indizes* beschrieben werden. Wie ein doppelt indiziertes Feld in der Programmiersprache FORTRAN vereinbart und verwendet werden kann, soll an folgendem Beispiel gezeigt werden:

Beispiel 30: Gegeben ist eine Tabelle der Entfernungen zwischen 5 Städten. Es ist zu überprüfen, ob die Entfernungstabelle symmetrisch ist. (Zur Überprüfung werden nur die Elemente oberhalb der Diagonale der Matrix aufgerufen!)

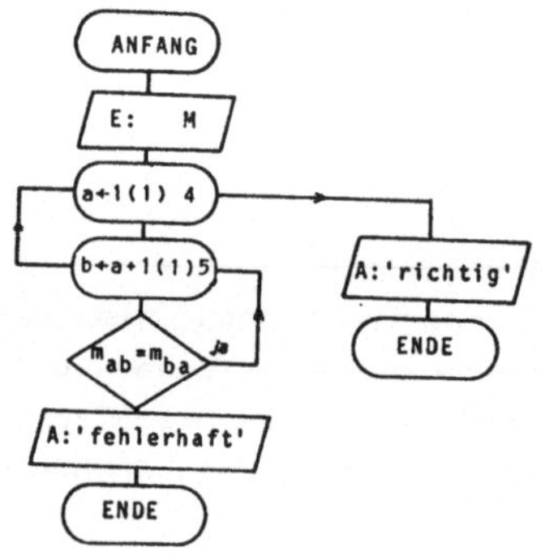


```
      INTEGER A,B,H
      REAL M(5,5)
      READ (5,100) M
      DO 1 A=1,4
      H=A+1
      DO 1 B=H,5
1     IF (M(A,B).NE.M(B,A)) GOTO 2
      WRITE (6,101)
      STOP
2     WRITE (6,102)
      STOP
100   FORMAT (5F8.1)
101   FORMAT (8H RICHTIG)
102   FORMAT (11H FEHLERHAFT)
      END
```

Durch die *Typenvereinbarung*

REAL M(5,5)

wird nicht nur angegeben, daß sämtliche Feldelemente reelle Größen sind, sondern zugleich durch die erste, der in der Klammer angeführten Zahlen die *Anzahl der Zeilen* und durch die zweite, die *Anzahl der Spalten* des doppelt indizierten Feldes festgelegt.

Durch die Eingabeanweisung

READ (5,100) M

wird das Feld als *Ganzes* eingelesen; und zwar so, daß die Speicherung der Feldelemente *spaltenweise* erfolgt.

Allerdings kann nur die Ein- und Ausgabe von doppelt indizierten Feldern als Ganzes ausgeführt werden; die Verarbeitung von zweidimensionalen Feldern muß *elementweise* vorgenommen werden.

Um ein *einzelnes Feldelement* aus dem Feld auszuwählen, müssen der *Feldname* und *beide Indizes* (Zeilenindex, Spaltenindex) - in Klammern gesetzt und durch Komma getrennt - angegeben werden.

Aber auch die Eingabe bzw. Ausgabe eines doppelt indizierten Feldes kann elementweise festgelegt werden: durch die *Eingabeanweisung*

```
READ (5,100)  ((M(I,J),I=1,5),J=1,5)
```

werden die Feldelemente ebenfalls spaltenweise gespeichert, da - entsprechend der Klammerung - der Index J erst erhöht wird, wenn der Index I die Werte von 1 bis 5 durchlaufen hat.

3.6. Funktionen

Um die Berechnung eines *Funktionswertes* vom übrigen Programm zu trennen, können in FORTRAN *Funktionen* als eigene Programmteile fomuliert werden.

Das folgende Beispiel zeigt die FORTRAN-Anweisungen, die zur Festlegung der Funktion F(x) benötigt werden; diese Funktion soll den Funktionswert von $x^2 + 1$ berechnen.

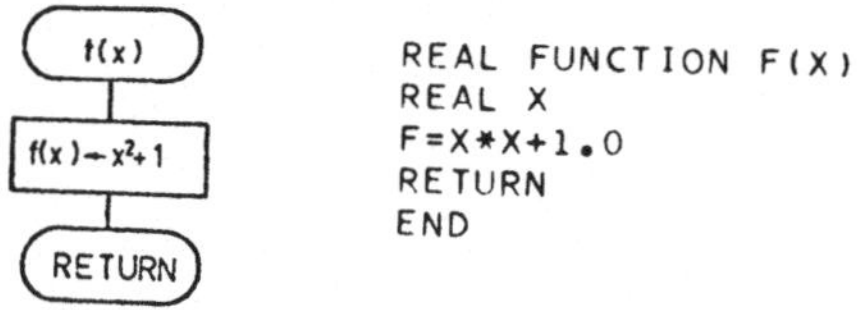

Durch die Anweisung

```
REAL FUNCTION  F(X)
```

wird F(X) als Funktion (engl.: *function*) vereinbart, deren Resultat vom Typ REAL ist.

Funktionen, die immer einen ganzzahligen Funktionswert liefern, werden als

```
INTEGER FUNCTION ...
```

festgelegt.

Im obigen Beispiel ist *F* der *Name der Funktion*, *X* die Bezeichnung für den *formalen Parameter*. Der Typ dieses formalen Parameters wird durch

```
REAL  X
```

ebenfalls als reell vereinbart. Als formaler Parameter kann jede einfache Variable verwendet werden.

Die Anweisung

```
F = X * X + 1.0
```

enthält die Rechenvorschrift, nach der aus dem Wert des formalen Parameters X formal der Funktionswert zu berechnen ist. Nachdem der Funktionswert "berechnet" und an die Funktion F übergeben worden ist, beendet die *Rücksprunganweisung*

```
RETURN
```

die ausführbaren Anweisungen dieses Programmteiles. Vom Hauptprogramm getrennte Programmteile dürfen nicht durch eine STOPanweisung beendet werden!

Die Rücksprunganweisung RETURN bewirkt aber gleichzeitig, daß die Funktion verlassen und in das Hauptprogramm zurückgekehrt wird, wobei der zuvor berechnete Funktionswert an die Stelle des *Aufrufes* der Funktion im Hauptprogramm zurückgeliefert wird. Der Programmablauf wird an dieser Stelle fortgesetzt.

Durch die Anweisung

```
END
```

wird das Ende des getrennten Programmteiles gekennzeichnet.

Der *Aufruf der Funktion im Hauptprogramm* soll am folgenden Beispiel gezeigt werden:

Beispiel 31: Eine Tabelle der Funktionswerte der Funktion $f:\ x \to x^2 + 1$ für die Definitionsmenge $\{0.0|\ 0.1|\ 0.2| \ldots |1.0\}$ soll ausgegeben werden.

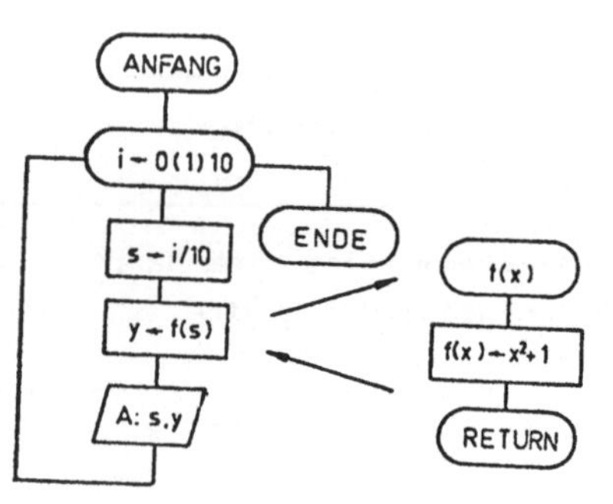


```
      INTEGER I
      REAL S,H,Y,F
      DO 1 I=1,11
      H=I-1
      S=H/10.0
      Y=F(S)
1     WRITE(6,100) S,Y
      STOP
100   FORMAT(F5.1,F6.2)
      END

      REAL FUNCTION F(X)
      REAL X
      F=X*X+1.0
      RETURN
      END
```

Auch im Hauptprogramm, das ja für sich getrennt steht, wird der Typ der Funktionswerte festgelegt. Dies geschieht durch Aufnahme des Funktionsnamens in die Vereinbarung der reellen Variablen

REAL H,S,Y,F

Der *Aufruf der Funktion* erfolgt durch die Anweisung

Y = F(S)

wo auf der *rechten* Seite der *Funktionsname* mit dem *aktuellen Parameter* steht. Durch die Angabe des Funktionsnamens und des in Klammern gesetzten Wertes des aktuellen Parameters S wird im Funktionsprogramm an Stelle des formalen Parameters X der tatsächliche Parameter S gesetzt, F(S) berechnet und durch die *Rücksprunganweisung*

RETURN

an das Hauptprogramm übergeben und an die Stelle von F(S) gesetzt.

Ehe die Funktion aufgerufen wird, muß der aktuelle Parameter S im Hauptprogramm berechnet werden, sodaß er beim Aufruf der Funktion zahlenmäßig vorliegt; das geschieht in unserem Beispiel durch die Anweisung

S = H/10.0

Da die Funktion ein eigener Programmteil ist, kann sie von jedem beliebigen Hauptprogramm aufgerufen werden. Sie wird immer dann aufgerufen, wenn in einem Programm auf der rechten Seite einer Ergibtanweisung der Funktionsname mit einem aktuellen Parameter auftritt. Dabei kann der Funktionsaufruf auch innerhalb eines Terms, z.B.

Y = A/B - F(C) *D

erfolgen.

Beispiel 32: Die Nullstelle der Funktion $F:\ x \to x^2 - 2$ ist im Intervall $[a,b]$ durch binäres Suchen zu ermitteln.

Zuerst wollen wir ein Hauptprogramm für das Suchen der Nullstelle einer Funktion F(X) im Intervall $[a,b]$ angeben. Da dieses Hauptprogramm unabhängig von der speziellen Wahl der Funktion ist, kann es für das Suchen der Nullstelle jeder beliebigen Funktion in einem vorgegebenen Intervall verwendet werden.

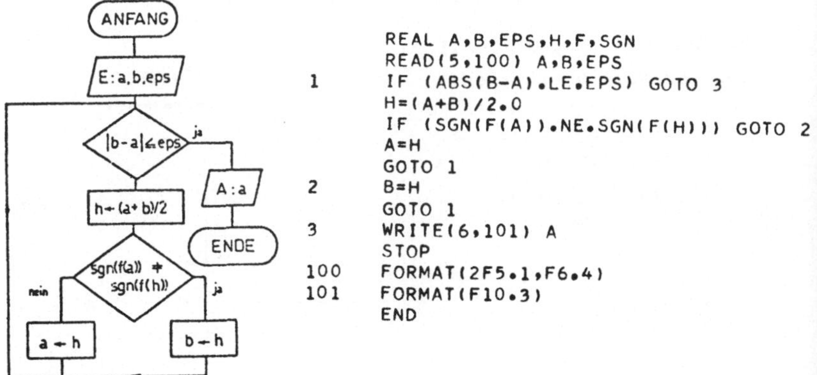


```
      REAL A,B,EPS,H,F,SGN
      READ(5,100) A,B,EPS
1     IF (ABS(B-A).LE.EPS) GOTO 3
      H=(A+B)/2.0
      IF (SGN(F(A)).NE.SGN(F(H))) GOTO 2
      A=H
      GOTO 1
2     B=H
      GOTO 1
3     WRITE(6,101) A
      STOP
100   FORMAT(2F5.1,F6.4)
101   FORMAT(F10.3)
      END
```

Die Berechnung der Funktionswerte einer speziellen Funktion muß dann in einem eigenen Programmteil durchgeführt werden.

Soll in unserem Beispiel eine spezielle Funktion *F(X)*, die den Funktionswert $x^2 - 2$ als Resultat liefert, auf ihre Nullstellen untersucht, aber auch in anderen Programmen verwendet werden, so wird sie als getrennter Programmteil

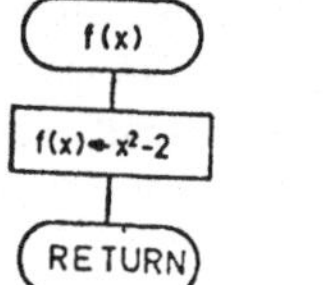


```
REAL FUNCTION F(X)
REAL X
F=X*X-2.0
RETURN
END
```

angegeben.

Das oben wiedergegebene Programm enthält neben der Funktion F(X) zwei weitere Funktionen: *ABS(X)* und *SGN(X)* ; die Funktion ABS(X) liefert als Funktionswert den Absolutbetrag ihres Parameters, die Funktion SGN(X) den Wert des Vorzeichens ihres Parameters.

Damit die Anweisungen des Hauptprogramms ausgeführt werden können, muß ein Funktionsprogramm für die *Funktion SGN (X)* als getrennter Programmteil angegeben werden.

Die Funktion SGN(X) soll als Funktionswert übertragen:

+1 für x > 0
 0 für x = 0
-1 für x < 0

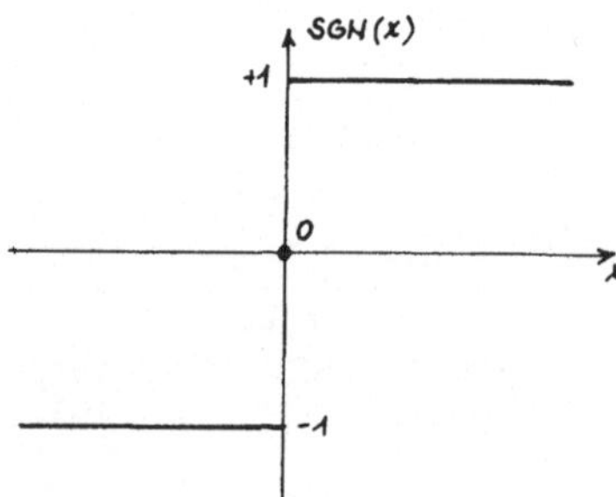

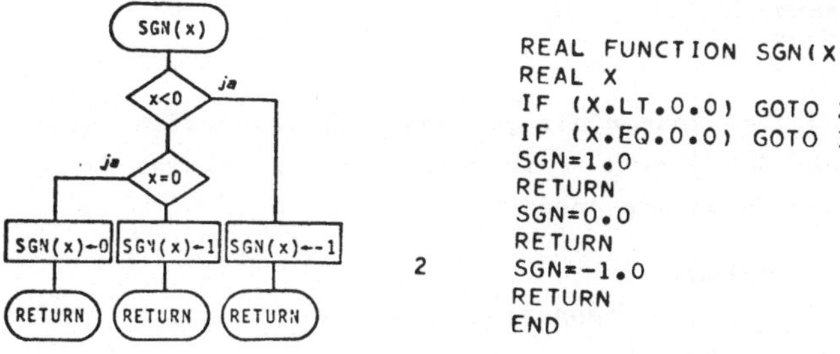

Die Funktion ABS (X) gehört zu den sogenannten *Standardfunktionen;* diese häufig gebrauchten mathematischen Funktionen sind fertig programmiert im Computer gespeichert und können in einem FORTRAN-Programm verwendet werden, ohne durch einen getrennten Programmteil näher beschrieben werden zu müssen; sie können einfach unter ihrem vereinbarten Namen im Hauptprogramm aufgerufen werden.

Der Aufruf von Standardfunktionen erfolgt - wie bei den selbst geschriebenen Funktionsprogrammen - in einer Ergibtanweisung, sofern auf der rechten Seite an irgendeiner Stelle der Name einer Standardfunktion - der nun im Gegensatz zu den übrigen Funktionen nicht frei wählbar, sondern verbindlich festgelegt ist - zusammen mit einem aktuellen Parameter aufscheint.

Zusammenfassung:

Funktionsprogramme können als getrennte Programmteile festgelegt werden. Der Beginn eines Funktionsprogrammes ist gekennzeichnet durch die Anweisung

```
INTEGER
   bzw.    FUNCTION  NAME (X)
   REAL
```

Die letzte auszuführende Anweisung lautet: RETURN .
Das formale Ende des Funktionsprogrammes zeigt das Codewort END an.

Der Aufruf der Funktion erfolgt im Hauptprogramm dadurch, daß auf der rechten Seite einer Ergibtanweisung der Name der Funktion mit dem aktuellen Parameter in Klammern auftritt. Dieser wird an das Unterprogramm übergeben und anstelle des formalen Parameters verarbeitet. Der errechnete Funktionswert wird durch die RETURN-Anweisung an die Stelle des Funktionsaufrufes im Hauptprogramm gesetzt.

Standardfunktionen

Folgende zur Berechnung von Funktionswerten häufig benötigte mathematische Funktionen können in FORTRAN verwendet werden, ohne daß eine Rechenvorschrift zur Berechnung des Funktionswertes angegeben werden muß:

```
REAL FUNCTION  ABS (X)
REAL X

INTEGER FUNCTION  IABS (I)
INTEGER I
```

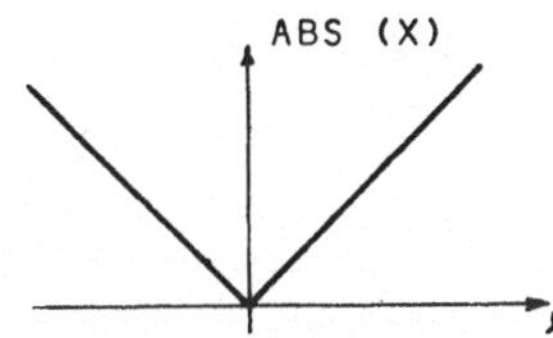

Beide Funktionen berechnen als Funktionswert den Absolutbetrag ihres Parameters

```
REAL FUNCTION SQRT (X)
REAL  X
```

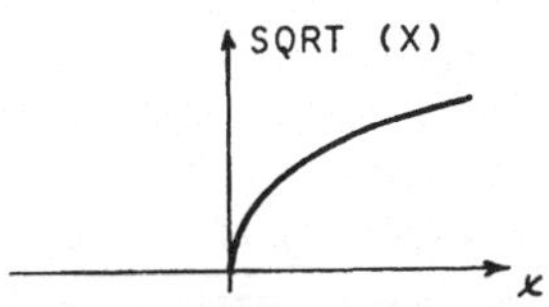

Als Funktionswert wird die Quadratwurzel (engl.: square root) des Parameters übertragen. Sie ist nur für Parameter $\geq$ 0 definiert!

```
REAL FUNCTION SIN (X)
REAL  X

REAL FUNCTION COS (X)
REAL  X
```

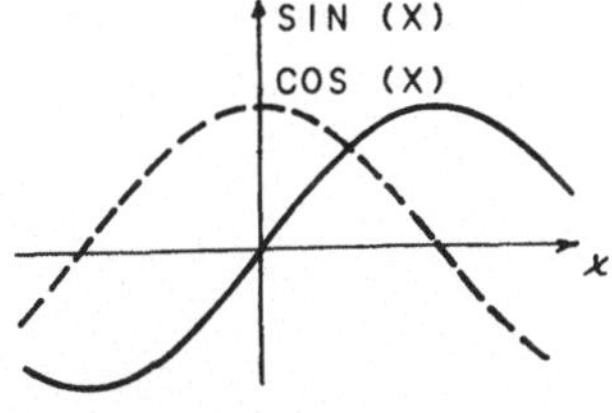

Als Funktionswert wird der Sinus (Cosinus) des Parameters berechnet, wobei der Winkel im Bogenmaß anzugeben ist.

```
REAL FUNCTION EXP (X)
REAL X
```

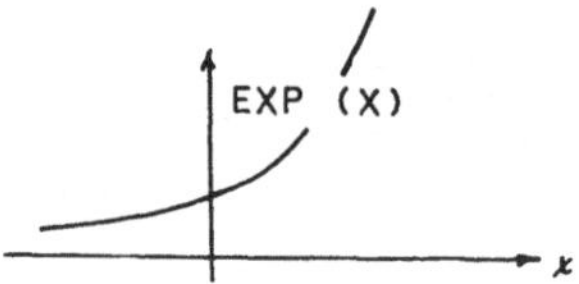

Der Funktionswert der Exponentialfunktion e^x wird für den vorgegebenen Parameter berechnet.

```
REAL FUNCTION ALOG (X)
REAL X
```

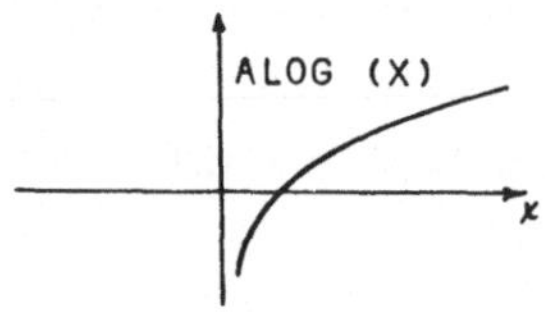

Als Funktionswert wird der natürliche Logarithmus des Parameters berechnet.

Dies sind die wichtigsten Standardfunktionen, die uns in FORTRAN zur Verfügung stehen. Darüber hinaus gibt es aber noch eine Reihe weiterer Standardfunktionen.

Bei der Verwendung von Standardfunktionen muß wesentlich darauf geachtet werden, daß der hier *vereinbarte Funktionsname* angegeben wird. Nur durch die genaue Wiedergabe des vereinbarten Funktionsnamens wird eine Standardfunktion aufgerufen.

Die Verwendung der festgelegten Funktionsnamen der Standardfunktionen für andere, selbst geschriebene Funktionsprogramme ist unzulässig!

Funktionen mit mehreren Parametern

Bei Funktionen, die durch kompliziertere Terme festgelegt sind, sind zur Berechnung eines Funktionswertes i.a. mehrere Parameter erforderlich. Die Gesamtheit aller Parameter, von denen der Funktionswert abhängt, muß nach dem *Grundsymbol FUNCTION* und dem Namen der Funktion in Klammern formal angeführt werden; als formale Parameter können einfache Variable, aber auch Namen von Feldern verwendet werden.

Beispiel 33: Berechnung des Funktionswertes einer ganzrationalen Funktion mit Hilfe des HORNER-Schemas.

Die Parameter, aus denen der Funktionswert berechnet wird, sind hier das Feld *A* der Koeffizienten, die Zahl *N* der auszuführenden Schritte und der Abszissenwert *X* .

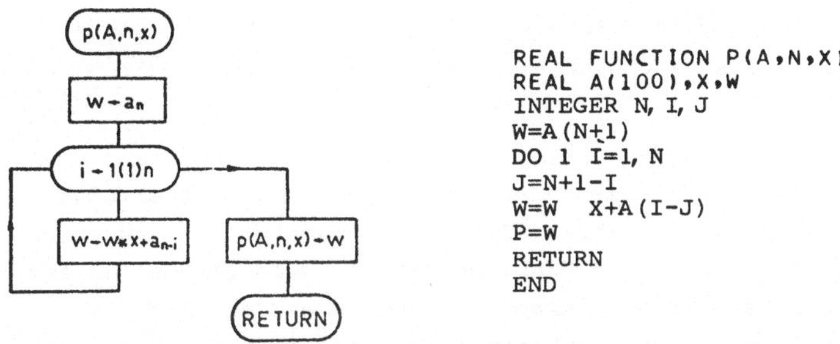


```
REAL FUNCTION P(A,N,X)
REAL A(100),X,W
INTEGER N, I, J
W=A(N+1)
DO 1 I=1, N
J=N+1-I
W=W  X+A(I-J)
P=W
RETURN
END
```

Der Funktionswert wird mittels der Hilfsvariablen *W* nach dem HORNER-Schema berechnet. Wenn die Schleife für alle N abgearbeitet ist, enthält die Hilfsvariable W den gesuchten Funktionswert. Durch die Anweisung

P = W

wird dieser, auf der Hilfsvariablen W berechnete Funktionswert an die Funktion P übergeben, die ihn als Resultat an das Hauptprogramm zurückliefert.

Die Koeffizienten der ganzrationalen Funktion werden in diesem Funktionsprogramm als Feld mit der Maximallänge 100 vereinbart und durch den formalen Feldparameter A vertreten. Da die Indizes von Feldern in FORTRAN immer mit 1 beginnen, andererseits die Koeffizienten einer ganzrationalen Funktion aber von Null beginnend durchnummeriert sind, muß zu den Werten von N immer die Konstante 1 addiert werden, bevor der Indexwert verarbeitet wird. Daher lautet die Zuweisung des Koeffizienten a_n an die Hilfsvariable w im FORTRAN-Programm:

```
W = A(N+1)
```

es wird also das (N+1)ste Feldelement zugewiesen.

Ebenso ändert sich der Index von a. Er wird als Variable J eingeführt und ergibt sich aus J=N+1-I.

Der Aufruf von Funktionen mit mehreren Parametern erfolgt - ebenso wie bei Funktionen mit einem Parameter - im Hauptprogramm durch Angabe des Funktionsnamens, gefolgt von den aktuellen Parametern, die in Klammern gesetzt werden, auf der rechten Seite einer Ergibtanweisung. Der Aufruf der im Beispiel 33 programmierten Funktion könnte etwa durch folgende Anweisung des Hauptprogrammes erfolgen:

```
Y = P (Z,M,S)
```

wobei Z das Feld der aktuellen Koeffizienten, M die Anzahl der tatsächlich auszuführenden Schritte und S der aktuelle Abszissenwert sei, für den der Funktionswert berechnet werden soll. Der Aufruf könnte aber auch von jeder beliebigen Stelle innerhalb eines Terms ausgehen.

Beim Aufruf der Funktion werden die formalen Parameter in der angegebenen Reihenfolge durch die Werte der aktuellen Parameter ersetzt. *Bei der Übergabe der aktuellen Parameter an das Funktionsprogramm muß darauf geachtet werden, daß die Typen der einander entsprechenden formalen und aktuellen Parameter sowie deren Anzahl übereinstimmen.* Mit diesen aktuellen Parametern wird der Funktionswert berechnet und durch die RETURN-Anweisung an die Stelle des Aufrufes im Hauptprogramm zurückgeliefert.

Beispiel 34: Gegeben sind n natürliche Zahlen $a_1, a_2, \ldots, a_n$ · deren größter gemeinsamer Teiler g zu berechnen ist.

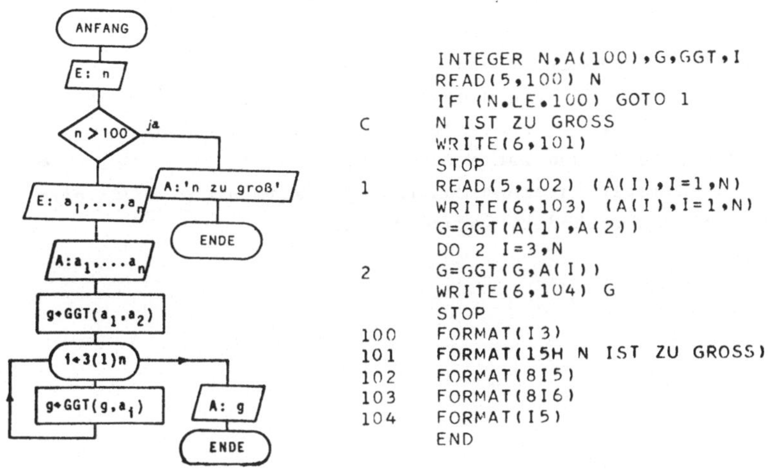


```
      INTEGER N,A(100),G,GGT,I
      READ(5,100) N
      IF (N.LE.100) GOTO 1
C     N IST ZU GROSS
      WRITE(6,101)
      STOP
1     READ(5,102) (A(I),I=1,N)
      WRITE(6,103) (A(I),I=1,N)
      G=GGT(A(1),A(2))
      DO 2 I=3,N
2     G=GGT(G,A(I))
      WRITE(6,104) G
      STOP
100   FORMAT(I3)
101   FORMAT(15H N IST ZU GROSS)
102   FORMAT(8I5)
103   FORMAT(8I6)
104   FORMAT(I5)
      END
```

Zur Berechnung des größten gemeinsamen Teilers zweier Zahlen wird der EUKLID'sche Algorithmus als Funktionsprogramm GGT formuliert:

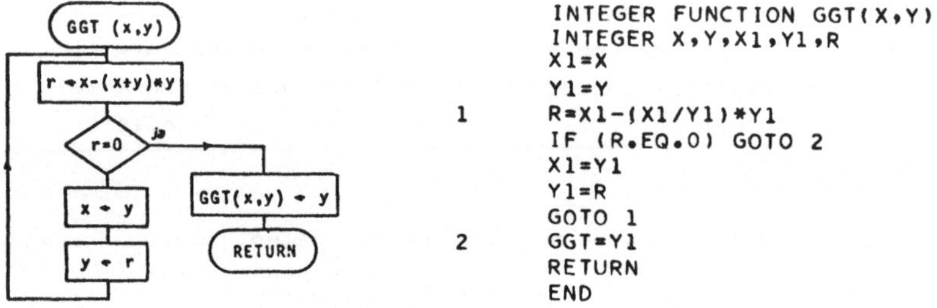


```
      INTEGER FUNCTION GGT(X,Y)
      INTEGER X,Y,X1,Y1,R
      X1=X
      Y1=Y
1     R=X1-(X1/Y1)*Y1
      IF (R.EQ.0) GOTO 2
      X1=Y1
      Y1=R
      GOTO 1
2     GGT=Y1
      RETURN
      END
```

Die formalen Parameter X und Y werden zuerst den Hilfsvariablen X1 und Y1 zugewiesen. Die Berechnung des größten gemeinsamen Teilers wird mit diesen Hilfsvariablen durchgeführt. Diese Zuweisung ist erforderlich, da die Werte der formalen Parameter in einem Funktionsprogramm nicht durch eine Ergibtanweisung verändert werden dürfen.

3.7. Unterprogramme

Unterprogramme können in FORTRAN - ähnlich wie Funktionen - als getrennte Programmteile formuliert werden. Es wird jedoch im Gegensatz zu Funktionen kein spezieller Funktionswert berechnet. Durch ein Unterprogramm kann - im Gegenteil - für das Hauptprogramm eine Vielzahl von Werten berechnet und den Formalparametern zugewiesen werden. Unterprogramme ermöglichen also die Änderung der Werte von Parametern.

Beispiel 35: In Beispiel 12 ist die Vertauschung zweier Zahlen als Unterprogramm zu formulieren.

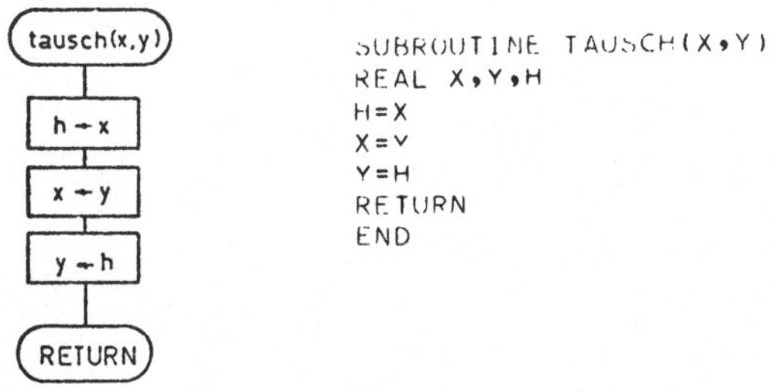

Die Anweisung

SUBROUTINE TAUSCH (X,Y)

legt durch das *Grundsymbol* *SUBROUTINE* fest, daß es sich im Folgenden um ein *Unterprogramm* (engl.: *subroutine*) handelt, anschließend wird *TAUSCH* als *Name* des Unterprogramms angegeben und schließlich die *formalen Parameter* *X* und *Y* des Unterprogramms. Durch die Typanweisung

REAL X,Y,H

werden diese Parameter gemeinsam mit der Hilfsvariablen H als reelle Größen festgelegt.

Im Unterprogramm werden die Werte von X und Y mittels der Hilfsvariablen H vertauscht. Dann wird entsprechend der RETURN-Anweisung in das Hauptprogramm zurückgesprungen.

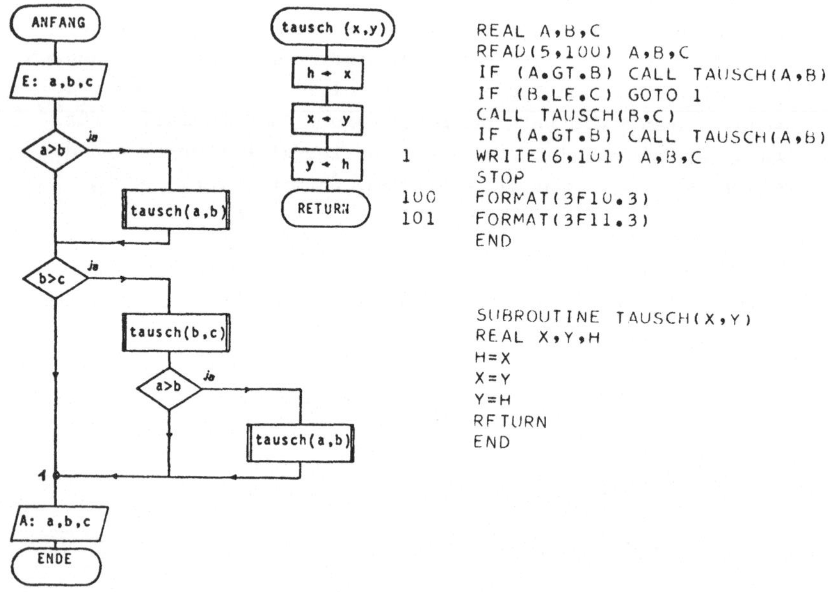


```
      REAL A,B,C
      READ(5,100) A,B,C
      IF (A.GT.B) CALL TAUSCH(A,B)
      IF (B.LE.C) GOTO 1
      CALL TAUSCH(B,C)
      IF (A.GT.B) CALL TAUSCH(A,B)
1     WRITE(6,101) A,B,C
      STOP
100   FORMAT(3F10.3)
101   FORMAT(3F11.3)
      END

      SUBROUTINE TAUSCH(X,Y)
      REAL X,Y,H
      H=X
      X=Y
      Y=H
      RETURN
      END
```

Der ***Aufruf** des Unterprogramms* erfolgt durch eine eigene Anweisung des Hauptprogramms, die sogenannte *Aufrufanweisung*

CALL TAUSCH (A,B)

Die Aufrufanweisung ist gekennzeichnet durch das *Grundsymbol CALL*, sie enthält den *Namen TAUSCH* des Unterprogramms und die *aktuellen Parameter A* und *B* , die an das Unterprogramm übergeben werden sollen. Beim Aufruf werden die formalen Parameter X und Y des Unterprogramms in ihrer Reihenfolge durch die entsprechenden Namen der aktuellen Parameter A und B ersetzt. Dann werden die Anweisungen des Unterprogramms ausgeführt und dabei die Werte der Parameter vertauscht. Bei der Rückkehr in das Hauptprogramm werden die beiden vertauschten Parameter, aber kein Zahlenwert übergeben.

Das Hauptprogramm wird mit der nächsten, auf die Aufrufanweisung folgenden Anweisung fortgesetzt.

Beispiel 36: Gegeben sind zwei Felder X und Y mit je n Feldelementen. Es soll geprüft werden, ob die beiden Felder aus den gleichen Elementen bestehen.

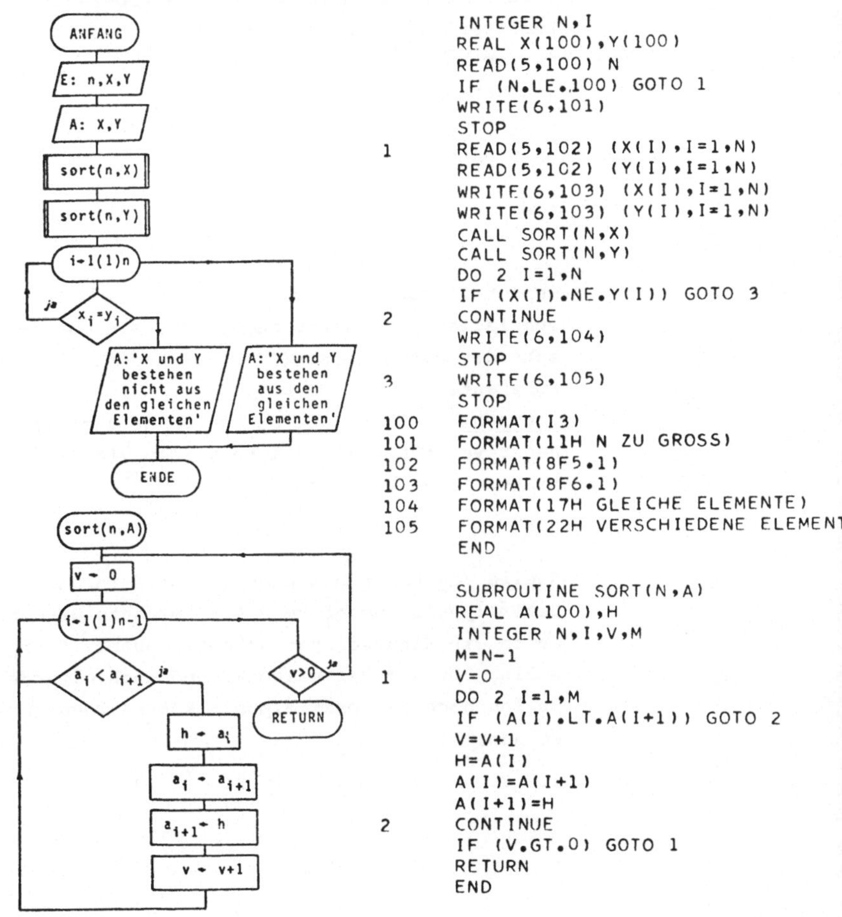


```
        INTEGER N,I
        REAL X(100),Y(100)
        READ(5,100) N
        IF (N.LE.100) GOTO 1
        WRITE(6,101)
        STOP
1       READ(5,102) (X(I),I=1,N)
        READ(5,102) (Y(I),I=1,N)
        WRITE(6,103) (X(I),I=1,N)
        WRITE(6,103) (Y(I),I=1,N)
        CALL SORT(N,X)
        CALL SORT(N,Y)
        DO 2 I=1,N
        IF (X(I).NE.Y(I)) GOTO 3
2       CONTINUE
        WRITE(6,104)
        STOP
3       WRITE(6,105)
        STOP
100     FORMAT(I3)
101     FORMAT(11H N ZU GROSS)
102     FORMAT(8F5.1)
103     FORMAT(8F6.1)
104     FORMAT(17H GLEICHE ELEMENTE)
105     FORMAT(22H VERSCHIEDENE ELEMENT
        END

        SUBROUTINE SORT(N,A)
        REAL A(100),H
        INTEGER N,I,V,M
        M=N-1
1       V=0
        DO 2 I=1,M
        IF (A(I).LT.A(I+1)) GOTO 2
        V=V+1
        H=A(I)
        A(I)=A(I+1)
        A(I+1)=H
2       CONTINUE
        IF (V.GT.0) GOTO 1
        RETURN
        END
```

Zusammenfassung der Grundbegriffe der Programmiersprache FORTRAN

Namen bestehen aus einer Folge von maximal sechs Großbuchstaben oder Ziffern; das erste Zeichen des Namens muß ein Buchstabe sein. Leerstellen dürfen in einem Namen nicht auftreten.
Ein Name dient zur Bezeichnung von einfachen Variablen, Feldern, Funktionen oder Unterprogrammen.

z.B.: SEK | X1 | ALPHA

Konstante werden in einem FORTRAN-Programm durch ihren speziellen Zahlenwert angegeben. Man unterscheidet ganzzahlige (INTEGER) und reelle (REAL) Konstante.
Ganzzahlige Konstante bestehen nur aus Ziffern; negative INTEGER-Konstante werden mit einem Minuszeichen versehen.

z.B.: 100 | 2 | -7

Reelle Konstante bestehen aus Ziffern und einem Dezimalpunkt. Negative REAL-Konstante werden durch ein Minuszeichen gekennzeichnet. Führende Nullen vor dem Dezimalpunkt und nachfolgende Nullen nach dem Dezimalpunkt können weggelassen werden.

z.B.: 1.0 | 0.5 | 2. | .01

Variable — heißen alle Größen, deren Wert im FORTRAN-Programm verändert werden kann. Sie werden durch einen Namen gekennzeichnet.

einfache Variable — tragen keinen Index und sind vom Typ REAL oder INTEGER

z.B.: A | SEK | KA

Feldelemente (indizierte Variable) — werden durch den Namen des Feldes und einen in Klammern gesetzten Index bezeichnet. Bei mehrfach indizierten Feldern werden nach dem Feldnamen in einer Klammer mehrere, aber maximal drei Indizes, die durch Beistriche getrennt sind, angegeben.
Der Wert des Index muß ganzzahlig und größer als Null sein; er darf die in der Typanweisung festgelegte maximale Anzahl von Feldelementen nicht überschreiten.

z.B.: A(I) T(5) W(N+1)

A(I,J) Z(3,2) W(N+1,K,L)

Index — Der Index eines Feldelementes kann eine ganzzahlige einfache Variable V, eine ganzzahlige Konstante C, oder aus beiden zusammengesetzt sein.
Folgende Kombinationen sind zulässig:

V
C
V+C
V-C
C *V
C *V+C
C *V-C

Der Wert des Index muß ganzzahlig und größer als Null sein; er darf die in der Typanweisung des Feldes vereinbarte maximale Anzahl von Feldelementen nicht überschreiten.

z.B.: I 5 N+1 3*N-3

Funktionsaufruf

Ein Funktionsaufruf besteht aus dem Namen der Funktion und dem in Klammern gesetzten aktuellen Parameter(n). Jeder aktuelle Parameter einer Funktion ist ein Term, in dem den darin vorkommenden Variablen bereits Zahlenwerte zugewiesen wurden.

z.B.: F(X) P(-7.0) Y(x+1.0)

SIN(ABS(X))

Term

Ein Term kann aus einfachen Variablen, Konstanten, Feldelementen und Funktionsaufrufen mit Hilfe der Operatoren +, -, *, /, ** , sowie runden Klammern aufgebaut werden. Sämtliche Elemente eines Termes müssen vom selben Typ sein (vgl. Anmerkung S.188)

z.B.: I -7.0 A(J) SIN(X)

3.0*X+B 1/(N-1)

Typanweisung

Die Typanweisung muß vor der ersten ausführbaren Anweisung eines Programmes oder Programmteiles stehen.

```
INTEGER V,V,...
```

V kann sein:
- der Name einer ganzzahligen Variablen
- der Name eines ganzzahligen Feldes, gefolgt von einer in Klammern gesetzten ganzzahligen Konstanten, die den größten zulässigen Indexwert angibt. Bei mehrfach indizierten Feldern ist der größte zulässige Indexwert für jeden der vorkommenden Indizes entsprechend ihrer Reihenfolge durch Beistriche getrennt, anzugeben.
- der Name einer Funktion mit ganzzahligem Resultat

In der INTEGER-Typanweisung können die Namen sämtlicher, in dem Programm verwendeten ganzzahligen Funktionen aufgeführt sein. Namen von ganzzahligen einfachen Variablen und Namen von ganzzahligen Funktionen, die mit einem der Buchstaben I,J,K,L,M,N beginnen, brauchen nicht in der INTEGER-Typanweisung enthalten zu sein.

z.B.: `INTEGER I,J,MIN,A(10),X(10,5),FAK(X)`

```
REAL  V,V,...
```

V kann sein:
- der Name einer reellen Variablen
- der Name eines reellen Feldes, gefolgt von einer in Klammern gesetzten ganzzahligen Konstanten, die den größten zulässigen Indexwert angibt. Bei mehrfach indizierten Feldern wird der größte zulässige Indexwert für jeden der vorkommenden Indizes in ihrer Reihenfolge durch Kommas getrennt angegeben.

- der <u>Name einer Funktion mit reellem Resultat</u>

In der REAL-Typanweisung können die Namen sämtlicher, in dem Programm verwendeten reellen Variablen, reellen Felder und reellen Funktionen aufgeführt sein. Namen von reellen einfachen Variablen und Namen von reellen Funktionen, die nicht mit einem der Buchstaben I,J,K,L,M,N beginnen, brauchen nicht in der REAL-Typanweisung enthalten zu sein.

z.B.: `REAL Y(10),Z(10,5),ABS(X),U,MAX`

Eingabeanweisung Die Eingabeanweisung bewirkt die Übertragung von Zahlenwerten über Eingabegeräte in die, durch Namen freigehaltenen Speicherbereiche und hat folgende allgemeine Form:

```
READ (i,n)  V,V,...
```

i ist die Nummer der Eingabeeinheit

n ist die Nummer der zugehörigen <u>FORMAT-anweisung</u>

V kann sein:

- der <u>Name einer Variablen</u> (der eingelesene Zahlenwert wird der Variablen zugewiesen)
- ein <u>Feldelement</u> (der eingelesene Zahlenwert wird dem betreffenden Feleelement zugewiesen)
- der <u>Name eines Feldes</u> (die eingelesenen Zahlenwerte werden der Reihe nach sämtlichen Elementen des Feldes zugewiesen. Bei mehrfach indizierten Feldern läuft der vorderste Index am raschesten, d.h. die Zuweisung der eingelesenen Zahlenwerte an die Elemente

eines Feldes A(I,J) erfolgt so, daß I alle Werte bei J=1 durchläuft, dann werden alle Werte von I bei J=2 abgearbeitet, usw.)

Für die Eingabe größerer Datenmengen kann eine Laufliste der Form

```
(V(L), L=A,E,S)
```

verwendet werden, durch die die eingelesenen Zahlenwerte der Reihe nach den Feldelementen V(A) bis V(E) zugewiesen werden.
In der Laufliste bedeutet:

V den Namen eines Feldes
L eine ganzzahlige Laufvariable
A ganzzahlige, positive Variable oder
E Konstante, die den Anfangswert, Endwert
S und die Schrittweite der Laufliste angeben. Die Angabe der Schrittweite kann entfallen, falls diese gleich 1 ist.

Den in der Eingabeanweisung angeführten Variablen werden entsprechend der zugehörigen FORMAT-Anweisung, die die Anordnung und Art der Zahlenwerte auf dem Eingabe-Datenträger angibt, der Reihe nach die eingelesenen Zahlenwerte zugewiesen. Ist die FORMAT-Anweisung abgearbeitet bevor die Liste der Eingabevariablen erschöpft ist, wird das Format mit dem Beginn eines neuen Datensatzes wiederholt. So kann eine wiederholte Abarbeitung einer Eingabeanweisung erreicht werden, wobei jedesmal die FORMAT-Vereinbarung mit einem neuen Datensatz von vorne ausgeführt wird.

z.B.: `READ (5,100) N,(AI),I=1,N)`

Ausgabeanweisung Die Ausgabeanweisung hat folgende allgemeine Form:

```
WRITE (i,n)  V,V,...
```

Es bedeutet:

i die Nummer der Ausgabeeinheit

n die Nummer der zugehörigen FORMAT-Anweisung

V - den Namen einer Variablen (der Wert dieser Variablen wird ausgegeben)
- ein Feldelement (der Wert des betreffenden Feldelementes wird ausgegeben)
- den Namen eines Feldes (die Werte sämtlicher Feldelemente werden der Reihe nach ausgegeben; bei mehrfach indizierten Feldern variiert wieder der vorderste Index am raschesten)

Weiters können durch eine Laufliste der Form

```
(V(I), I=A,E,S)
```

die Werte der Feldelemente von V(A) bis V(E) der Reihe nach ausgegeben werden.

V,I,A,E,S haben hier dieselbe Bedeutung wie bei der Eingabeanweisung mittels einer Laufliste.

Die Angabe von V entfällt, wenn nur Text ausgegeben werden soll.

Die Werte der angeführten Variablen werden entsprechend der zugehörigen FORMAT-Anweisung, die die Anordnung und Art der Zahlenwerte auf dem Ausgabe-Datenträger angibt, der Reihe nach ausgegeben. Ist die FORMAT-Anweisung abgearbeitet, bevor die Liste der Ausgabevariablen erschöpft ist, wird das Format mit dem Beginn eines neuen Datensatzes wiederholt. Durch eine Ausgabeanweisung kann so die wiederholte Abarbeitung dieser Ausgabeanweisung erreicht werden, wobei jedesmal die FORMAT-Vereinbarung mit einem neuen Datensatz von vorne ausgeführt wird.

z.B.:
```
WRITE (6,101) N, (A(I),I=1,N)
```

FORMAT-Anweisung

Die FORMAT-Anweisung vermittelt dem Computer Informationen über die Anordnung und Art von Eingabe- und Ausgabedaten auf den Datenträgern. Jede READ-Anweisung bzw. WRITE-Anweisung muß durch eine FORMAT-Vereinbarung ergänzt werden. Da sie keine ausführbare Anweisung des Programms darstellt, kann sie im Programm an beliebiger Stelle angegeben werden. Sie hat die Form:

```
xxxxx  FORMAT  (S,S,...)
```

Es bedeutet:

xxxxx die Anweisungsnummer, die in der zugehörigen Eingabe- oder Ausgabe-Anweisung festgelegt wird,

S Formatspezifikationen, die die Daten eines Datensatzes beschreiben.

INTEGER-Größen können nur durch die <u>I-Spezifikation</u> beschrieben werden:

nIw

REAL-Größen können durch die <u>F-Spezifikation</u>

nFw.d

oder durch die <u>E-Spezifikation</u> (Darstellung von Zahlen mit Hilfe von Zehnerpotenzen)

nEw.d

beschrieben werden.

I ist der FORMAT-Code, durch den die zu beschreibende Zahl als ganzzahlige Größe festgelegt wird,

F ist der FORMAT-Code, durch den die zu beschreibende Größe als REAL-Größe interpretiert wird,

E ist der FORMAT-Code, durch den die zu beschreibende Größe als reelle Größe in Exponentenschreibweise festgelegt wird.

n ist eine ganze positive Zahl, die die Anzahl der Wiederholungen der Formatspezifikation angibt; ihre Angabe kann entfallen, wenn n=1 ist.

w ist eine ganze Zahl, die die Anzahl der vorgesehenen Stellen angibt; für das Vorzeichen der Zahl und für den Dezimalpunkt muß eine eigene Stelle mitberücksichtigt werden; ein positives Vorzeichen muß nicht angegeben werden.

d ist eine ganze Zahl, die die Anzahl der Nachkommastellen angibt.

Sind in der Formatvereinbarung mehr Stellen angegeben, als durch die gegebene Zahl belegt werden, so werden die restlichen als Leerstellen (Nullen) interpretiert.
Wird eine reelle Größe einer Variablen, die durch die I-Spezifikation beschrieben ist, zugewiesen, so werden die Dezimalstellen ohne Rundung unterdrückt.
Bei der Zuweisung einer reellen Größe an eine Variable, die in der F- bzw. E-Spezifikation beschrieben ist, werden nur so viele Dezimalstellen registriert, als in der Formatvereinbarung angegeben sind; die restlichen Dezimalstellen werden ohne Rundung unterdrückt.

Bei der Angabe der Gesamtanzahl w der freizuhaltenden Stellen muß bei der F-Spezifikation darauf geachtet werden, daß je eine Stelle für das Vorzeichen und den Dezimalpunkt und die Anzahl der Dezimalstellen d mitberücksichtigt werden.

Bei der Angabe der Gesamtanzahl w der freizuhaltenden Stellen muß bei der E-Spezifikation darauf geachtet werden, daß je eine Stelle für den Dezimalpunkt und das Vorzeichen, die Anzahl der Dezimalstellen d und 4 Stellen für den Exponenten mitberücksichtigt werden. Denn die Eingabe bzw. Ausgabe der Zehnerpotenz erfolgt in der Form:

E±p

wobei p ganzzahlig und zweistellig ist.

z.B.: I-Spezifikation

I3 ⌊3⌊1⌊2⌋ ⌊-⌊4⌊2⌋ ⌊ ⌊ ⌊3⌋

F-Spezifikation

F6.2 ⌊-⌊4⌊2⌊.⌊1⌊0⌋ ⌊1⌊3⌊3⌊.⌊3⌊3⌋

E-Spezifikation

E9.2 ⌊-⌊0⌊.⌊1⌊8⌊E⌊-⌊1⌊1⌋ $-0{,}18*10^{-11}$

⌊ ⌊0⌊.⌊4⌊2⌊E⌊+⌊0⌊5⌋ $0{,}42*10^{5}$

Die E-Spezifikation wird vor allem dann verwendet, wenn REAL-Größen verschiedenster Datenlänge eingelesen oder ausgegeben werden sollen, die sich aber mittels Zehnerpotenzen auf wenige Stellen reduzieren lassen.

Sollen durch eine Ausgabe-Formatanweisung keine Zahlenwerte, sondern ein Text ausgegeben werden, so entfällt die Angabe der Spezifikationen und an ihrer Stelle wird der auszugebende Text, in Hochkommas eingeschlossen, angegeben.

z.B.: ('b̸Text')

Das Leerzeichen b̸ nach dem Hochkomma und vor dem Text wird vom Computer als Steuerzeichen interpretiert und bewirkt den Vorschub auf eine neue Zeile vor dem Drucken. (Soll vor dem Drucken auf eine neue Seite vorgeschoben werden, so müßte statt des Leerzeichens 1 geschrieben werden.)

Für die Ausgabe von Text ist noch eine zweite Schreibweise möglich:

vor den auszugebenden Text wird die Gesamtanzahl der benötigten Stellen zusammen mit dem FORMAT-Code H angegeben:

z.B.: (5HɃText)

Das Leerzeichen Ƀ sorgt wieder für den Zeilentransport vor dem Drucken.

z.B.

```
xxxxx FORMAT (I3,2F6.2,E9.2)
xxxxx FORMAT ('ɃSUMME')
xxxxx FORMAT (6HɃSUMME)
```

Ergibtanweisung

Ergibtanweisungen werden in der Reihenfolge ausgeführt, in der sie im Programm angegeben sind. Sie haben die allgemeine Form:

V = T

V ist der Name einer einfachen Variablen oder ein Feldelement

T ist ein Term

= bedeutet, daß der Wert von V durch den Wert von T ersetzt wird; dabei geht der ursprüngliche Wert von V verloren.

Die Verarbeitung der Ergibtanweisung erfolgt so, daß zuerst der Wert von T berechnet (sämtliche in T vorkommende Variablen müssen zu diesem Zeitpunkt vom Programm her an V übergeben wird. Falls V als ganzzahlig vereinbart wurde, wird nur der ganzzahlige Anteil von T übergeben, Nachkommastellen werden ohne Rundung unterdrückt.

z.B. I=5 X=-7.0 N=N+1 A(J)=SIN(X)

bedingte Anweisung Bedingte Anweisungen ermöglichen die Steuerung eines Programmablaufes dadurch, daß die Ausführung einer Anweisung von einer Bedingung abhängig gemacht wird. Sie haben in FORTRAN folgende allgemeine Form:

```
IF (Bedingung) Anweisung
```

Die Bedingung besteht im einfachsten Fall aus dem Vergleich der Werte zweier Terme mit Hilfe von einem der folgenden Vergleichsoperatoren

.LT.	.LE.	.EQ.	.GE.	.GT.	.NE.
$<$	$\leq$	$=$	$\geq$	$>$	$\neq$

z.B.: X.GT.(B-1.0)

Eine Bedingung kann durch den logischen Operator .NOT. verneint werden (Negation); eine nachfolgende Anweisung wird nur dann ausgeführt, wenn die gegebene Bedingung nicht erfüllt ist.

z.B.: .NOT.(N.LE.MAX)

Mittels der logischen Operatoren .AND. (Konjunktion) und .OR. (Disjunktion) können Teilbedingungen zusammengefaßt werden.
Sind zwei Bedingungen durch .AND. verknüpft, so wird eine nachfolgende Anweisung nur ausgeführt, wenn beide Bedingungen erfüllt sind.

z.B.: `(X.GT.0.0).AND.(X.LE.10.0)`

Sind zwei Bedingungen durch .OR. verknüpft, so wird eine nachfolgende Anweisung ausgeführt, wenn die erste oder die zweite Bedingung erfüllt ist.

z.B.: `(B.EQ.C).OR.(A*A+B*B.EQ.C*C)`

Wenn durch Klammerung keine andere Reihenfolge vorgegeben wird, werden zuerst die Negationen, dann die Konjunktionen und zuletzt die Disjunktionen abgearbeitet.

Nur wenn die angegebene(n) Bedingung(en) erfüllt sind, wird die nachfolgende Anweisung ausgeführt; sonst wird zur nächsten Programmanweisung übergegangen.
Als eine von einer Bedingung abhängige Anweisung ist eine Ergibtanweisung, eine Ein- oder Ausgabeanweisung, eine Sprunganweisung, eine Aufrufanweisung eines Unterprogrammes, eine Rücksprunganweisung oder eine STOP-Anweisung möglich. Bedingte Anweisungen bzw. Schleifenanweisungen dürfen nicht unmittelbar auf die Bedingung folgen.

z.B.: `IF (A.NE.0.0) Y = -B/A`

Sprunganweisung

Durch Sprunganweisungen werden Programmverzweigungen beschrieben, die von jeder Bedingung unabhängig (unbedingt) ausgeführt werden müssen. Sie haben die allgemeine Form:

```
GO TO n
```

bzw.

```
GOTO n
```

n ist eine Anweisungsnummer.

Tritt in einem Programm diese Sprunganweisung auf, so wird der Programmablauf mit der mit n bezeichneten Anweisung fortgesetzt. Sprungziel kann jede ausführbare Anweisung sein, sofern sie nicht in einer untergeordneten Schleife liegt. Ein Sprung von außen in den Bereich einer Schleifenanweisung ist nicht erlaubt!

z.B.:

```
  GO TO 7      ─┐
   :            │
7 Anweisung  ◄──┘
```

bzw.:

```
7 Anweisung  ◄──┐
   :            │
  GO TO 7      ─┘
```

Schleifenanweisung

Die Schleifenanweisung bewirkt, daß ein Programmteil mit jeweils veränderten Daten solange wiederholt wird, bis eine vorgegebene Endbedingung erfüllt ist. Sie hat die allgemeine Form:

```
DO n L = A,E,S
```

Es bedeutet:

n eine Anweisungsnummer, die die letzte Anweisung bezeichnet, die innerhalb der Schleife wiederholt wird,

L eine ganzzahlig vereinbarte Laufvariable

A,E und S positive, ganzzahlige, einfache Variable oder positive, ganzzahlige Konstante, die den Anfangswert, Endwert (E > A) und die Schrittweite der Laufvariablen angeben. Ist die Schrittweite gleich 1, so kann ihre Angabe entfallen.

Die der Schleifenanweisung nachfolgenden Anweisungen werden bis zu der mit der Anweisungsnummer n gekennzeichneten Anweisung einschließlich, mit den Werten der Lauf-Variablen L ← A, L ← A+S, L ← A+2*S,... wiederholt, solange die Laufvariablen L den Endwert E nicht überschritten hat. Dann wird das Programm mit der nächsten Anweisung, die auf die durch die Anweisungsnummer n gekennzeichneten Anweisung folgt, fortgesetzt.

Die Schleifenbildung ist nur möglich, wenn die durch die Anweisungsnummer n gekennzeichnete **letzte Anweisung der Schleife** keine bedingte Anweisung und keine Sprunganweisung ist.

In FORTRAN wird jede Schleife mindestens einmal durchlaufen.

Wird eine Schleife dadurch beendet, daß alle durch A,E und S festgelegten Wiederholungen ausgeführt wurden, so ist der zuletzt angenommene Wert der Laufvariablen nicht verfügbar. Wird die Schleife durch einen Sprung aus der Schleife beendet, so behält die Laufvariable ihren Wert. Innerhalb der Schleifenanweisung darf der Wert der Laufvariablen nicht durch eine Ergibtanweisung verändert werden.

z.B.:
```
      DO 1 I=1,N
    1 A(I)=0.0
```

Mehrere Schleifen können so ineinander geschachtelt werden, daß jede Schleife ganz innerhalb einer übergeordneten Schleife liegt; sie können allerdings denselben Endpunkt haben. Ein Sprung von außen in einen Schleifenbereich ist nicht gestattet.

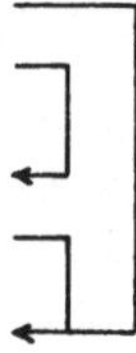

Leeranweisung Die Leeranweisung

```
xxxxx CONTINUE
```

steht im Programm anstelle einer ausführbaren Anweisung. Sie dient zum Einfügen von Anweisungsnummern in das Programm, ohne damit die Ausführung einer Anweisung zu verbinden. Sie wird häufig zur Kennzeichnung eines Sprungzieles und als letzte Anweisung einer Schleife verwendet.

STOP-Anweisung Die STOP-Anweisung

```
STOP
```

zeigt das logische Ende des Programmes an und bewirkt den Abbruch des Programmes.

END-Anweisung Die END-Anweisung

```
END
```

kennzeichnet das formale Ende eines Hauptprogrammes, einer Funktion oder eines Unterprogrammes. Sie ist keine ausführbare Anweisung.

Kommentar Ein Kommentar ist für das Programm und den Programmablauf ohne Bedeutung, er gestaltet es nur für den Benützer übersichtlicher. Ein Kommentartext muß am Beginn der Zeile durch den Buchstaben C gekennzeichnet sein:

```
C   Kommentartext
```

Nach dem Buchstaben C kann ein beliebiger Kommentartext folgen.

z.B.: C EUKLID'SCHER ALGORITHMUS

Funktionsanweisung Die Funktionsanweisung dient zur Berechnung eines Funktionswertes für ein Hauptprogramm in einem vom Hauptprogramm getrennten Programmteil. Sie hat folgende allgemeine Form:

```
INTEGER FUNCTION  Name (V,V,...)
```

bzw.

```
REAL FUNCTION     Name (V,V,...)
```

Es bedeutet:

Name den Namen der Funktion, der frei wählbar bzw. bei Standardfunktionen verbindlich festgelegt ist,

V Die Namen der formalen Parameter. Der formale Parameter einer Funktion kann eine einfache Variable oder ein Feld bezeichnen. Der Typ der formalen Parameter muß in einer nachfolgenden Typanweisung angegeben werden.

Die Typanweisung der formalen Parameter ist die erste Anweisung eines Funktionsprogramms. Durch die nachfolgenden Anweisungen der Funktion wird ein Funktionswert berechnet, der schließlich dem Funktionsnamen zugewiesen wird.
Zur Berechnung dieses Funktionswertes werden die Werte der Parameter, die beim Aufruf der Funktion vom Hauptprogramm an das Funktionsprogramm übergeben werden, gemeinsam mit eventuellen Hilfsvariablen herangezogen. Die Anweisungen des Funktionsprogrammes dürfen nur mit Hilfe der gegebenen Namen der formalen Parameter und eventuellen Hilfsvariablen formuliert werden. Variable des Hauptprogramms,

die nicht Parameter der Funktion sind, dürfen innerhalb des Funktionsprogrammes nicht verwendet werden. Die Werte der Parameter dürfen innerhalb der Funktion nicht durch eine Ergibtanweisung verändert werden.

z.B.: INTEGER FUNCTION FAK(N)

SUBROUTINE-Anweisung dient zur Berechnung einer Vielzahl von Werten für ein Hauptprogramm in einem vom Hauptprogramm getrennten Programmteil. Sie hat folgende allgemeine Form:

```
SUBROUTINE   Name  (V,V,...)
```

Es bedeutet:

Name den Namen des Unterprogramms, der frei gewählt werden kann,

V die Namen der formalen Parameter. Der formale Parameter einer Funktion kann eine einfache Variable oder ein Feld bezeichnen. Der Typ der formalen Parameter muß in einer nachfolgenden Typanweisung festgelegt werden.

Die Typanweisung für die formalen Parameter ist die erste Anweisung eines Unterprogrammes. Durch die nachfolgenden Anweisungen des Unterprogramms werden die Werte der Parameter, die beim Aufruf des Unterprogrammes vom Hauptprogramm an das Unterprogramm übergeben werden, verändert und den Formalparametern zugewiesen.

Die Anweisungen des Unterprogrammes dürfen daher nur mittels der Namen der gegebenen formalen Parameter und eventueller Hilfsvariabler formuliert werde. Variable des Hauptprogramms, die nicht Parameter des Unterprogramms sind, können innerhalb des Unterprogramms nicht verändert werden. Weiters dürfen innerhalb der Anweisungen des Unterprogramms nur die Werte jener Parameter verändert werden, die beim Aufruf nicht durch eine Konstante oder einen Term ersetzt werden.

z.B.: SUBROUTINE SORT (N,A)

Rücksprunganweisung sie ist die letzte auszuführende Anweisung einer Funktion oder eines Unterprogrammes und lautet:

```
RETURN
```

Die Rücksprunganweisung bewirkt den Rücksprung aus einer Funktion oder aus einem Unterprogramm in das Hauptprogramm.

Aufrufanweisung Die Aufrufanweisung wird im Hauptprogramm gegeben und bewirkt die Verarbeitung des aufgerufenen Unterprogramms, ehe zur nächsten Anweisung des Hauptprogramms weitergegangen wird. Sie hat folgende allgemeine Form:

```
CALL Name (V,V,...)
```

Es bedeutet:

Name den Namen des aufgerufenen Unterprogramms,

V die aktuellen Parameter des Unterprogramms. Aktueller Parameter eines Unterprogramms kann sein:

- eine Variable
- ein Feldelement
  (falls der entspechende formale Parameter vom Typ INTEGER oder REAL ist);
- ein Feldname
  (falls der entsprechende formale Parameter ein Feld ist);
- eine Konstante
- ein Term
  (falls der entsprechende formale Parameter vom Typ INTEGER oder REAL ist und sein Wert innerhalb des Unterprogramms nicht verändert wird).

Die aktuellen Parameter ersetzen die formalen Parameter des Unterprogramms und müssen mit den entsprechenden formalen Parametern des Unterprogramms in der Anzahl, ihrer Reihenfolge und ihrem Typ übereinsimmen.

z.B.: `CALL SORT (25,A)`

4 AUFGABEN

Für die in diesem Kapitel formulierten Aufgaben kann wahlweise der Programmablaufplan oder seine Kodierung in einer der Programmiersprachen ausgeführt werden. Aus diesem Grund wurde bei keiner der Aufgaben festgelegt, ob der Programmablaufplan oder seine Kodierung anzugeben ist. Es bleibt dem Lehrer überlassen, dem Schüler zu jeder gewählten Aufgabe die gewünschte Aufgabenstellung anzugeben.

Um die Ausführung der Aufgaben zu vereinheitlichen, wurden die zu verwendenden Variablennamen im Text vorgegeben. Ebenso ist für jede der Aufgaben die gewünschte Reihenfolge der Ein- und Ausgabedaten festgelegt.

Testwerte werden im allgemeinen nicht vorgegeben. Der Schüler hat daher - wenn in der Aufgabe nicht anders angegeben - sinnvolle Testdaten anzunehmen.

Die Aufgaben selbst sind nach mathematischen Gesichtspunkten geordnet. Gleichzeitig wurde zu jeder Aufgabe angegeben, bis zu welchem Kapitel des Algorithmenteiles bzw. der Programmiersprache der Schüler vorgedrungen sein muß, um die jeweilige Aufgabe lösen zu können. Und zwar bedeutet:

(L) Kenntnis des Kapitels "Lineare Anweisungsfolge"
(B) Kenntnis des Kapitels "Bedingte Anweisungen"
(S) Kenntnis des Kapitels "Schleifen"
(I) Kenntnis des Kapitels "Indizierte Größen (Felder)"
(F) Kenntnis des Kapitels "Funktionen"
(U) Kenntnis des Kapitels "Unterprogramme"

Schwierige oder sehr umfangreiche Aufgaben sind mit gekennzeichnet; ebenso Aufgaben, die Kenntnisse mathematischer Begriffe erfordern, die im Normalunterricht nicht vermittelt werden.

** ist die Kennzeichnung für Aufgaben, für die das in besonders hohem Maß zutrifft.

E Aufgaben aus elementaren Stoffgebieten

E01 (L) Die Größe eines Winkels ist in Graden und Minuten gegeben. Diese ist in Neugrad umzurechnen. Das Ergebnis ist auf zwei Dezimalen zu runden.

Anleitung: 1 rechter Winkel = 100 Neugrad = 100^g

$$1^\circ = \frac{10^g}{9}, \qquad 1' = \frac{1^g}{54}$$

E: *grad, min*

A: *grad, min, ngrad*

E02 (L) Man löse dieselbe Aufgabe wie E01, wenn der Winkel in Graden, Minuten und Sekunden gegeben ist und das Ergebnis auf 4 Dezimalen zu runden ist.

Anleitung: $1'' = \frac{1^g}{3240}$

E: *grad, min, sek*

A: *grad, min, sek, ngrad*

E03 (L) Die Größe eines Winkels ist in Neugrad gegeben und soll in Grad, Minuten und Sekunden umgerechnet werden.

E: *ngrad*

A: *ngrad, grad, min, sek, rest*

*E04 (L) Die Größe eines Winkels, die in Grad und Minuten gegeben ist, soll in das Bogenmaß umgerechnet werden.

Anleitung: Die Einheit des Bogenmaßes ist 1 rad (Radiant)

$$1 \text{ rad} = \frac{180}{\pi}^\circ \qquad 1^\circ = \frac{\pi}{180} \text{ rad}$$

E: *grad, min*

A: *grad, min, rad*

*E05 (L) Die Größe eines Winkels ist im Bogenmaß gegeben. Man ermittle die Größe dieses Winkels in Grad, Minuten und Sekunden.

E: *rad*

A: *rad, grad, min, sek, rest*

E06 (L) Ein Kreissektor hat den Radius r und den Zentriwinkel α°. Zu ermitteln sind die Maßzahlen von Umfang u und Flächeninhalt a. Man überlege die Einführung einer Hilfsvariablen!

E: r, α

A: r, α, u, a

E07 (L) Ein Kreisring hat den inneren Radius r und den äußeren Radius s. Man berechne Umfang u und Flächeninhalt a. Die Einführung einer Hilfsvariablen ist zu überlegen!

Anleitung: $a = (s^2 - r^2)\pi = (s+r)(s-r)\pi$

$u = 2(s+r)\pi$

E: r, s

A: r, s, u, a

E08 (L) Gegeben ist der Radius r eines gleichseitigen Kegels. Zu berechnen sind die Werte von Oberfläche a und Volumen v. Man überlege dabei die Einführung einer Hilfsvariablen!

E: r

A: r, a, v

E09 (L) Gegeben ist der Radius r einer Kugel. Oberfläche a und Volumen v sind zu berechnen.

E: r

A: r, a, v

E10 (L) Man löse dieselbe Aufgabe wie E09 für einen quadratischen Quader, von dem die Grundkante s und die Höhe h gegeben sind.

E: s, h

A: s, h, a, v

E11 (L) Zur Erstellung einer Stromrechnung sind gegeben: der alte Zählerstand a und der neue Zählerstand n, der Preis p von 1 kWh und die Grundgebühr g. Der Rechnungsbetrag r ist zu ermitteln.

E: a, n, p, g

A: a, n, p, g, r

E12 (L) Eine Schülergruppe mit n Schülern macht einen Ausflug. Der Fahrpreis pro Schüler beträgt r Schilling. Für je 10 zahlende Schüler erhält ein Schüler freie Fahrt. Zu berechnen sind die Fahrkosten f der ganzen Gruppe.

E: n, r

A: n, r, f

Testwerte:	$n \leftarrow 37$	$r \leftarrow 18,60$	$(f = 632,40)$
	$n \leftarrow 21$	$r \leftarrow 15,50$	$(f = 310,00)$

E13 (L) Man ändere Aufgabe E12 ab, indem die Fahrkosten von k begleitenden Lehrern mitberücksichtigt werden. Ein Lehrer zahlt doppelt soviel wie ein Schüler.

E: n, k, r

A: n, k, r, f

E14 (B) Die Jahresprämie p einer Unfallversicherung beträgt 2 % der Versicherungssumme v. Wenn die Versicherungsdauer d mindestens 5 Jahre beträgt, dann gewährt die Versicherungsgesellschaft 10 % Rabatt, bei mindestens 10 Jahren sind es 20 %. Außerdem werden 7 % der Nettoprämie als Versicherungssteuer eingehoben. Der jährlich zu entrichtende Betrag b ist zu berechnen.

E: v, d

A: v, d, b

E15 (B) Das Land Niederösterreich gewährt seit 1969 Wohnbauförderungsdarlehen zur Instandsetzung von Althäusern nach folgenden Richtlinien: bis zu 100 000,-- S Baukosten werden 50 % der Kosten als Darlehen gewährt, für die weiteren Kosten bis zu S 300 000,-- 30 %, für die weiteren Kosten bis zu S 500 000,-- werden 25 % und für die weiteren Kosten bis zu S 1 000 000,-- werden 15 % der Kosten als Darlehen gewährt. Zu berechnen ist der Darlehensbetrag d, wenn die Reparaturkosten r Schilling betragen.

E: r

A: r, d

E16 (B) Die Postgebühr für die Versendung von Drucksachen mit allgemeiner Anschrift (Massendrucksachen) beträgt p Schilling pro Stück, wenn mindestens 300 Stück dieser Drucksache gleichzeitig aufgegeben werden. Bringt man mindestens 1000 Stück gleichzeitig zur Post, so wird eine 5 % Ermäßigung vom Gesamtbetrag gewährt, bei gleichzeitiger Aufgabe von mindestens 10 000 Stück einer Massendrucksache werden 15 % Ermäßigung vom Gesamtbetrag gegeben, bei mindestens 100 000 Stück 25 %, bei mindestens 250 000 Stück 30 %.

Man berechne die für die Versendung von n Stück einer Massendrucksache zu bezahlende Postgebühr g

E: n, p

A: n, p, g

E17 (B) Bei einer in einem Betrieb durchgeführten Spendeaktion geben alle Beschäftigten mit einem Monatseinkommen bis zu S 4000,-- davon 1/2 %, jene mit einem höheren Einkommen bis zu S 8000,-- geben 1 %. Die mehr verdienenden Beschäftigten geben jeder S 100,--.

Die Spende s eines Beschäftigten beim Monatseinkommen m Schilling ist zu berechnen (Abschneiden auf ganze Schillingbeträge)!

E: m

A: m, s

E18 (S) Aufgabe E17 ist in folgender Weise zu ergänzen: die Monatseinkommen $m_1, m_2, \ldots, m_n$ aller Beschäftigten werden der Reihe nach eingegeben und neben den einzelnen Spendenbeträgen soll auch deren Gesamtsumme g berechnet werden.

E: n, $m_1, m_2, \ldots, m_n$

A: m_1, s_1
m_2, s_2
$\vdots$
m_n, s_n
g

E19 (S) Die größte und kleinste von n Zahlen $a_1, a_2, \ldots, a_n$ ist zu bestimmen.

E: n, $a_1, a_2, \ldots, a_n$

A: $a_1, a_2, \ldots, a_n$, g, k

E20 (S) Eine Klasse mit n Schülern hat Mathematikschularbeit und erhält auf die Arbeiten die Noten $z_1, z_2, \ldots, z_n$. Die Anzahl ngd der "nicht genügend" ist zu ermitteln.

E: $n,\ z_1, z_2, \ldots, z_n$

A: $n,\ z_1, z_2, \ldots, z_n,\ ngd$

E21 (S) Wie Aufgabe E20, nur ist der Prozentsatz $pngd$ der "nicht genügend" (auf Einer gerundet) zu ermitteln. Außerdem soll bei 50 % und mehr "nicht genügend" die Meldung ausgegeben werden: "Arbeit ist zu wiederholen"; wenn der Prozentsatz zwischen 33 % und 50 % liegt, wird die Meldung "Arbeit kann wiederholt werden" gewünscht.

E: $n,\ z_1, z_2, \ldots, z_n$

A: $n,\ z_1, z_2, \ldots, z_n,\ pngd$
Meldung

E22 (I) Wie Aufgabe E20 bzw. E21, nur sollen für alle Noten von "sehr gut" bis "nicht genügend" die Anzahlen und Prozentsätze mit entsprechenden Meldungen ausgegeben werden.

Anleitung: Zur Berechnung der Anzahl der einzelnen Noten kann ein Feld k verwendet werden, dessen Elemente zu Beginn des Programmablaufes Null gesetzt werden. Für jede eingelesene Note z wird jenes Element des Feldes k um 1 erhöht, dessen Index gleich z ist.

E: $n,\ z_1, z_2, \ldots z_n$

A: $n,\ z_1, z_2, \ldots, z_n$
$k_1,\ pk_1$
$k_2,\ pk_2$
$\vdots$
$k_5,\ pk_5$

**E23 (F) Die Seitenlängen aller nicht ähnlichen Dreiecke mit ganzzahligen Seiten $\leq n$ sind zu ermitteln.

Anleitung: Um kongruente Dreiecke auszuschalten, gilt: $a \geq b \geq c$. Wegen der Dreiecksungleichung gilt: $b > \frac{a}{2}$ und $c > a - b$. Damit ähnliche Dreiecke ausgeschaltet werden, muß der größte gemeinsame Teiler von a, b und c gleich 1 sein.

E: n

A: n, a, b, c

⋮

M Aufgaben aus der Mengenlehre

Vorbemerkung: In allen Beispielen dieses Abschnitts werden die Zahlenmengen $A = \{a_1,\ldots,a_r\}$ und $B = \{b_1,\ldots,b_s\}$ verwendet, wobei die Elemente a_i und b_k ganze Zahlen sind.

M01 (I) Die Differenzmenge $C = A\setminus B$ ist zu ermitteln.

Hinweis: Der nebenstehende Programmablaufplan ist zu vervollständigen. Dort wird das Element a_i der Reihe nach mit den Elementen $b_1,\ldots,b_s$ verglichen. Für den Fall, daß $A\setminus B$ die leere Menge ist, soll eine Meldung vorgesehen werden.

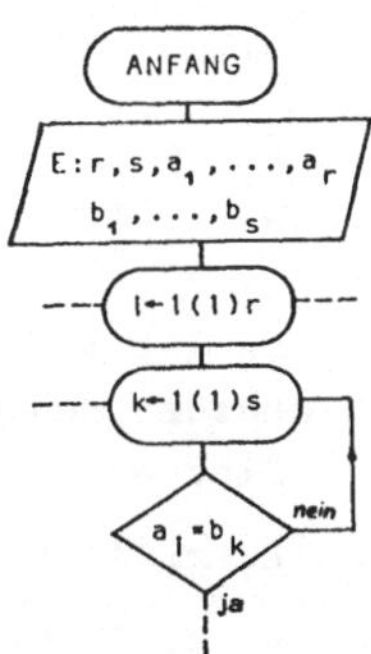

E: r, s, A, B

A: A, B, C

M02 (I) Der Durchschnitt $C = A \cap B$ ist zu ermitteln.

Hinweis: Der Durchschnitt zweier Mengen kann leer sein; eine entsprechende Meldung ist vorzusehen.

E: r, s, A, B

A: A, B, C

M03 (I) Die Vereinigungsmenge $C = A \cup B$ ist zu ermitteln.

Anleitung: Es müssen alle Elemente von B ausgegeben werden und dann noch jene Elemente von A , die in B nicht vorkommen.

E: r, s, A, B

A: A, B, C

M04 (I) Es ist zu untersuchen, ob die Menge B Teilmenge von A ist. Eine entsprechende Meldung ist auszugeben.

Anleitung: Für jedes b_k ist zu prüfen, ob es von allen a_i verschieden ist.

E: r, s, A, B

A: A, B, Meldung

M05 (I) Es ist zu untersuchen, ob $A=B$ ist, wenn die beiden Mengen gleich viele Elemente haben $(r=s)$. Eine entsprechende Meldung ist auszugeben.

E: r, A, B

A: A, B, Meldung

M06 (I) Die Produktmenge $C = A \times B$ ist zu bestimmen.

E: r, s, A, B

A: A, B, C

* M07 (I) Es ist die Menge C zu ermitteln, die aus jenen Elementen besteht, die g e n a u in einer der Mengen A oder B vorkommen.

Anleitung: Im Mengendiagramm erkennt man, daß die "symmetrische Differenz" die Vereinigung von zwei Differenzmengen ist. Die Lösung der Aufgabe M01 kann daher herangezogen werden!

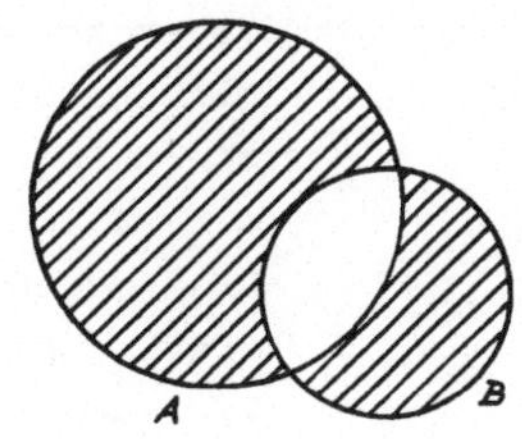

E: r, s, A, B

A: A, B, C

Bemerkung: Die Aufgaben M01 bis M07 können unter Verwendung des Unterprogrammes SORT (vgl. Beispiel 36 des Algorithmenteiles) einfacher gelöst werden!

M08 - M14 (U)

Z Aufgaben mit ganzen Zahlen (Zahlentheorie)

Z01 (S) Jeder kennt die "Staffelrechnung":
Eine natürliche Zahl z wird mit 2 multipliziert, das Ergebnis mit 3, dieses Ergebnis dann mit 4,... usw. bis zur Multiplikation mit 9. Die so gewonnene (sehr große) Zahl wird nun dividiert, und zwar wieder der Reihe nach durch 2, 3 und 4,... bis zur Division durch 9. Wenn richtig gerechnet wurde, dann muß das Ergebnis der letzten Rechnung die ursprüngliche Zahl z sein.

Es sollen der Anfangswert z und alle Zwischenergebnisse ausgegeben werden!

E: z

Z02 (S) Es sollen alle Teiler der natürlichen Zahl k ausgegeben werden.

Anleitung: Man prüfe der Reihe nach, ob k durch 2, 3, 4,... teilbar ist und überlege, bis zu welcher Zahl man prüfen muß!

E: k

Z03 (S) Es ist festzustellen, ob die natürliche Zahl k eine Primzahl ist. Eine entsprechende Meldung ist auszugeben.

Anleitung: Wenn kein Feld von Primzahlen zur Verfügung ist, dann untersucht man, ob k durch 2, 3, 5, 7, 9,...,i teilbar ist. Man muß so lange probieren, bis i^2 größer als k ist.

E: k

A: k, Meldung

Z04 (S) Es sollen alle Primzahlen des Intervalls $[u, s]$ ausgegeben werden.

Aufgabe Z03 ist entsprechend auszubauen.

E: u, s

A: Primzahlen oder Meldung

*Z05 (I) Alle Primzahlen, die kleiner oder gleich der natürlichen Zahl n sind, sollen ermittelt werden. Dabei soll nicht die Methode von Aufgabe Z04 angewendet werden, sondern das Siebverfahren des ERATOSTHENES.

Anleitung: Man verwendet ein Feld, dessen Elemente - mit dem Index 2 beginnend bis zum Index n - gleich 1 gesetzt werden. Danach betrachtet man mit dem Index 2 beginnend der Reihe nach sämtliche Elemente mit dem Wert 1 und setzt jene Elemente gleich Null, deren Indizes Vielfache des gerade betrachteten Indexwertes sind. Die Indizes jener Elemente, die den Wert 1 beibehalten haben, sind Primzahlen.

z.B. $n = 13$

Indizes	2	3	4	5	6	7	8	9	10	11	12	13
Anfangswert des Feldes	1	1	1	1	1	1	1	1	1	1	1	1
1.Schritt (i=2)	1	1	0	1	0	1	0	1	0	1	0	1
2.Schritt (i=3)	1	1	0	1	0	1	0	0	0	1	0	1
3.Schritt (i=5)	1	1	0	1	0	1	0	0	0	1	0	1

E: n

A: Primzahlen

Z06 (S) Es sind alle zweiziffrigen natürlichen Zahlen auszugeben, die durch ihre Ziffernsumme teilbar sind.

Anleitung: Für die Einer- und Zehnerziffer führe man die Bezeichnungen e und z ein. Wie lautet dann der Ausdruck für die Ziffernsumme und für die Zahl?

Z07 (S) Es dind alle zweiziffrigen natürlichen Zahlen auszugeben, die größer sind als das Vierfache ihrer Ziffernsumme.

* Z08 (S) Dieselbe Aufgabe wie Z07 ist zu lösen. Doch ist der Programmablauf so zu gestalten, daß bei einer praktischen Durchführung möglichst wenig Rechenzeit aufgewendet werden muß. Es sind also im Ablauf möglichst wenige Einzelschritte vorzusehen!

Z09 (S) Es sind alle zweiziffrigen natürlichen Zahlen auszugeben, die kleiner sind als das Vierfache ihrer Ziffernsumme.

*Z10 (S) Dieselbe Aufgabe wie Z09 ist mit möglichst wenig Rechenaufwand zu lösen. (entsprechend Aufg. Z08)

Z11 (S) Alle dreiziffrigen natürlichen Zahlen sind auszugeben, die kleiner sind als das Zwanzigfache ihrer Ziffernsumme.

Z12 (S) Die Zahl $153 = 1^3 + 5^3 + 3^3$ ist gleich der Summe der Kuben ihrer Ziffern. Alle derartigen dreiziffrigen natürlichen Zahlen sind zu ermitteln.

*Z13 (S) Dieselbe Aufgabe wie Z12 ist mit möglichst wenig Rechenaufwand zu lösen. (entsprechend Aufg. Z08)

Z14 (S) Beginnend mit 1 werden alle natürlichen Zahlen addiert bis man eine dreistellige Zahl mit lauter gleichen Ziffern als Summe erhält. Wieviele Zahlen müssen addiert werden?

A: n

Z15 (B) Man erstelle einen Programmablaufplan zur Ermittlung der Restklasse mod m , in der die gegebene ganze Zahl a liegt!

Anleitung: Man dividiere ganzzahlig durch den Modul m der Divisionsrest gibt die Restklasse an. Bei negativem Rest ist m zu addieren.

E: a, m

A: a, m, Restklasse

Z16 (B) Es ist nachzuprüfen, ob zwei gegebene ganze Zahlen a und b derselben Restklasse mod m angehören. Eine entsprechende Meldung ist auszugeben.

E: a, b, m

A: a, b, m, Meldung

Z17 (S) Dieselbe Aufgabe wie Z16, jedoch für n Zahlen $a_1, a_2, \ldots, a_n$.

E: n, $a_1, \ldots, a_n$, m

A: $a_1, \ldots, a_n$, m, Meldung

Z18 (S) Auszugeben sind alle Zahlen der Restklasse 3 mod 17 im Intervall [5000, 6000] .

Anleitung: Man ermittle zunächst die Restklasse, in der 5000 liegt und bilde dann die erste Zahl der Restklasse 3 und dann alle folgenden.

A: z_1, z_2, ...

Z19 (S) Dieselbe Aufgabe wie Z18, jedoch allgemein für die Zahlen der Restklasse r mod m im Intervall $[a, b]$ $a > 0$.

E: r, m, a, b

A: r, m, a, b, z_1, z_2, ...

Z20 (I) Man ergänze die fehlenden Teile des Programmablaufplanes zur Aufstellung einer Additionstafel für Restklassen mod m .

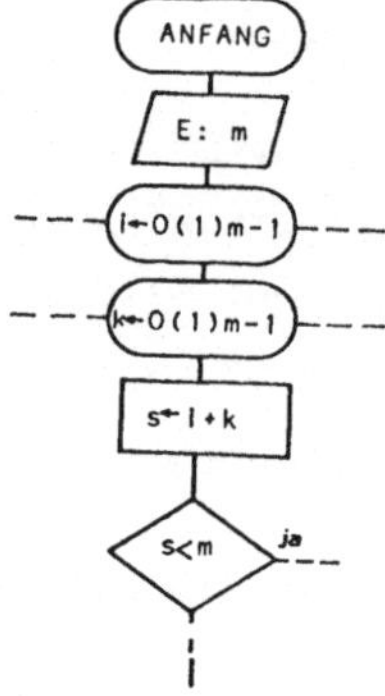

Z21 (I) Man entwickle einen Programmablaufplan zur Aufstellung einer Multiplikationstafel für Restklassen mod m .

* Z22 (S) Die fehlenden Teile des Programmablaufplanes zur Ausführung einer Restklassendivision $a : b$ mod m sind zu ergänzen.

Anleitung: Der Divisor b wird der Reihe nach mit den Restklassen 0, 1,..., $m-1$ multipliziert. Ist das Ergebnis einer solchen Multiplikation gleich a , dann ist ein Quotient gefunden. Wenn die Division nicht ausführbar oder das Ergebnis nicht eindeutig ist, dann sind Meldungen auszugeben. Dies wird ermöglicht durch die Einführung des Zählers k .

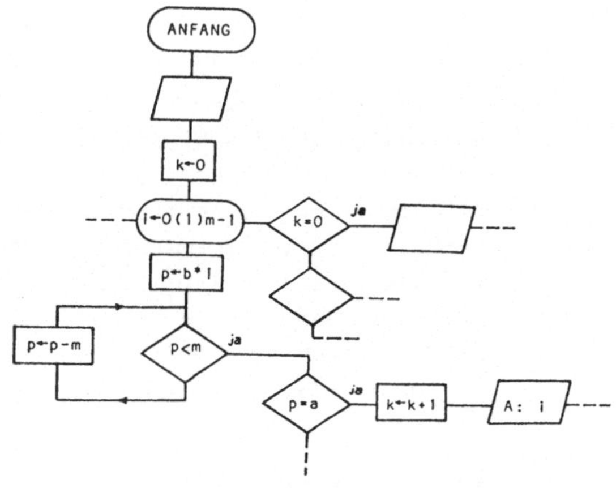

*Z23 (I) n Kinder $a_1, a_2, a_3, \ldots, a_n$ sind im Kreise aufgestellt. Nach Aufsagen eines Auszählreimes wird das jeweils m-te Kind im Kreise ausgeschieden. Auszugeben ist die Reihenfolge, in der die Kinder ausgeschieden werden.

Anleitung: Man denke sich die Kinder von 1 bis n durch numeriert. Jedem Kind ist ein Element des Feldes A zugeordnet. Zu Beginn werden sämtliche Elemente des Feldes A gleich 1 gesetzt. Danach werden die Elemente zyklisch durchlaufen und das jeweils m-te Element gleich Null gesetzt. (Gezählt werden dabei jedoch nur jene Elemente, die den Wert 1 behalten haben.) Die Indizes der Null gesetzten Elemente entsprechen den Nummern der ausgeschiedenen Kinder.

Z24 (S) Die dekadische Zahl 327 kann auf folgende Art in das Dualsystem umgewandelt werden:

Die Zahl wird durch 2	327:2 = 163 Rest 1
ganzzahlig dividiert, der	163:2 = 81 Rest 1
Quotient wieder..usw. Die	81:2 = 40 Rest 1
Divisionsreste geben (in	40:2 = 20 Rest 0
verkehrter Reihenfolge) die	20:2 = 10 Rest 0
gesuchte Dualdarstellung.	10:2 = 5 Rest 0
327 = 101000111	5:2 = 2 Rest 1
Die dekadische Zahl z	2:2 = 1 Rest 0
ist im Dualsystem auszu-	1:2 = 0 Rest 1
geben.	

E: z, im Zehnersystem

A: z, Dualziffern in verkehrter Reihenfolge

*Z25 (I) Die zehnstellige Dualzahl z ist als dekadische Zahl auszugeben.

Anleitung: HORNER-Schema verwenden.

E: Dualziffern von z

A: Dualziffern von z , z dekadisch

Z26 (S) Dieselbe Aufgabe wie Z24 für die Darstellung der dekadischen Zahl z im Zahlensystem mit der Basis b .

E: z im Zehnersystem

A: z, Ziffern von z im Zahlensystem mit der Basis b in verkehrter Reihenfolge.

S Aufgaben mit-Gesamtheiten reeller Zahlen (Statistik, Tabellen)

S01 (S) Es werden laufend Meßwerte $a_1, a_2, \ldots, a_n$ gewonnen, eingegeben und ihr bisheriger Mittelwert m berechnet. Die Folge der Mittelwerte ist auszugeben.

E: $n,\ a_1, a_2, \ldots, a_n$

A: $a_1,\ m_1$
$a_2,\ m_2$
$\vdots$
$a_n,\ m_n$

S02 (U) Der Medianwert der Zahlen $a_1, a_2, \ldots, a_n$ ist auszugeben.

Hinweis: Der Medianwert me ist die in der Mitte liegende Zahl, wenn $a_1, \ldots, a_n$ der Größe nach geordnet sind. Dann wird also die Zahl mit der Nummer $\left[\frac{n+1}{2}\right]$ ausgegeben.

E: $n,\ a_1, \ldots, a_n$

A: $a_1, \ldots, a_n,\ me$

S03 (I) Die Werte $e_1, e_2, \ldots, e_n$ sind die Monatseinkommen der Haushalte eines Ortes. Es ist eine Klasseneinteilung zu treffen. Die absoluten und relativen Häufigkeiten sind auszugeben.

Klasse 1	0 - 4000	S
Klasse 2	4001 - 8000	S
Klasse 3	8001 - 12000	S
Klasse 4	12001 - 16000	S
Klasse 5	über 16000	S

Anleitung: Man verwende ein Feld H , dessen 5 Elemente die Anzahl der Haushalte in den einzelnen Klassen aufnehmen. Zu Beginn werden sämtliche Elemente des Feldes H Null gesetzt. Für jedes eingelesene Monatseinkommen wird die zugehörige Klasse bestimmt und das entsprechende Element des Feldes H um 1 erhöht.

E: n, $e_1, e_2, \ldots, e_n$

A: $e_1, \ldots, e_n$, absolute und relative Häufigkeit

* SO4 (I) Neben dem Mittelwert m und dem Medianwert me spielt in der Statistik auch der Gipfelwert g (häufigste Wert) eine Rolle: Bei einer Prüfung waren 50 Punkte zu vergeben. $a_1, \ldots, a_n$ sind die Punktezahlen, die von den Schülern einer Anstalt erreicht wurden. Es wird eine Klasseneinteilung mit der Klassenbreite 5 vorgenommen. Der Gipfelwert g ist die Mitte jenes Klassenintervalles, das die größte Häufigkeit aufweist. g ist auszugeben.

Hinweis: siehe Anleitung zu Aufgabe SO3.

E: n, $a_1, \ldots, a_n$

A: $a_1, \ldots, a_n$, g

SO5 (I) Man ermittle einen Programmablaufplan zur Berechnung der Streuung σ einer Meßserie $a_1, a_2, \ldots, a_n$. Der Mittelwert m und σ sind auszugeben.

Die Streuung wird berechnet nach der Formel

$$\sigma^2 = \frac{1}{n} \sum_{i=1}^{n} (a_i - m)^2$$

E: n, $a_1, \ldots, a_n$

A: $a_1, \ldots, a_n$, m, σ

* S06 (I) Es werden laufend Meßwerte $a_1, a_2, \ldots, a_n$ gewonnen, eingegeben und der bisherige Mittelwert m und die bisherige Streuung σ werden berechnet und ausgegeben.

E: n, $a_1, \ldots, a_n$

A: a_1, m_1, σ_1
a_2, m_2, σ_2
⋮
a_n, m_n, σ_n

G Aufgaben mit Gleichungen und Ungleichungen

G01 (S) Die Ungleichung $3x^2 - 4x + 5 < 10000$ ist über der Grundmenge $\{x \mid |x| \leq m\}_Z$ zu lösen. Die Lösungen sind nach ihrem Betrag geordnet auszugeben, also etwa: 0, 1, -1, 2,...

G02 (S) Die Lösungen von $5x + 4y < 20$ über der Grundmenge $N_0 \times N_0$ sind auszugeben.

Anleitung: Aus dem Bau der Ungleichung erkennt man, daß keine Lösungen mehr existieren, sobald bei der Erhöhung des x-Wertes um 1 beim y-Wert 0 der Ausdruck $5x + 4y$ nicht mehr kleiner als 20 ist. Entsprechende Abfrage vorsehen!

*G03 (S) $ax + b < x + c \leq dx + e$

Das Ungleichungssystem ist über der Grundmenge $\{x \mid |x| \leq m\}_Z$ zu lösen. Die Lösungen sind nach ihrem Betrag geordnet auszugeben!

G04 (S) Die Gleichung $4x + 3y = 300$ ist über der Grundmenge $N_0 \times N_0$ zu lösen. Die Lösungen sind auszugeben!

Anleitung: Zu einem festen Wert für x werden für y der Reihe nach - mit 0 beginnend - natürliche Zahlen eingesetzt. Wenn zu einem x ein y gefunden ist, kann sofort x um 1 erhöht und y wieder auf 0 gestellt werden. Die Abfrage $4x + 3y > 300$ ermöglicht die rechtzeitige Erhöhung des Wertes von x um 1. Die folgende Abfrage $y = 0$ ermöglicht den Ausstieg aus der Schleife.

G05 (S) Die Gleichung $4x - 3y = 10$ ist zu lösen über der Grundmenge $\{x \mid |x| \leq 50\}_Z \times \{y \mid |y| \leq 50\}_Z$

Hinweis: Hier ist die Anzahl der Schleifendurchläufe bekannt.

G06 (B) $ax + by = c$

$dx + ey = f$

Die Lösungen des Gleichungssystems sind auszugeben! Es sind Meldungen vorzusehen für den Fall, daß $ae - bd = 0$ ist. Dann kommt es auf $ce - bf$ an, welcher Lösungsfall eintritt.

G07 (B) Die quadratische Gleichung $ax^2 + bx + c = 0$ ist über der Grundmenge R zu lösen.

Anleitung: Man verwende die bekannten Lösungsformeln. Es ist zu beachten, daß verschiedene Lösungsfälle möglich sind. Auch für die Fälle $a = 0$ oder $a = b = 0$ sind entsprechende Meldungen vorzusehen.

G08 (B) Man löse die Aufgabe G07 über der Grundmenge K der komplexen Zahlen.

Hinweis: Im Fall komplexer Lösungen sind der Realteil und der Imaginärteil mit entsprechender Kennzeichnung auszugeben!

F Aufgaben über Funktionen

FO1 (S) Die Funktion mit der Gleichung

$$y = \frac{1}{x^2}$$

ist im Intervall $[u,s]$ mit der Schrittweite h zu tabellieren. Für den Fall, daß y nicht definiert ist, ist eine entsprechende Meldung vorzusehen.

E: u, s, h

A: x, y, bzw. Meldung

⋮

FO2 (S) Wie FO1, es ist jedoch die Funktion mit der Gleichung

$$y = \frac{x + 1}{x^2 - 4}$$

zu tabellieren.
Wenn y nicht definiert ist, ist eine Meldung auszugeben.

E: u, s, h

A: x, y bzw. Meldung

⋮

Testwerte: $u \leftarrow -4$, $s \leftarrow 4$, $h \leftarrow 0.02$

*FO3 (I) Die Ausgabe der Tabelle bei Aufgabe FO2 soll so erfolgen, daß je fünf Funktionswerte in einer Zeile stehen. Für den Fall, daß y nicht definiert ist, ist der Wert Null auszugeben.

* FO4 (I) Die Ausgabe der Tabelle bei Aufg. FO2 soll in Kolonnen erfolgen. Dabei sollen je zehn aufeinanderfolgende Funktionswerte in einer Kolonne untereinander stehen. Für den Fall, daß y nicht definiert ist, ist der Wert Null auszugeben.

FO5 (F) Eine Funktion $f\colon x \to f(x)$ ist über $x_1, x_2, \ldots, x_n$ definiert. Alle Fixwerte sind auszugeben.

Hinweis: Für den Fall, daß keine Fixwerte existieren, ist eine Meldung vorzusehen.

FO6 (F) Die Polynomfunktion $f\colon x \to P(x) = 7x^6 - 3x^5 + 2x^4 - 3x^3 + 8x - 1$ ist im Intervall $[-2, +3]$ mit der Schrittweite 0.01 zu tabellieren.

Anleitung: HORNER-Schema verwenden.

A Aufgaben über Vektoren und analytische Geometrie

A01 (S)

$$\begin{pmatrix} x \\ y \end{pmatrix} = \begin{pmatrix} p_x \\ p_y \end{pmatrix} + t \begin{pmatrix} a_x \\ a_y \end{pmatrix}$$

ist die Gleichung einer Geraden in der Ebene. Für $t = 0, 5, 10, \ldots, 100$ werden die Koordinaten der Punkte $P(x|y)$ errechnet und ausgegeben.

Bemerkung: Es handelt sich hier um einen Teil eines linearen Punktgitters.
Wenn der Parameter t die Zeit bedeutet, dann werden die Koordinaten der Bahnpunkte einer Trägheitsbewegung ausgegeben.

E: p_x, p_y, a_x, a_y

A: p_x, p_y, a_x, a_y
$0, x_0, y_0$
$5, x_5, y_5$
⋮
$100, x_{100}, y_{100}$

A02 (S) Unter den in Aufgabe A01 errechneten Punkten ist einer, der dem Punkt $Q(q_x|q_y)$ am nächsten liegt. Die Koordinaten dieses Punktes und dessen Abstand von Q sind auszugeben.

E: $p_x, p_y, a_x, a_y, q_x, q_y$

A: $p_x, p_y, a_x, a_y, q_x, q_y$
x, y, d

* A03 (I) In der Ebene sind die Punkte
$P_1(x_1|\,y_1),\ P_2(x_2|\,y_2),\ldots,\ P_n(x_n|\,y_n)$ gegeben.
Durch den Ursprung O(O|O) ist eine Gerade zu legen, die "möglichst gut" durch alle Punkte $P_1,\ldots,P_n$ geht. Da dies exakt nicht möglich sein wird, wählt man die Gerade so, daß die Summe der Abstände der gegebenen Punkte von der Geraden möglichst klein ist.

Anleitung: Der Richtungsvektor habe die Form $\begin{pmatrix}1\\k\end{pmatrix}$.
Man variiert k von $k = 0.1$ bis $k = 0.9$ mit der Schrittweite 0.01.

E: $x_1,\ldots,x_n,\ y_1,\ldots,y_n$

A: $x_1,\ldots,x_n$
$y_n,\ldots,y_n$
k

A04 (S) Wie Aufg. A01 für die Gerade im Raum:

$$\begin{pmatrix}x\\y\\z\end{pmatrix} = \begin{pmatrix}p_x\\p_y\\p_z\end{pmatrix} + t\begin{pmatrix}a_x\\a_y\\a_z\end{pmatrix}$$

E: $p_x,\ p_y,\ p_z,\ a_x,\ a_y,\ a_z$

A: $p_x,\ p_y,\ p_z,\ a_x,\ a_y,\ a_z$
$0,\ x_0,\ y_0,\ z_0$
$\vdots$
$100,\ x_{100},\ y_{100},\ z_{100}$

A05 (S) Unter den in Aufg. A04 errechneten Punkten ist einer, der der Ebene $n_x x + n_y y + n_z z = c$ am nächsten liegt. Die Koordinaten dieses Punktes und seine Entfernung von der Ebene sind auszugeben.

E: $p_x,\ p_y,\ p_z,\ a_x,\ a_y,\ a_z,\ n_x,\ n_y,\ n_z,\ c$

A: $p_x,\ p_y,\ p_z,\ a_x,\ a_y,\ a_z,\ n_x,\ n_y,\ n_z,\ c$
$x,\ y,\ z,\ d$

A06 (S) Horizontaler Wurf in der x-z-Ebene:

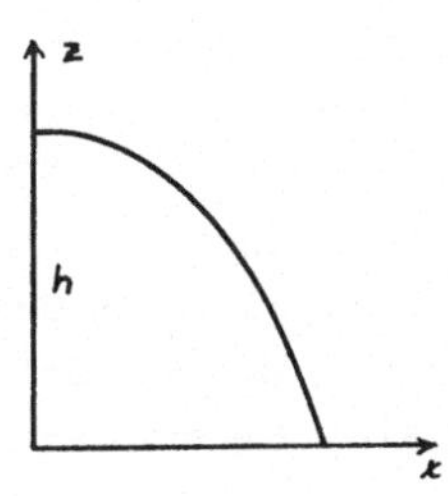

Der Wurf erfolgt mit der Anfangsgeschwindigkeit v_0 aus einer Höhe h über der x-Achse.

Es gilt

$$\begin{pmatrix} x \\ z \end{pmatrix} = \begin{pmatrix} 0 \\ h \end{pmatrix} + \begin{pmatrix} v_0 \\ 0 \end{pmatrix} t + \begin{pmatrix} 0 \\ -\frac{g}{2} \end{pmatrix} t^2$$

mit $g = 9.81 \text{ m/s}^2$.

Die Koordinaten der Bahnpunkte für $t = 0, 1, 2, \ldots$ sind auszugeben bis zum Durchgang durch die x-Achse.

E: h, v_0, g

A: h, v_0, g

0, x_0, z_0
1, x_1, z_1
⋮

A07 (S) Schiefer Wurf nach oben:
Der Ausgangspunkt sei der Ursprung, $\mathbf{v}_0 = \begin{pmatrix} v_x \\ v_y \\ v_z \end{pmatrix}$ sei die Anfangsgeschwindigkeit $(v_z > 0)$

Es gilt: $$\begin{pmatrix} x \\ y \\ z \end{pmatrix} = \begin{pmatrix} v_x \\ v_y \\ v_z \end{pmatrix} t + \begin{pmatrix} 0 \\ 0 \\ -\frac{g}{2} \end{pmatrix} t^2$$

Die Koordinaten der Bahnpunkte von Sekunde zu Sekunde bis zum Durchgang durch die x-y-Ebene sind auszugeben.

E: v_x, v_y, v_z, g

A: v_x, v_y, v_z, g

0, x_0, y_0, z_0
1, x_1, y_1, z_1
⋮

A08 (S) $\begin{pmatrix} x \\ y \\ z \end{pmatrix} = \begin{pmatrix} x_1 \\ y_1 \\ z_1 \end{pmatrix} + u \begin{pmatrix} a_x \\ a_y \\ a_z \end{pmatrix} + v \begin{pmatrix} b_x \\ b_y \\ b_z \end{pmatrix}$

Wenn $u \in \{1, \dots, r\}$ *und* $v \in \{1, \dots, s\}$ dann erhält man die Koordinaten der Punkte eines Teiles aus einem ebenen Punktgitter. Diese Koordinaten sind auszugeben, dabei sei $r \cdot s < 50$.

E: x_1, y_1, z_1, a_x, a_y, a_z, b_x, b_y, b_z, r, s

A: x_1, y_1, z_1, a_x, a_y, a_z, b_x, b_y, b_z, r, s

x_{11}, y_{11}, z_{11}

⋮

A09 (S) Aufgabe A08 ist dahingehend abzuändern, daß von den dort gesuchten Punkten nur jene ausgegeben werden, die im Würfel $|x| \leq 100 \wedge |y| \leq 100 \wedge |z| \leq 100$ liegen.

A10 (S) $\begin{pmatrix} x \\ y \\ z \end{pmatrix} = u \begin{pmatrix} a_x \\ a_y \\ a_z \end{pmatrix} + v \begin{pmatrix} b_x \\ b_y \\ b_z \end{pmatrix} + w \begin{pmatrix} c_x \\ c_y \\ c_z \end{pmatrix}$

Wenn $u, v, w \in Z$, dann ergeben sich die Punkte eines räumlichen Punktgitters, dem auch der Ursprung angehört. Es sind die Koordinaten aller Gitterpunkte dieses Punktgitters auszugeben, die in der Kugel $\mathfrak{x}^2 \leq r^2$ liegen.

E: a_x, a_y, a_z, b_x, b_y, b_z, c_x, c_y, c_z, r

A: a_x, a_y, a_z, b_x, b_y, b_z, c_x, c_y, c_z, r

x, y, z

⋮

A11 (I) Man berechne das skalare Produkt $\mathfrak{a}\mathfrak{b}$ der Vektoren $\mathfrak{a} = (a_1, a_2, a_3)$ und $\mathfrak{b} = (b_1, b_2, b_3)$

E: $\mathfrak{a}, \mathfrak{b}$

A: $\mathfrak{a}, \mathfrak{b}, \mathfrak{a}\mathfrak{b}$

A12 (F) Man schreibe ein Funktionsprogramm zur Ermittlung des skalaran Produktes $\mathfrak{a}\mathfrak{b}$ der Vektoren $\mathfrak{a} = (a_1, a_2, \ldots, a_n)$ und $\mathfrak{b} = (b_1, b_2, \ldots, b_n)$

**A13 (F) Aufgabe A11 ist so abzuändern, daß neben dem skalaren Produkt der Vektoren auch deren Winkel ε ausgegeben wird.

Hinweis: Es ist $\cos \varepsilon = \frac{\mathfrak{a}\mathfrak{b}}{ab}$. Nach der Berechnung von $x = \frac{\mathfrak{a}\mathfrak{b}}{ab}$ ist eine Funktion arccos x als gegeben anzunehmen. a und b findet man aus $a = \sqrt{\mathfrak{a}^2}$ und $b = \sqrt{\mathfrak{b}^2}$

E: $\mathfrak{a}, \mathfrak{b}$

A: $\mathfrak{a}, \mathfrak{b}, \mathfrak{a}\mathfrak{b}, \varepsilon$

A14 (I) Die Koordinaten der Eckpunkte eines Dreiecks $A(x_1|y_1|z_1)$, $B(x_2|y_2|z_2)$ und $C(x_3|y_3|z_3)$ werden eingegeben. Auszugeben sind die Längen der Seiten a, b, c und der Umfang u des Dreieckes.

E: $x_1, y_1, z_1, x_2, y_2, z_2, x_3, y_3, z_3$

A: $x_1, y_1, z_1, x_2, y_2, z_2, x_3, y_3, z_3$
a, b, c, u

A15 (I) Es soll eine Meldung ausgegeben werden, ob die Vektoren $\mathfrak{a} = \begin{pmatrix} a_1 \\ a_2 \\ a_3 \end{pmatrix}$ und $\mathfrak{b} = \begin{pmatrix} b_1 \\ b_2 \\ b_3 \end{pmatrix}$ linear abhängig sind.

Hinweis: Bei linearer Abhängigkeit ist $\frac{b_1}{a_1} = \frac{b_2}{a_2} = \frac{b_3}{a_3} = t$

Man frage zuerst, ob $a_1 = 0$. Wenn nicht, dann kann t berechnet werden. ... Der Fall $a_1 = 0$ ist weiter zu untersuchen.

E: a_1, a_2, a_3, b_1, b_2, b_3

A: a_1, a_2, a_3, b_1, b_2, b_3
Meldung

A16 (S) Es sind die Koordinaten aller Gitterpunkte auszugeben, die auf der Kugelfläche $\mathfrak{x}^2 = r^2$ liegen. (Gitterpunkte sind Punkte mit ganzzahligen Koordinaten.)

Hinweis: Man überlege, welche Werte für x, y, z untersucht werden müssen.

E: r

A: r,
x, y, z, oder Meldung
⋮

A17 (S) Dieselbe Aufgabe wie A16 für die Kugel in allgemeiner Lage:

$$\left[\mathfrak{x} - \begin{pmatrix} m_x \\ m_y \\ m_z \end{pmatrix}\right]^2 = r^2$$

E: m_x, m_y, m_z, r

A: m_x, m_y, m_z, r
x, y, z *oder Meldung*
⋮

A18 (S) Aufgabe A16 ist so abzuändern, daß neben den Koordinaten der Gitterpunkte auf der Kugelfläche auch die Koordinaten jener Gitterpunkte ausgegeben werden, die im Inneren der Kugel liegen - freilich mit entsprechender Kennzeichnung ($r < 5$).

A19 (S) Auszugeben sind die Koordinaten der Gitterpunkte der Ebene, die im Inneren oder am Rand der Ellipse $a^2x^2 + b^2y^2 \leq a^2b^2$ liegen.

Hinweis: Symmetrieeigenschaften berücksichtigen!

E: a, b

A: a, b
x, y
⋮

*A20 (S) Auszugeben sind die Koordinaten der Gitterpunkte der Ebene, die gleichzeitig im Inneren des Ursprungskreises $x^2 + y^2 < r^2$ und im Inneren der Ursprungsellipse $a^2x^2 + b^2y^2 < a^2b^2$ liegen. Es ist auch die Anzahl dieser Gitterpunkte auszugeben.

E: r, a, b

A: r, a, b
x_1, y_1
⋮
x_n, y_n
n

T Aufgaben aus der Trigonometrie

Die Eingabe und Ausgabe der Winkel erfolgt in Grad und Minuten. Bei Benützung der Standardwinkelfunktionen sin x , cos x und arctan x ist eine Umrechnung in das Bogenmaß erforderlich (vergleiche Aufgaben E04 und E05).

T01 (L) Von einem rechtwinkeligen Dreieck sind die Hypothenuse c und der anliegende Winkel α gegeben. Die nicht gegebenen Seiten und Winkel sind zu berechnen.

E: c, α

A: a, b, c, α, β, γ

T02 (L) Von einem rechtwinkeligen Dreieck sind die Kathete a und der gegenüberliegende Winkel α gegeben. Die nicht gegebenen Seiten und Winkel sind zu berechnen.

E: a, α

A: a, b, c, α, β, γ

T03 (L) Von einem rechtwinkeligen Dreieck sind die beiden Katheten a und b gegeben. Die nicht gegebenen Seite und Winkel sind zu berechnen.

E: a, b

A: a, b, c, α, β, γ

T04 (L) Von einem rechtwinkeligen Dreieck sind die Hypothenuse c und eine Kathete a gegeben. Die nicht gegebenen Seite und Winkel sind zu berechnen.

E: c, a

A: a, b, c, α, β, γ

TO5 (L) Von einem gleichschenkeligen Dreieck ist der Schenkel a und der gegenüberliegende Winkel α gegeben. Neben den fehlenden Seiten und Winkeln sind die Höhen h_a und h_c, der Inkreisradius ρ der Umkreisradius r und die Fläche ar zu berechnen.

E: a, α

A: a, b, c, α, β, γ, h_a, h_c, ρ, r, ar

TO6 (L) Von einem gleichschenkeligen Dreieck ist die Höhe h_a und der von den Schenkeln eingeschlossene Winkel γ gegeben. Neben den fehlenden Seiten und Winkeln sind die Höhe h_c der Inkreisradius ρ, der Umkreisradius r und die Fläche ar zu berechnen.

E: h_a, γ

A: a, b, c, α, β, γ, h_a, h_c, ρ, r, ar

TO7 (L) Von einem gleichschenkeligen Dreieck ist der Inkreisradius ρ und der Winkel an der Basis α gegeben. Neben den fehlenden Seiten und Winkeln sind die Höhen h_a und h_c der Umkreisradius r und die Fläche ar zu berechnen.

E: ρ, α

A: a, b, c, α, β, γ, h_a, h_c, ρ, r, ar

TO8 (L) Von einem gleichschenkeligen Dreieck ist der Umkreisradius r und die Basis c gegeben. Neben den fehlenden Seiten und Winkeln sind die Höhen h_a und h_c, der Inkreisradius ρ und die Fläche ar zu berechnen.

E: r, c

A: a, b, c, α, β, γ, h_a, h_c, ρ, r, ar

T09 (L) Gegeben ist ein Kreis mit dem Radius r. Umfang u und Fläche a des eingeschriebenen regelmäßigen n-Ecks sind zu berechnen.

E: r, n

A: r, n, u, a

T10 (L) Gegeben ist ein Kreis mit dem Radius r . Umfang u und Fläche a des umgeschriebenen regelmäßigen n-Ecks sind zu berechnen.

E: r, n

A: r, n, u, a

T11 (L) Von einer regelmäßigen vierseitigen Pyramide sind die Grundkante a und die Seitenkante s gegeben. Zu berechnen ist der Neigungswinkel α der Seitenflächen zur Grundfläche.

E: a, s

A: a, s, α

T12 (L) Von einem Dreieck sind die Seite c und die beiden anliegenden Winkel α und β gegeben. Neben den fehlenden Seiten und Winkeln sind der Umkreisradius r und die Fläche ar zu berechnen.

E: c, α, β

A: a, b, c, α, β, γ, r, ar

T13 (B) Von einem Dreieck sind zwei Seiten a und b und der der ersten Seite gegenüberliegende Winkel α gegeben. Die nicht gegebenen Seiten und Winkeln sind zu berechnen.

E: a, b, α

A: a, b, c, α, β, γ

Testwerte: $a \leftarrow 3$, $b \leftarrow 5$, $\alpha \leftarrow 60^\circ$
$a \leftarrow 3$, $b \leftarrow 5$, $\alpha \leftarrow 36^\circ\ 52'$
$a \leftarrow 3$, $b \leftarrow 5$, $\alpha \leftarrow 30^\circ$

T14 (L) Von einem Dreieck sind zwei Seiten a und b und der eingeschlossene Winkel γ gegeben. Neben den fehlenden Seiten und Winkeln sind die Höhen h_a, h_b und h_c der Inkreisradius ρ, der Umkreisradius r, die Fläche ar und die Schwerlinien s_a, s_b und s_c zu berechnen.

E: a, b, γ

A: a, b, c, α, β, γ, h_a, h_b, h_c, ρ, r, ar, s_a, s_b, s_c

T15 (B) Von einem Dreieck sind die drei Seiten a, b und c gegeben. Die Winkeln und die Fläche ar sind zu berechnen.

Bemerkung: Es ist zu überprüfen, ob die drei Seiten die Dreiecksungleichung erfüllen.

E: a, b, c

A: a, b, c, α, β, γ, ar

Die folgenden vier Beispiele behandeln die Grundaufgaben des Vermessungswesens.

T16 (L) Vorwärtseinschneiden nach einem Punkt:

Zu berechnen sind die Entfernungen x und y eines unzugänglichen Punktes P von den Endpunkten einer Standlinie AB.

Gemessen werden die Entfernungen zwischen A und B (s) und die Winkel BAP (α) und ABP (β).

E: s, α, β

A: s, α, β, x, y

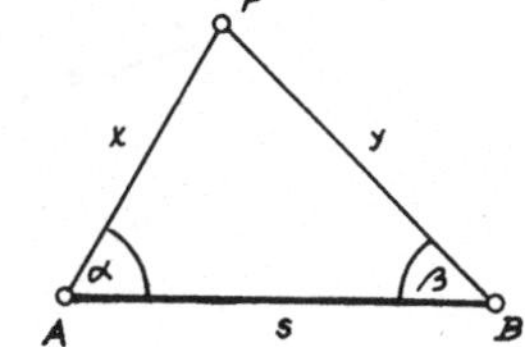

T17 (L) Vorwärtseinschneiden nach zwei Punkten:

Zu berechnen ist die Entfernung x zweier unzugänglicher Punkte P und Q.
Gemessen werden die Standlinie AB (s) und die vier Winkel BAP (α), BAQ (β), ABQ (γ) und ABP (δ).

E: s, α, β, γ, δ

A: s, α, β, γ, δ, x

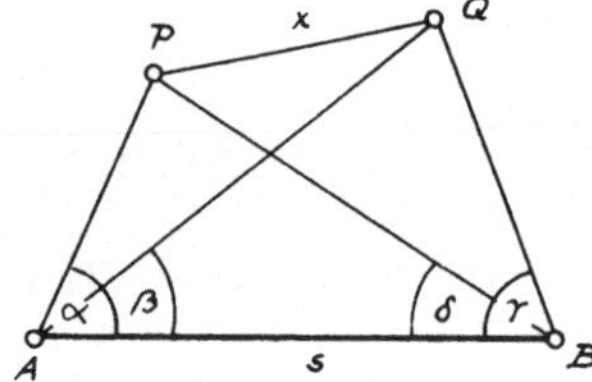

***T18 (L)** Rückwärtseinschneiden nach drei Punkten:

Bekannt sind die Längen von zwei aneinanderstoßenden Standlinien AB (a) und BC (b) und der von ihnen eingeschlossene Winkel ABC (ε). Von einem Punkt P im Gelände visiert man nach den drei Punkten A, B und C und mißt die Winkel APB (α) und BPC (β).
Zu berechnen sind die drei Entfernungen PA (x), PB (y) und PC (z).

E: a, b, ε, α, β

A: a, b, ε, α, β, x, y, z

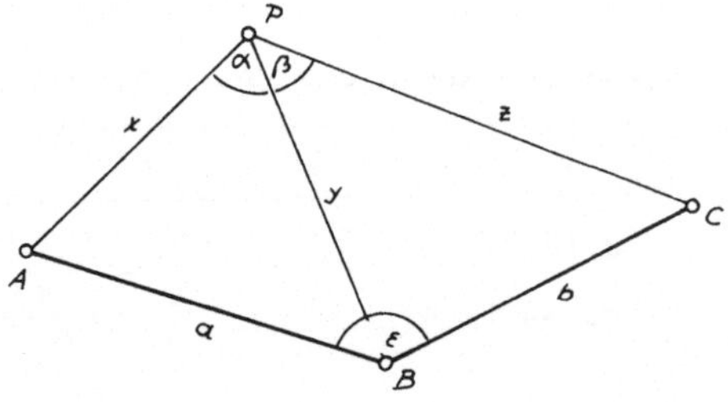

*T19 (L) Rückwärtseinschneiden aus zwei Punkten:

Gesucht ist eine direkt nicht meßbare Entfernung x zwischen zwei Punkten P und Q.

Gemessen werden die Standlinie AB (s) und die von P und Q aus erscheinenden Winkel APB (α), BPQ (β), PQA (γ) und AQB (δ).

E: s, α, β, γ, δ

A: s, α, β, γ, δ, x

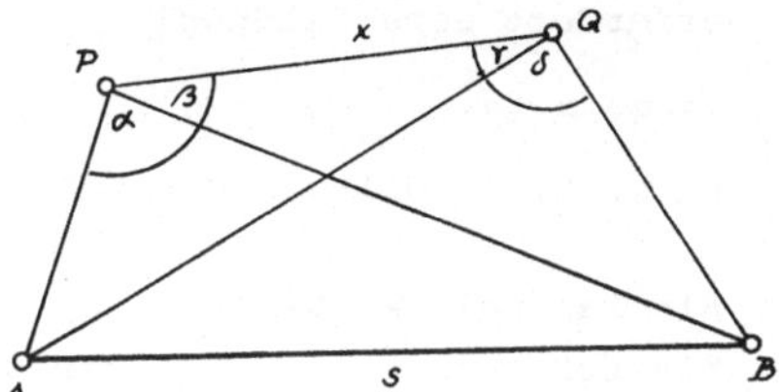

R Aufgaben über Folgen und Reihen

Hinweis: Bei vielen Aufgaben wird ein Glied der Folge am einfachsten jeweils aus dem unmittelbar vorhergehenden berechnet.

RO1 (S) Es sind alle Glieder einer arithmetischen Folge mit dem Anfangsglied a, dem Endglied b $(b > a)$ und der Differenz d auszugeben. Der Fall $d < 0$ erfordert eine Meldung!

E: a, b, d

A: a, b, d, Glieder der Folge oder Meldung

RO2 (S) Ein Kapital k wächst durch Verzinsung beim Zinsfuß $p\%$ in n Jahren auf den Wert $k.q^n$ Dabei ist

$$q = 1 + \frac{p}{100}$$

bei $p = 4\%$ ist also $q = 1.04$. Die Zahl q^n heißt Aufzinsungsfaktor. Eine Tabelle der Aufzinsungsfaktoren q^n bis $n = 30$ ist auszugeben.

E: p

A: p

$1, q$
$2, q^2$
$\vdots$
$30, q^{30}$

RO3 (S) Aufgabe RO2 ist so abzuändern, daß eine Meldung ausgegeben wird, wenn sich bei der gegebenen Verzinsung ein Kapital mindestens verdoppelt hat $(q^n \geq 2)$. Die Ausgabe der Aufzinsungsfaktoren ist dann so lange fortzusetzen bis $q^n \geq 3$. Dann ist die Ausgabe mit einer entsprechenden Meldung zu beenden.

RO4 (S) Die ersten 15 Glieder der Folge

$$e_n = (1 + \frac{1}{n})^n$$

sind auszugeben. (Der Grenzwert dieser Folge $e = 2{,}718281828459...$ heißt EULERsche Zahl nach dem berühmten Mathematiker LEONHARD EULER).

A: $1,\ e_1$
$2,\ e_2$
$\vdots$
$15,\ e_{15}$

RO5 (S) Die ersten zwanzig Glieder der Folge

$$\left\langle \frac{(-1)^n}{n} \right\rangle$$

sind auszugeben.

A: $1,\ a_1$
$\vdots$
$20,\ a_{20}$

RO6 (S) Konvergenzverhalten einer Folge:
Neben dem Index n sind die Glieder a_n der Folge

$$\left\langle \frac{5n + 1}{3n - 2} \right\rangle$$

und deren Differenz d_n zum Grenzwert $g = \frac{5}{3}$ auszugeben. Dies ist für jedes zehnte Glied vom ersten bis zum 101. Glied auszuführen.

A: $1,\ a_1,\ d_1$
$11,\ a_{11},\ d_{11}$
$\vdots$

R07 (S) Die Glieder der Folge $\langle 1, -\frac{1}{3}, +\frac{1}{5}, -\frac{1}{7}, \ldots\rangle$ sind so lange auszugeben, bis der Betrag eines Gliedes kleiner als der vorgegebene Wert *eps* (*eps* > 0,01) ist.

E: *eps*

A: a_1
a_2
⋮

R08 (S) Eine Folge kann auch rekursiv festgelegt werden. Jedes Glied wird dann aus den unmittelbar vorhergehenden berechnet (Rekursionsformel).
a_1 werde eingegeben, ansonsten sei

$$a_n = \frac{1}{2} (a_{n-1} + \frac{1}{a_{n-1}}) .$$

Die Glieder der Folge sind auszugeben.
Das Verfahren soll abbrechen, wenn der Betrag der Differenz aufeinanderfolgender Glieder kleiner als der vorgegebene Wert *eps* (*eps* > 0,00001) ist.

E: a_1, *eps*

A: 1, a_1
2, a_2
⋮

*R09 (S) Die Folge $\langle 1, 1, 2, 3, 5, 8, 13, \ldots\rangle$ ist rekursiv durch $a_n = a_{n-1} + a_{n-2}$ mit $a_1 = 1$. $a_2 = 1$ festgelegt.
Diese Folge wurde vom italienischen Mathematiker LEONARDO v. PISA, genannt FIBONACCI, im Jahre 1202 zur Lösung seiner berühmten "Kaninchenaufgabe" verwendet. Es sind die ersten *n* Glieder einer FIBONACCI-Folge mit den Anfangsgliedern a_1 und a_2 neben den jeweiligen Indes auszugeben.
E: *n*, a_1, a_2
A: 1, a_1
⋮
n, a_n

R10 (S) Gegeben sei die Folge

$$\left\langle \frac{4n + 10}{2n + 1} \right\rangle$$

Neben den ersten zwanzig Gliedern a_n der Folge sind die entsprechenden Glieder s_n der Teilsummenfolge (Folge der Partialsummen) auszugeben.

Hinweis: $s_1 = a_1$, $s_2 = a_1+a_2, \ldots$ $s_k = a_1+a_2+\ldots+a_k$.

A: $1,\ a_1,\ s_1$
$2,\ a_2,\ s_2$
$\vdots$
$20,\ a_{20},\ s_{20}$

R11 (S) Die ersten n $(n < 25)$ Glieder der geometrischen Folge $\left\langle a_1 \cdot q^{n-1} \right\rangle$ sind mit den entsprechenden Gliedern s_n der zugehörigen Teilsummenfolge auszugeben.

E: $n,\ a_1,\ q$

A: $1,\ a_1,\ s_1$
$\vdots$
$n,\ a_n,\ s_n$

* R12 (S) In Aufgabe R11 ist die Abfrage einzubauen, ob die unendliche geometrische Reihe konvergiert $(|q| < 1)$. Für den Fall der Konvergenz ist der Wert g der Reihe nach der Formel

$$g = \frac{a_1}{1-q}$$

zu berechnen. Neben den Gliedern der Teilsummenfolge s_n ist deren Unterschied d_n zum Wert der Reihe auszugeben. (Der Wert der unendlichen Reihe ist der Grenzwert der Teilsummenfolge.) Falls die Reihe nicht konvergiert, ist eine entsprechende Meldung auszugeben.

E: $n,\ a_1,\ q$

A: $1,\ s_1,\ d_1$ oder Meldung
$\vdots$
$n,\ s_n,\ d_n$

*R13 (S) Aufgabe R12 ist so abzuändern, daß nur für den Fall der Konvergenz der unendlichen geometrischen Reihe die Glieder der Summenfolge ausgegeben werden. Die Ausgabe ist zu beenden, sobald der Betrag des Unterschiedes zwischen dem Glied der Summenfolge s_n und dem Grenzwert g kleiner als der vorgegebene Wert eps ist ($eps > 0{,}0001$).

E: n, a_1, q, eps

A: $1, s_1, d_1$ oder Meldung
$2, s_2, d_2$
⋮

R14 (S) $\frac{1}{1.2} + \frac{1}{2.3} + \frac{1}{3.4} + \ldots$

Die Glieder der zu dieser "Teleskopreihe" gehörigen Teilsummenfolge s_n und deren Unterschied zum Grenzwert $g = 1$ sind auszugeben, so lange der Betrag dieses Unterschiedes d_n größer ist als der gegebene Wert eps ($eps > 0{,}001$).

E: eps

A: s_1, d_1
s_2, s_2
⋮

N Näherungsmethoden

In vielen Fällen ist der exakte Wert einer mathematischen Größe nicht berechenbar. Für die Erfordernisse der Rechenpraxis genügen aber Näherungswerte.

NO1 (S) Eine Rekursionsformel für eine Folge von Näherungswerten von $\sqrt{a}$ stammt von HERON:

$$x_{i+1} = \frac{1}{2}\left(x_i + \frac{a}{x_i}\right)$$

Die Folge der Näherungswerte für $\sqrt{a}$ ist solange zu berechnen, bis sich zwei aufeinanderfolgende Näherungswerte um weniger als *eps* unterscheiden ($eps > 0{,}00001$). Als ersten Näherungswert x_1 für $\sqrt{a}$ kann man a selbst wählen.

E: a, eps

A: 1, x_1
2, x_2
⋮

*NO2 (S) Ein Näherungswert für π ist durch eine Intervallfolge (Intervallschachtelung) nach ARCHIMEDES zu berechnen. u_n, U_n sind die Umfänge des dem Kreis ein- und umgeschriebenen regelmäßigen n-Eckes.
Für die Folge $\langle[u_n, U_n]\rangle$ gelten die Formeln

$$U_{2n} = \frac{2u_n U_n}{u_n + U_n} \qquad u_{2n} = \sqrt{u_n \cdot U_{2n}}$$

Anleitung: Für $r = \frac{1}{2}$ ist der Kreisumfang gleich π. Für $n = 6$ erhält man als Anfangswerte $u_6 = 3$, $U_6 = 2\sqrt{3}$
Das Verfahren soll enden, wenn sich u_{2n} und U_{2n} um weniger als *eps* ($eps > 0{,}0001$) unterscheiden.

E: eps

A: u_6, U_6
u_{12}, U_{12}
⋮

*NO3 (F) Eine Methode zur näherungsweisen Bestimmung einer Nullstelle der Funktion $x \to f(x)$ ist die sogenannte *regula falsi*. (Sekantenverfahren). Als Näherungswert für die Nullstelle nimmt man den Schnittpunkt der Geraden P_1P_2 mit der x-Achse. Eine einfache Rechnung liefert:

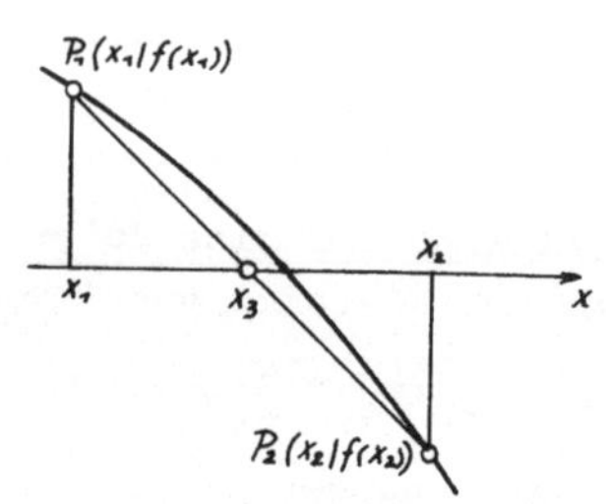

$$x_3 = x_1 - \frac{x_2 - x_1}{f(x_2) - f(x_1)} \cdot f(x_1)$$

Je nach dem Vorzeichen von $f(x_3)$ muß x_1 oder x_2 durch x_3 ersetzt werden. Dann wird ein neuer Näherungswert berechnet. Das Verfahren soll abgebrochen werden, wenn sich zwei aufeinanderfolgende Näherungswerte um weniger als *eps* unterscheiden. Man ermittle eine Nullstelle von $x \to f(x)$ im Intervall $[u, s]$.

E: *u*, *s*, *eps*

A: Nullstelle

Die Aufgabe ist für die Funktion $x \to f(x) = x^3 + x - 1$ $u \leftarrow 0$, $s \leftarrow 1$, $eps \leftarrow 0{,}0001$ zu testen.

*NO4 (F,U) Es sind alle Nullstellen von $f(x)$ im Intervall $[u, s]$ auszugeben.

Anleitung: Man durchsuche $f(x)$ mit der Schrittweite h. Wenn die Vorzeichen zweier aufeinanderfolgender Funktionswerte verschieden sind, dann ist Aufgabe NO3 heranzuziehen (Aufgabe NO3 kann als Unterprogramm geschrieben werden).

E: *u*, *s*, *h*, *eps*

A: Nullstellen oder Meldung

Die Aufgabe ist für die Funktion

$x \to f(x) = x^3 - 2x^2 - x + 1$, $u \leftarrow -2$, $s \leftarrow 3$, $h \leftarrow 0.5$, $eps \leftarrow 0.001$

zu testen.

*NO5 (F) Ein weiteres Verfahren zur Nullstellenbestimmung ist die Näherungsmethode von NEWTON (Tangentenverfahren):

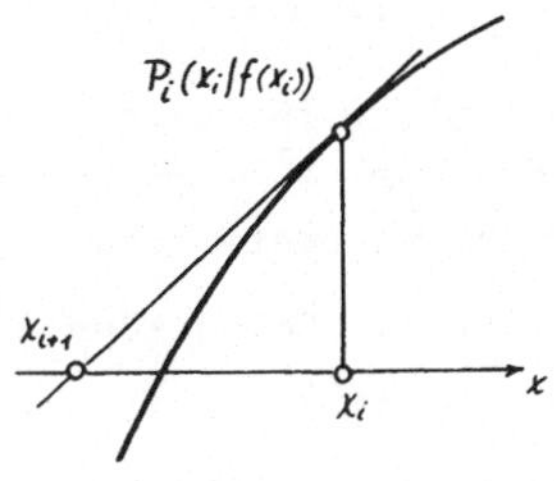

Aus dem Näherungswert x_i ergibt sich x_{i+1} als Schnittpunkt der Tangente im Punkt P_i mit der x-Achse. Es ergibt sich die Rekursionsformel

$$x_{i+1} = x_i - \frac{f(x_i)}{f'(x_i)}$$

Das Verfahren soll abgebrochen werden, wenn der Betrag von $f(x_i)$ kleiner als der vorgegebene Wert *eps* ist.
Die Folge der Näherungswerte ist auszugeben.

Bemerkung: Wenn die Funktionskurve im betrachteten Bereich keinen Wendepunkt hat, dann konvergiert das Verfahren sicher.

Hinweis: Die Funktionen $f(x)$ und $f'(x)$ sind durch Funktionsprogramme festzulegen.

E: x_1, *eps*

A: x_1
x_2
⋮

Die Aufgabe ist für die Funktion
$x \to f(x) = x^3+x-1, \quad x \leftarrow 1, \quad eps \leftarrow 0{,}0005$
zu testen.

*NO6 (S) Der Wert der Funktion e^x kann nach folgender Reihenentwicklung berechnet werden (TAYLOR'sche Reihe):

$$e^x = 1 + \frac{x}{1!} + \frac{x^2}{2!} + \frac{x^3}{3!} + \dots$$

(Die Reihe konvergiert für alle $x \in R$).
Der Näherungswert für e^x ist aus den ersten zehn Gliedern der Reihe zu bestimmen.

Anleitung: Die Glieder der Reihe können rekursiv berechnet werden; es gilt

$$a_{i+1} = a_i \cdot \frac{x}{i} \qquad \text{mit} \quad a_1 = 1 .$$

E: x

A: x, Näherungswert

**NO7 (S) Die Funktion mit der Gleichung

$$y = \frac{e^x + e^{-x}}{2} \qquad (= \cosh x)$$

hat als Graphen die Kettenlinie. Es gilt

$$\cosh x = 1 + \frac{x^2}{2!} + \frac{x^4}{4!} + \frac{x^6}{6!} + \dots$$

(Die Reihe konvergiert für alle $x \in R$).
Der Näherungswert für $\cosh x$ ist zu bestimmen. Die Reihe ist abzubrechen, wenn der Betrag des letzten Gliedes kleiner ist als ein vorgegebener Wert *eps* (*eps* > 0,0001).

Anleitung: $a_0 + a_2 + a_4 + \dots$ mit $a_{i+2} = a_i \frac{x^2}{(i+1)(i+2)}$, $a_0 = 1$

E: x, *eps*

A: x, Näherungswert

**NO8 (F) Man schreibe Aufgabe NO6 als Funktionsprogramm. Mit Hilfe dieser Funktion ist dann $\cosh x$ zu berechnen (siehe Aufgabe NO7).

Hinweis:

$$e^{-x} = \frac{1}{e^x}$$

ermöglicht eine einfache Programmierung.
Der Näherungswert für $\cosh x$ kann mit dem in Aufgabe NO7 gewonnenen Wert verglichen werden.

E: x

A: x, Näherungswert

**NO9 (F) Die TAYLORsche Reihe

$$\sin x = \frac{x}{1!} - \frac{x^3}{3!} + \frac{x^5}{5!} - \frac{x^7}{7!} + \ldots$$

liefert einen Näherungswert für $\sin x$.
(x ist im Bogenmaß anzugeben, die Reihe konvergiert für alle $x \in R$).
Man schreibe ein Funktionsprogramm zur näherungsweisen Berechnung von $\sin x$. Mit der Berechnung der Reihe soll abgebrochen werden, wenn der Betrag des letzten Gliedes kleiner als 10^{-6} ist.

E: x

A: x, Näherungswert

**N10 (F) Man verbessere die Aufgabe NO9:
Die Reihe konvergiert gut, wenn x im Intervall $[0, \frac{\pi}{2}]$ liegt. Ein beliebiger vorgegebener Winkel kann in geeigneter Weise reduziert werden.

Hinweis: Periodizität der Funktion $x \to \sin x$ und Reduktionsformeln verwenden, insbesondere auf das Vorzeichen achten!

** N11 (F) Die Sinuswerte aller Winkel von 0° bis 360° mit der Schrittweite 10° sind auszugeben.

Hinweis: Man verwende das Funktionsprogramm von Aufgabe N09 oder N10.

A: 0°, $\sin 0^\circ$
10° $\sin 10^\circ$
⋮

** N12 (F) Wie Aufgabe N09 für die Funktion $x \to \cos x$!

$$\cos x = 1 - \frac{x^2}{2!} + \frac{x^4}{4!} - \frac{x^6}{6!} + \ldots$$

(Die Reihe konvergiert für alle $x \in R$).

**N13 (F) Auch die Werte der natürlichen Logarithmen lassen sich mit Hilfe einer Potenzreihe ermitteln:

$$\ln \frac{1+x}{1-x} = 2.\left(\frac{x}{1} + \frac{x^3}{3} + \frac{x^5}{5} + \ldots \right)$$

(Die Reihe konvergiert nur dann, wenn $|x| < 1$).
Um $\ln a$ zu erhalten, setzt man für $x = \frac{a-1}{a+1}$.
So erhält man zum Beispiel $\ln 2$ bei $x = 1/3$.

Man schreibe ein Funktionsprogramm zur näherungsweisen Berechnung von $\ln a$. Mit der Berechnung der Reihe ist abzubrechen, wenn der Betrag des letzten Gliedes kleiner ist als 10^{-4} .

**N14 (F) Eine Tabelle der natürlichen und der dekadischen Logarithmen der Logarithmanden 1 bis 20 ist auszugeben. Dabei ist das Funktionsprogramm von Aufgabe N13 zu verwenden.

Hinweis: Es gilt $\lg x = \ln x . \lg e \approx \ln x . 0{,}434294482$.

A: 1, ln 1, lg 1
2, ln 2, lg 2
⋮
20, ln 20, lg 20

**N15 (F) Der Wert der natürlichen Logarithmen kann auch mit Hilfe einer ganzrationalen Funktion ermöglicht werden:

$$\ln (1+x) \approx a_1x + a_2x^2 + a_3x^3 + a_4x^4 + a_5x^5$$

Mit $a_1 = \ 0.99949556$
$a_2 = -0.49190896$
$a_3 = \ 0.28947478$
$a_4 = -0.13606275$
$a_5 = \ 0.03215845$

und für $0 \leq x \leq 1$ ist der Fehler kleiner als 10^{-5}. Man schreibe ein Funktionsprogramm zur näherungsweisen Berechnung von $\ln a$ $(x = a-1)$ für $1 \leq a \leq 2$.

Hinweis: Die ganzrationale Funktion kann mit Hilfe des HORNER-Schemas (siehe Beispiel 33) berechnet werden.

I Aufgaben aus der Integralrechnung

I01 (S) Der Wert des bestimmten Integrals

$$\int_{-1}^{1} (x^3 + 1)\, dx$$

soll näherungsweise nach der *Rechteckregel* berechnet werden.

Anleitung: Bei der numerischen Integration nach der Rechteckregel wird der Integrationsbereich in n gleichlange Intervalle der Länge h unterteilt.

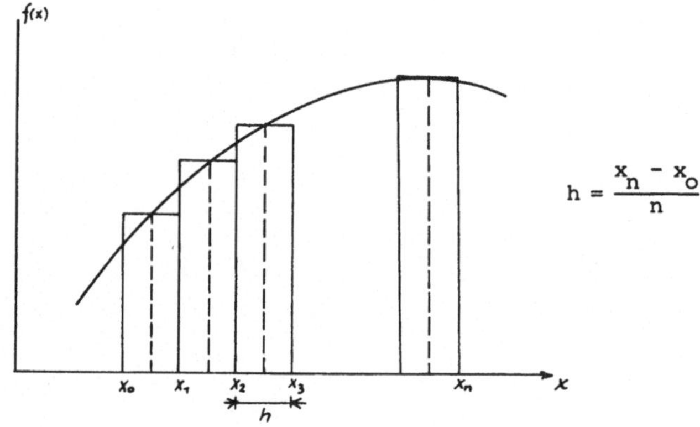

$$h = \frac{x_n - x_o}{n}$$

Innerhalb eines solchen Intervalls wird die zu integrierende Funktion $f(x)$ durch eine horizontale Gerade ersetzt. Die Summe der n Rechteckflächen wird als Näherungswert des Integrals genommen.

$$\int_{x_o}^{x_n} y(x)\, dx \approx h\left[y(x_o + \frac{h}{2}) + y(x_o + \frac{3h}{2}) + \ldots\right]$$

E: n

A: n, Näherungswert

IO2 (S) Der Wert des bestimmten Integrals

$$\int_{-1}^{1} (x^3 + 1)\, dx$$

soll näherungsweise nach der *Trapezregel* berechnet werden.

Anleitung: Bei der numerischen Integration nach der Trapezregel wird der Integrationsbereich wie bei der Rechteckregel in n gleichlange Intervalle der Länge h unterteilt, der Wert des Integrals wird jedoch durch eine Summe von Trapezflächen angenähert.

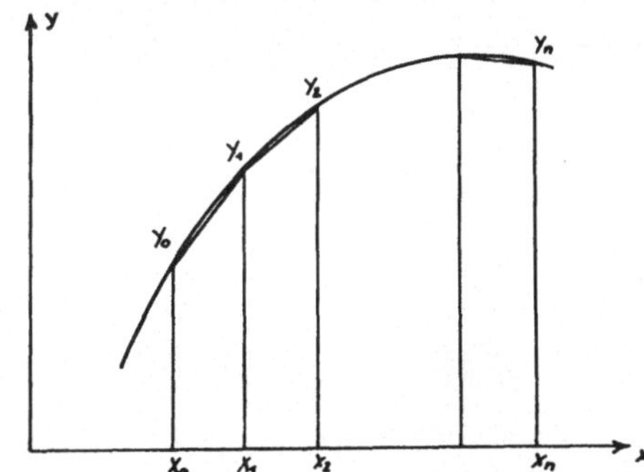

$$h = \frac{x_n - x_o}{2}$$

$$\int_{x_o}^{x_n} y(x)\, dx \approx \frac{h}{2}(y_o+y_1) + \frac{h}{2}(y_1+y_2) + \ldots =$$

$$= \frac{h}{2}(y_o + 2y_1 + 2y_2 + \ldots + y_n)$$

E: n

A: n, Näherungswert

IO3 (S) Der Wert des bestimmten Integrals

$$\int_{-1}^{1} (x^3 + 1)\, dx$$

soll näherungsweise nach der *SIMPSON-Regel* berechnet werden.

Anleitung: Bei der numerischen Integration nach der SIMPSON-Regel wird der Integrationsbereich in n gleichlange Intervalle der Länge h unterteilt und die zu integrierende Funktion durch Parabelbögen angenähert. Die Anzahl der Intervalle n ist geradzahlig zu wählen.

Man kann zeigen:

$$A = \frac{h}{3}\,(y_o + 4y_1 + y_2)$$

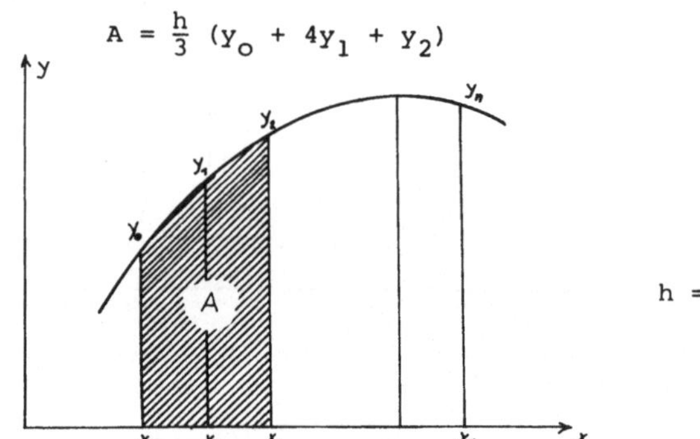

$$h = \frac{x_n - x_o}{n}$$

$$\int_{x_o}^{x_n} f(x)\,dx \approx \frac{h}{3}(y_o+4y_1+y_2) + \frac{h}{3}(y_2+4y_3+y_4) + \ldots =$$

$$= \frac{h}{3}[\,y_o + 4y_1 + 2y_2 + 4y_3 + \ldots + y_n]$$

E: n

A: n, Näherungswert

*IO4 (F) Man formuliere eine Funktion

itgral (a,b,n)

die als Funktionswert einen Näherungswert des bestimmten Integrals

$$\int_a^b f(x)\,dx$$

einer weiteren Funktion $f(x)$ nach der SIMPSON-Regel (Aufgabe IO3) berechnet.

**IO5 (F) Die Funktion itgral (a,b,n) von Aufgabe IO4 soll zur näherungsweisen Berechnung der von der x-Achse und der Zykloide

$$f(x) = (1 - \cos x)^2$$

im Intervall $[0, 2\pi]$ begrenzten Fläche verwendet werden. Die Näherungswerte sollen für $n \leftarrow 8, 16, 32, 64, 128$ berechnet und ausgegeben werden.

A: n, Näherungswert

⋮

**IO6 (F) Wie IO5, nur soll n mit dem Wert $n \leftarrow 8$ beginnend solange verdoppelt werden, bis sich zwei aufeinanderfolgende Näherungswerte um weniger als *eps* (*eps* > 0.001) unterscheiden.

E: n

A: n, Näherungswert

V Verschiedenes

V01 (S) Ein Personenwagen steht am Parkplatz. Die Handbremse ist angezogen, ein Gang ist eingelegt. Es ist ein Programmablaufplan zum Wegfahren zu erstellen.

Hinweis: Kupplung betätigen, Gang herausnehmen, Startklappe ziehen, Starter betätigen, Abfrage ob der Motor läuft, ... wenn nach einer Anzahl von Startversuchen der Motor nicht läuft, dann wird versucht, den Wagen anzuschieben ...

V02 (B) Ein Personenwagen nähert sich einer Kreuzung und biegt dort nach links ab. Ein Programmablaufplan ist zu erstellen.

Hinweis: Ist die Kreuzung durch die Handzeichen eines Beamten geregelt? Ist die Fahrt frei? ... Ist Ampelregelung vorhanden? ... Ist ein Nachrangzeichen aufgestellt? ... Welche anderen Verkehrsteilnehmer sind im Kreuzungsbereich? ...

V03 (S) Es soll jemand von einer Telefonzelle aus angerufen werden. Allenfalls sollen mehrere Versuche dazu unternommen werden. Ein Programmablaufplan ist zu erstellen.

Hinweis: Hörer abheben, Geld einwerfen, Wählen, ist besetzt?, wenn ja, dann Hörer auflegen, ...

V04 (B) Ein "Gewichtsatz" enthält folgende Massestücke: 5 kg, 2 kg, 2 kg, 1 kg. Man kann damit jeden Körper zwischen 1 kg und 10 kg Masse auf kg genau wägen. Ein Programmablaufplan ist zu erstellen.

VO5 (B) Eine der Zahlen 1, 2, 3,..., 8 ist zu erraten. Man kann sich überlegen, daß nicht sieben Abfragen nötig sind, um auf alle Fälle zu einem richtigen Ergebnis zu kommen, sondern daß man mit drei Abfragen auskommt. Ein Programmablaufplan ist zu erstellen.

Hinweis: Die erste Abfrage muß lauten: "Ist die Zahl größer als 4 ?" ...

VO6 (S) "Ägyptische Multiplikation": Die Zahlen a und b werden durch folgendes Verfahren multipliziert: a wird verdoppelt und b wird halbiert (d.h. ganzzahlig durch 2 dividiert). Dies wird solange gemacht bis $b = 0$ ist. Jedesmal wenn b ungerade Werte hat, wird der gleichzeitige Wert von a zu einer Größe c addiert, der man anfänglich den Wert 0 zugewiesen hat. Wenn $b = 0$ geworden ist, dann steht das gesuchte Produkt in c.

E: a, b

A: a, b, ab

VO7 (B) Man erstelle einen Programmablaufplan zur Schreibung des *s*-Lautes im Deutschen.

Hinweis: Wenn der *s*-Laut scharf ist und am Ende einer Silbe oder eines Wortes steht, schreibt man *ß*, ansonsten kommt es darauf an, ob der vorhergehende Vokal kurz oder lang ist ...

VO8 (B) Ein Programmablaufplan zur Ermittlung der Mehrzahlendung deutscher Wörter, die in der Einzahl auf *-el* oder *-er* enden, ist zu zeichnen.

Hinweis: Männliche und sächliche Hauptwörter sind in der Mehrzahl unverändert, bei weiblichen tritt die Endung *-eln* oder *-ern* auf. Ausnahmen: Stachel, Muskel, Vetter.

V09 (B) Ein Programmablaufplan zur Ermittlung des besitzanzeigenden Fürwortes im Französischen ist zu erstellen.

Hinweis: Beginnt das folgende Hauptwort mit einem Vokal, dann heißt es auf jeden Fall *son* , ansonsten steht *son* vor männlichen und *sa* vor weiblichen Hauptwörtern. ...

V10 (B) Der richtige bestimmte Artikel im Französischen ist zu ermitteln.

Hinweis: *le, la* je nach Geschlecht des Hauptwortes, *l'* vor Hauptwörtern mit einem Vokal am Beginn.

V11 (B) Ein Programmablaufplan zur Ermittlung des Futurums eines lateinischen Verbums ist zu erstellen.

Hinweis: Wenn die erste Person Singular Praesens auf *-eo* oder *-io* endet, dann endet sie im Futurum auf *-ebo* oder *-iam*, ansonsten ist die Endung der zweiten Person Singular Praesens abzufragen...

V12 (B) Der Superlativ eines lateinischen Adjektives ist zu bilden.

Hinweis: Wenn der Positiv auf *-er* endet, dann endet der Superlativ auf *-errimus* , bei *-ilis* auf *-illimus* (Ausnahme nobilis). Ansonsten ist die Endung *-issimus* , ausgenommen bei Adjektiven auf *-eus*, *-ius* und *-uus*, wo eine Umschreibung mit *"maxime"* erforderlich wird.

V13 (B) Ein einwertiger Alkohol wird oxidiert. Ein Programmablaufplan ist zu erstellen.

Hinweis: Wenn das C-Atom mit der OH-Gruppe an drei weitere C-Atome gebunden ist, ergibt sich kein definiertes Oxidationsprodukt, bei zwei C-Atomen entsteht ein Keton, bei einem C-Atom entsteht zuerst Aldehyd, bei weiterer Oxidation eine Säure.

V14 (B) Eine wäßrige Lösung ist auf Kationen von Ag^+, Cu^{++}, Ni^{++} und Na^+ zu untersuchen. (Die Anwesenheit anderer Ionen soll ausgeschlossen sein.)

Hinweis: Zusatz von HCl liefert bei Anwesenheit von Ag^+ einen Niederschlag von AgCl, Einleiten von H_2S liefert u.U. einen Niederschlag von Cu_2S, Zusatz von NH_3 (alkalisch) einen Niederschlag von Ni, Na kann durch die Flammenprobe nachgewiesen werden.

V15 (B) Ein Programmablaufplan ist zu erstellen zur Feststellung, welcher heimische Nadelbaum vorliegt.

Hinweis: Die Lärche verliert im Winter ihre Nadeln, beim Wacholder stehen die Nadeln zu drei in Quirlen, bei der Föhre stehen sie zu zwei auf einem Kurztrieb, bei der Fichte stehen sie einzeln, sind vierkantig und spitz...

V16 (B) In der Mineralogie werden Kristalle auf Grund ihrer Symmetrieeigenschaften in Kristallsysteme eingeordnet. So besitzt das *tesserale* Kristallsystem vier dreizählige Deckachsen, das *hexagonale* System eine sechszählige, das *tetragonale* System hingegen eine vierzählige und das *trigonale* System eine dreizählige Deckachse. Das *rhombische* Kristallsystem besitzt mindestens zwei Symmetrieebenen, das *monokline* hingegen nur eine Symmetrieebene.

Auf Grund der Anzahl der Symmetrieebenen und zwei-, drei-, vier- und sechszähligen Deckachsen soll die Zugehörigkeit eines Kristalles zu einem Kristallsystem ermittelt werden.

Geschichtlicher Überblick

820	*ALCHWARISMI, Buch über indische Ziffern (Verballhornung: Algorithmus, Algebra)*
1623	*WILHELM SCHICKARD (Tübingen), 1. urkundlich nachweisbare Vierspeziesrechenmaschine*
1642	*BLAISE PASCAL führt Addiermaschine (umstellbar auf Komplementbildung) in Paris vor*
1673	*G.W.LEIBNIZ, Rechenmaschine mit Einstellwerk, Resultatwerk und Umdrehungszähler, Dualsystem*
1725	*B.BOUCHON (Lyon), Lochkartensteuerung bei Garnherstellung*
1728	*FALCON, frz.Mechaniker, Automatische Webstuhlsteuerung mittels Lochschablonen*
1805	*JOSEPH-MARIE JACQUARD, Autom. Webstuhl mit gelochten Pappkarten als Steuermedien*
1833	*CHARLES BABBAGE konzipiert die "Analytical Engine" mit Rechen- und Steuereinheit*
1847	*GEORGE BOOLE, "The Mathematical Analysis of Logic" (Entwurf der Booleschen Algebra)*
1879	*G.FREGE, Analyse der logischen Schlußmethoden in der Mathematik ("Begriffsschrift")*
1889	*DR.HERMANN HOLLERITH, Patent für elektrische Zähl- und Registriermaschine (Lochkarte)*
1936	*A.M.TURING untersuche die Berechenbarkeit von Zahlen mit Hilfe der Turing Maschine*

1938 *C.E.SHANNON, "A Symbolic Analysis of Relay and Switching Circuits" (Schaltalgebra)*

1941 *K.ZUSE vollendet den 1. programmgesteuerten Computer der Welt (Relaisrechner Z3)*

1943 *J.P.ECKERT, J.P.MAUCHLY und H.GOLDSTINE entwerfen 1. vollektronische Rechenanlage*

1944 *H.H.AIKEN, "Automatic Sequence Controlled Computer" (ASCC) oder "Harvard Mark I"*

1945 *J.v.NEUMANN, Fundamentalprinzipien eines Rechenautomaten, Programmspeicherung*

1958 *H.ZEMANEK, "Mailüfterl", volltransistorisiert, 3000 Transistoren, 5000 Ge-Dioden*

WEITERFÜHRENDE LITERATUR

DOTZAUER: Grundlagen der Datenverarbeitung, Carl Hanser Verlag, München 1963

DWORATSCHEK: Einführung in die Datenverarbeitung, De Gruyter, Berlin 1968

MÜLLER: Lexikon der Datenverarbeitung, Siemens AG, Berlin, München 1969

WOLTERS: Der Schlüssel zum Computer, Einführung in die elektronische Datenverarbeitung, Econ-Verlag Düsseldorf, Wien 1969

ALGOL

BAUMANN: ALGOL-Manual der ALCOR-Gruppe, Oldenbourg Verlag, München-Wien 1969

BAYER: Einführung in das Programmieren, Teil 1: Programmieren in ALGOL, De Gruyten, Berlin 1969

HERSCHEL: Anleitung zum praktischen Gebrauch von ALGOL Oldenbourg Verlag, München-Wien 1966

HERSCHEL: ALGOL-übungen, Oldenbourg Verlag, München-Wien 1968

MÜLLER: Programmierung elektronischer Rechenanlagen, BI-Taschenbuch Band 49, Bibliographisches Institut Mannheim

FOTRAN

MÜLLER: FORTRAN-Programmieranleitung, BI-Taschenbuch Band 804, Bibliographisches Institut Mannheim

MÜLLER: Programmierung elektronischer Rechenanlagen, BI-Taschenbuch Band 49, Bibliographisches Institut Mannheim

SPIESS: Einführung in das Programmieren in FORTRAN De Gruyten, Berlin 1970